W0256985

Fortsetzung auf der 3. Umschlagseite

Teubner Studienbücher der Biologie

E. W. Zerbst
Bionik
Biologische Funktionsprinzipien
und ihre technischen Anwendungen

Teubner Studienbücher der Biologie

Herausgegeben von
Prof. Dr. H. Stieve, Aachen, und Prof. Dr. E. Hildebrand, Jülich

Die Studienbücher der Reihe Biologie sollen in Form einzelner Bausteine grundlegende und weiterführende Themen aus allen Gebieten der Biologie umfassen. Daneben werden auch die übrigen Naturwissenschaften in einem Maße berücksichtigt, wie sie für den Umgang mit den Denk- und Arbeitsmethoden der Biologie notwendig erscheinen. Die Bände der Reihe sind wegen ihrer studienbezogenen Konzeption besonders zum Gebrauch neben Vorlesungen oder auch anstelle von Vorlesungen sowie zur Fortbildung der Lehrer geeignet. Für den Studierenden der Mathematik, Physik oder Chemie, der an biologischen Problemen interessiert ist, bietet die Reihe die Möglichkeit, sich an exemplarisch ausgewählten Themengruppen in die Biologie einführen zu lassen.

Bionik

Biologische Funktionsprinzipien und ihre technischen Anwendungen

Von Dr. med. Ekkehard W. Zerbst
Professor an der Freien Universität Berlin

Mit 55 Bildern und 15 Tabellen

Springer Fachmedien Wiesbaden GmbH 1987

Prof. Dr. med Ekkehard Zerbst

Geboren 1926, Studium der Humanmedizin von 1950 bis 1956 und Promotion 1956 bei Max-Heinrich Fischer (Berlin-West), anschließend klinisch-ärztliche Tätigkeit bis 1958. Danach Wiss. Assistent am Physiologischen Institut der Freien Universität Berlin. 1966 Habilitation, 1968 Diätendozent, 1969 Wiss. Rat und Professor, seit 1970 Professor am Institut für Physiologie der Freien Universität Berlin. Arbeitsgebiete: Angewandte Biophysik (Analyse von thermischen und sinnesphysiologischen Adaptionsprozessen mit Hilfe der Theorie des Fließgleichgewichts und der Thermodynamik offener Systeme), Biomedizinische Technik der Nervenschrittmacher-Systeme und Bionik.

CIP-Kurztitelaufnahme der Deutschen Bibliothek

Zerbst, Ekkehard:
Bionik : biolog. Funktionsprinzipien u. ihre tech. Anwendungen / von Ekkehard W. Zerbst.
(Teubner Studienbücher der Biologie)
ISBN 978-3-519-03607-4 ISBN 978-3-663-11909-8 (eBook)
DOI 10.1007/978-3-663-11909-8

Ursprünglich erschienen bei B. G. Teubner, Stuttgart 1987

Umschlagbild: Anita Hantelmann, Flensburg–Glücksburg
Umschlaggestaltung: M. Koch, Reutlingen

Meiner Frau und meinen Kindern
herzlich zugeeignet

Vorwort der Herausgeber

In diesem Studienbuch wird ein Bereich beschrieben, in dem sich Biologie und Technik überschneiden. Der Begriff „Bionik" bezeichnet das Wissenschaftsgebiet, das sich mit biologischen Struktur-, Funktions- und Organisationsprinzipien befaßt, die im Hinblick auf technische Problemlösungen neue Anregungen geben können. Bionik ist damit auch eine heuristische Methode. „Biotechnologie" die verfahrenstechnische Nutzung biochemischer Leistungen von Mikroorganismen, wird in dem vorliegenden Studienbuch nicht behandelt.

Biologie und Technik sind wesensverwandt. Der Verwendungszweck einer Maschine bzw. die Funktion eines Organs (z.B. die Sehfunktion des Auges) liefert den Schlüssel zum Verständnis. Der Funktionsbegriff fehlt allen Naturwissenschaften außer der Biologie. Bei der technischen Evolution treten in vielen Fällen ähnliche Phänomene auf wie bei der Evolution der Organismen, so die vielfache Variation einmal verwendeter Grundstrukturen, eventuell auch mit Funktionswechsel, wie er beispielsweise bei der Weiterentwicklung des Schiffsmastes zu beobachten ist. Man findet selbst das Phänomen der Rudimentation, wofür das „Trittbrett" des VW-Käfers ein Beispiel ist. Im Gegensatz zur Biologie sind in der technischen Evolution Entwicklungssprünge, revolutionäre Erfindungen, möglich. Sie sind jedoch selten. Vielfach greift auch die Technik auf bewährte Bauteile und Bauprinzipien zurück, bevor ein ganz neues Konzept realisiert wird. Die Entwicklungsreihe von der Pferdekutsche über ihre Vervielfältigung als Abteilwagen der Eisenbahn bis zum modernen Großraumwagen ist dafür ein Beispiel.

Das zunehmende Verständnis komplexer biologischer Mechanismen regt dazu an, diesen als möglichen Protoprinzipien für technische Anwendungen Aufmerksamkeit zu schenken. In jüngster Zeit, in der wir unsere Umwelt und damit uns selbst von den globalen Auswirkungen der oft einseitigen Technik bedroht sehen, wächst die Suche nach technischen Lösungen, die mit der Natur in Einklang stehen. Eine gute Technik für die Zukunft erfordert vielseitige, differenzierte Lösungen, vernetzte Strategien mit Rückkoppelung und automatischer Fehlerkorrektur. Für solche Denkansätze können lebende Systeme wertvolle Vorbilder liefern.

Bionik ist bei uns kein etabliertes Teilgebiet des Biologiestudiums oder eines technischen Studienfachs. Dieses Studienbuch wendet sich an fortgeschrittene Studenten, die in der faszinierenden Erfindungswelt der Biologie nach technisch realisierbaren Prinzipien suchen möchten. Bionik kann Biologen helfen, die Organismen besser zu verstehen, und Technikern Hinweise zur Verbesserung von Maschinen und Automaten geben. Wir meinen, daß dieses Buch auch geeignet ist, den Dialog zwischen Naturwissenschaftlern und Technikern zu beleben und beide zu dem Versuch anzuregen, die eigene Wissenschaft aus der Sicht einer anderen Disziplin zu betrachten.

Jülich und Aachen, im Herbst 1986 E. Hildebrand und H. Stieve

Vorwort des Verfassers

Dieses Buch soll Biologen und gleichermaßen aber auch Studierende der Mathematik, Physik oder Chemie an die methodisch-wissenschaftlichen Probleme der Bionik heranführen.

Eine Darstellung der Bionik im Sinne vorlesungsbegleitender oder die Vorlesung ersetzender Abhandlungen existiert bislang nicht. Dem Verfasser stellten sich bei der Abfassung dieses Bandes vor allem zwei Probleme: Die Anforderungen an die Grundlagenkenntnisse der Leser müssen in diesem zwischen den Biowissenschaften und der Technik ausgespannten Bereich sehr hoch sein, wenn nicht nur eine Einführung, sondern auch eine Übersicht zur Bionik auf dem hier vorgegebenen, engen Raum erfolgen soll. Zum anderen sind auch die Anforderungen an die Sachkompetenz eines Autors außerordentlich hoch und für eine auch nur „lehrbuchähnliche" Darstellung der Bionik kaum zu erfüllen. Nicht ohne Grund ist die Bionik bis auf wenige Einzel- und Einführungsdarstellungen bislang nur in „Sachbüchern" behandelt worden, die sich an biologisch und technisch interessierte Laien wenden. Der Verfasser wird sich um diese Probleme dadurch bemühen, daß er bewußt allgemeinverständlich und damit an vielen Stellen vereinfachend die Darstellung bionischer Arbeitsmethoden in den Vordergrund rückt, jeweils wenige Beispiele der Anwendung gibt und im übrigen auf die weiterführende Literatur verweist. Der Leser wird deshalb viele Probleme vermissen, die ihm aus populärwissenschaftlichen Büchern zur Bionik bereits bekannt sein mögen. Andererseits bedingt der fachliche Standort des Autors (Humanphysiologie und biomedizinische Technik), daß die bionischen Gesichtspunkte des kunstlichen Organersatzes besondere Gewichtung finden.

Leser, die sich bereits intensiver mit der Bionik befaßt haben, werden wissen, daß dieser Wissenschaftsbereich außerordentlich faszinieren kann. Wie kaum eine andere Methode, verführt die Bionik leicht zu utopistisch engangiertem und aus dem gesicherten Faktensystem extrapolierenden „Fortdenken". Hierin liegt eine Gefahr, die für die Seriösität bionischer Wissenschaftlichkeit abträglich ist. Auch erfahrene Wissenschaftler sehen häufig in der Bionik ein großes Potential unausgeschöpfter „Machbarkeit" technischen Fortschritts. Ein uberzogenes Engagement in der Anpreisung der noch nicht ausgeschöpften „Patentschriften" biologischer Evolution führt nur zu haufig zu Enttäuschungen bei Realisationsversuchen und damit zur Diskreditierung der Methode. Der Verfasser selbst hat mit zunehmender Dauer der Vorbereitungszeit dieses Bandes vieles wieder streichen und zurücknehmen müssen, was vorübergehend als gesichert erschien. Wenn der Wert bionischen Denkens seinen wichtigen Platz behalten soll, muß mit dieser Wissenschaft sehr behutsam umgegangen werden. Der Verfasser hat sich deshalb aus anfänglich zu weit gespanntem, fachlichem Optimismus auf möglichst abstrakte und kritische Darstellungskonzeptionen zurückgezogen. Wenn dennoch zu viel Hypothetisches und zuweilen Spekulatives zurückgeblieben sein sollte, so möge der

Leser dies verzeihen. Es muß ihm überlassen bleiben, sich durch weitere Einarbeitung in dieses Gebiet ein eigenes und moglichst kritisches Bild innerhalb der gesteckten Grenzen zu machen.

Viele fruchtbare Gespräche und Anregungen aus dem Kreise meiner Kollegen und Mitarbeiter haben das Zustandekommen dieses Buches ermöglicht. Der Verfasser dankt hier insbesondere den Herren Professoren Dr.W.Beier und Dr.I.Rechenberg für wertvolle Kritik. Gleicher Dank gilt den Mitarbeitern am Institut, Herrn Dipl.-Ing.K.-H. Dittberner und Dipl.-Ing.H.-E.Koralewski.

Die technische Verwirklichung des Manuskripts ware ohne die Hilfsbereitschaft von Frau Margarete Schulz, Frau Erika Müller, Frau Angela Schönenberg und Frau Helgard Vorthaler nicht moglich geworden. Den Herausgebern und dem Verlag danke ich fur die Anregung zu diesem Band und ihre Geduld bei den Verzögerungen der Abfassung des Manuskripts.

Bereits im voraus mochte der Verfasser allen Lesern und Kollegen danken, die sich mit weiteren Anregungen und kritischen Stellungnahmen zu Wort melden werden.

Ein wesentliches Ziel des Verfassers ware erreicht, wenn der Leser dazu angeregt wird, sich über die weiterführende Literatur intensiver mit der Bionik auseinanderzusetzen. Der Band sollte dazu beitragen, daß Biologen und Techniker zu heuristisch ergiebigen Gesprachen zusammengeführt werden.

Berlin, im Fruhjahr 1986 E.W.Zerbst

Inhalt

1 Einführung

Die Bionik bezieht ihren Auftrag, „Wissen zu schaffen", aus der Technik im weitesten Sinne. Sie durchforscht die belebte Welt mit ihren organismischen Elementen, Organen, Arten und Biotopen nach Strukturen, Funktionen und Wirkungszusammenhängen, die als Prinzipvorlagen Anregung zur Lösung technischer Probleme geben können.

1.1 Bionik als methodisches Prinzip

Die allgemeine Beobachtung der Biosysteme liefert sehr rasch die Erkenntnis, daß sich dort quantitative Lösungen anbieten. Sie liefert aber damit vorerst nur den Beweis für die Existenz einer Lösung. Der lebende Prototyp der technischen Lösung zeigt dabei nicht mehr als die Tatsache, daß hier etwas möglich ist und daß dies durch die Evolution gelöst, aber nicht, wie es gelöst wurde.

Die spezielle Untersuchung der Biosysteme durch den bionisch forschenden Wissenschaftler liefert die Erkenntnis, daß sich ihm das Untersuchungsfeld in zwei Formenkreisen anbietet:

(1) Das Untersuchungsfeld bzw. das Untersuchungsobjekt ist durch die biowissenschaftliche Forschung bereits aufgegliedert, analytisch erschlossen, und die Resultate der Biologie stehen mehr oder weniger unmittelbar der Bionik zur Verfügung.

(2) Das Untersuchungsfeld bzw. das Untersuchungsobjekt ist bislang nur ungenügend erschlossen, weil die biowissenschaftliche Forschung diese Fragestellungen im Rahmen ihrer jeweiligen Zielsetzungen nicht beachtet hat. (Im biowissenschaftlichen Forschungsprozeß erfolgte aufgrund von „Distinktionen" eine andere als hier bionisch interessierende „Klassifikation". Vgl. hierzu Mohr, H.: Biologische Erkenntnis, Stuttgart: B.G. Teubner 1981, S. 71)

Ein Beispiel soll die beiden Formenkreise des Untersuchungsfeldes illustrieren:

Die Bionik interessiert sich für die Lösung des technischen Problems der Geschwindigkeitsmessung eines Flugzeuges über Boden. Konkret: Welche elektronischen Sensoren sind wie zu verschalten, damit sie durch die Aufnahme des unter dem Flugkörper vorbeiwandernden Bodenbildes und durch die Verarbeitung des sich bewegenden Landschaftsmusters Rückschlüsse auf die relative Fluggeschwindigkeit gegenüber dem Boden geben?

In der biologischen Literatur ist zu erfahren, daß man bereits sehr viel über die Orientierung der Stubenfliege im Raum und die dabei ablaufenden Prozesse im Fliegenauge und im Zentralnervensystem der Fliege weiß. Die informationsverarbeitenden Eigenschaften der „Sensoren" (Photorezeptoren) des Fliegenauges sind bekannt und auch mathematisch-modellmäßig beschrieben. Gleichfalls ist eine Struktur der neuronalen Verschaltung im Nervensystem durch mehr oder weniger abstrahierte Signal-Laufpläne und ein Satz von Algorithmen zur Funktionsbeschreibung des Gesamt-Orientierungssystems vorhanden.

Nun kommt es darauf an, die biowissenschaftlichen und biokybernetischen Fakten zu untersuchen, um zu entscheiden, ob sie für die Lösung eines Problems im technischen Raum (Entwicklung eines elektronischen Übergrund-Geschwindigkeitsmeßgerätes) geeignet sind. Die Voraussetzung für solche Entscheidungen ist grundsätzlich, daß der bionisch arbeitende Techniker die Sprache, d.h. die Nomenklatur des Biologen, versteht, daß er imstande ist, diese Sprache in eine Mitteilungsform zu „übersetzen", die wiederum von den mit ihm zusammenarbeitenden Technikern verstanden wird.

Schließlich wird die Entscheidung über die „Brauchbarkeit" der organismischen „Konstruktionsvorlage" unter anderem noch dadurch bestimmt, daß die folgenden Fragen zu beantworten sind: (a) Unter welchen Randbedingungen wurde das optische Orientierungssystem des Fliegenauges während der biologischen Evolution realisiert? (b) Unter welchen Randbedingungen des Biotops der Fliege funktioniert dieses System und hat sich offensichtlich bewährt? (c) Welche Randbedingungen werden für das angestrebte, technische System maßgeblich sein? und (d) sind die biologischen und technischen Randbedingungen zumindest einander so ähnlich, daß auch aus diesem Gesichtspunkt die organismische „Konstruktionsvorlage" tauglich erscheint?

Für diese Beispiel-Betrachtung wird angenommen, daß diese Schritte von der Bionik erfolgreich durchlaufen werden. Darüber hinaus wird bei Durchsicht der Fachliteratur (Rezeptorphysiologie) auch noch ein elektrisches Ersatzschaltbild gefunden, welches im Sinne eines Analogmodelles die bioelektrischen Vorgänge der Erregung und der Informationsverarbeitung in den Photosensoren des Fliegenauges abbildet. Die Bionik stellt dabei fest, daß diese Grundschaltung bei einiger Vereinfachung geeignet sein könnte, als Vorbild für die Konstruktion elektronischer Sensoren zu dienen. Schließlich stellt sich die Frage nach der energetischen Bilanz der Prozesse. (Die Technik möchte ihr System so optimieren, daß möglichst wenig elektrischer Strom benötigt wird.) Die Zusatzfrage lautet also: Wurden in der Biokybernetik bioenergetische Berechnungen dazu bereits angestellt?

Angenommen, daß diese Frage bislang noch kein Interesse innerhalb der biologischen Forschung gefunden hat und daß darum auch keine Fakten für die bionische Verwertung bereitliegen, dann gibt es in dieser Situation für die Bionik zwei Möglichkeiten: (a) Die Bionik veranlaßt biologisch arbeitende Wissenschaftler zur Aufklärung der offenen Fragen und (b) die Bionik regt technische Systemtheoretiker zur Durchrechnung der Bilanzfrage am Modell des biologischen Systems an.

Die hier angedeutete Beispielsituation soll andeuten, daß die bionisch wissenschaftliche Arbeit in vielerlei Hinsicht zu strukturieren ist, daß der bionisch arbeitende Wissenschaftler (trotz interdisziplinärer Kooperation mit Fachwissenschaftlern) ein bestimmtes Grundwissen oder Grunderfahrungen besitzen muß, um z.B. die „Sprache" der Fachliteratur soweit zu verstehen, daß eine gezielte Faktensuche möglich wird.

Schließlich müssen dem bionisch arbeitenden Wissenschaftler bestimmte Methoden der System- und Problemdarstellung (z.B. System- und Modelltheorie) zur Verfügung stehen, damit er sich im interdisziplinären Gespräch selbst einer verständlichen „Sprache“ bedienen kann. Auf diese Grundlagen soll in den folgenden Abschnitten eingegangen werden.

1.2 Anwendungsprinzipien der Bionik

Das Gesamtgebiet der Bionik läßt sich in folgende Bereiche unterteilen:

Allgemeine Bionik
Systematische Bionik
Angewandte Bionik

In der Praxis, d.h. in der Anwendung bionischer Methodik, wird diese Differenzierung bislang kaum sichtbar. Eine Aufteilung ist abér aus didaktischen Gründen nützlich; man kann eine gewisse Systematik der Anwendungsbereiche aufstellen und bisherige Forschungsergebnisse entsprechend markieren.

1.2.1 Allgemeine Bionik

Die allgemeine Bionik betrachtet die organismischen Erscheinungen aus dem Blickwinkel eines abschätzenden Suchers: Sie hat den Auftrag, festzustellen, welche Prozesse, Strukturen und Wechselwirkungen innerhalb der Biosysteme (Organellen, Organe, Organismen, Biotope etc.) für technologische, technische oder architektonische und organisatorische Problemlösungen oder -stellungen interessant sein könnten. Dabei ist es nicht wesentlich, ob die jeweiligen, biologischen „Vorlagen“ bereits biowissenschaftlich eingehend analysiert worden sind und ob biowissenschaftliche Fakten dem unmittelbaren Zugriff zur Verfügung stehen. Bionische Sachbücher befassen sich überwiegend mit allgemeiner Bionik. Häufig werden zur Illustration einige Beispiele der angewandten Bionik eingefügt. Die oft unberücksichtigte Tatsache, daß die Natur zwar die dort bereits gelösten Probleme zeigt, aber die Biowissenschaften die Konstruktionspläne noch nicht entziffert haben, verleitet einige Autoren zu überzogenem Optimismus hinsichtlich der bionisch-methodischen Machbarkeiten.

1.2.2 Systematische Bionik

Die systematische Bionik gliedert technisch interessante oder bereits verwendbare, biologische Prototypen oder Protoprinzipien auf. Sie kann dabei so verfahren, daß die Zuordnung der jeweiligen, biologischen Vorlagen nach Verwendungszwecken erfolgt. Damit wäre z.B. eine Untergliederung nach folgendem Schema möglich:

Struktur-Bionik	Funktions-Bionik
Energeto-Bionik	Organisations-Bionik

Nach diesen Gesichtspunkten wären bionisch interessante Befunde der Biowissenschaften für die angewandte Bionik zu gliedern und problemorientiert aufzuarbeiten.

Wichtig für den „Technologie-Transfer" aus dem biologischen in den Raum der angewandten Technik wäre eine systematische Speicherung derjenigen Fakten der Biowissenschaften in Datenbänken, die für den raschen Zugriff bereits aufgearbeitet zur Verfügung stehen. Die Klassifizierung der Daten und vor allem die Suchprogramme müßten dabei für den Anwender, d.h. für die angewandte Bionik, problemorientiert und technisch-begrifflich erfolgen. Es genügt in der Praxis keineswegs, auf die zahlreichen biowissenschaftlichen Journale oder Review-Bände hinzuweisen. Dort lassen sich Bezüge oder Bezugsmöglichkeiten auf bionisch-technische Verwendbarkeit kaum herauslesen. Dies würde allein an dem immer größer werdenden Wirrwarr fachspezifischer Nomenklaturen scheitern, die im engeren Fach überdies häufig noch unterschiedlich benutzt werden (z.B. der Begriff „Adaptation").

Aufgabe der systematischen Bionik ist eine allgemeinverbindliche „Übersetzung" biowissenschaftlicher Fakten in Kurzfassungen, z.B. in der Form von Modellen, Signalflußdiagrammen oder Algorithmen. – Eine etablierte „systematische Bionik" gibt es bislang noch nicht. Sie wäre auf jeden Fall nützlich und dann sicherlich nah verwandt einer ebenfalls so noch nicht existierenden „allgemeinen, systemtheoretischen Biologie". Angewandte Bionik bezieht daher ihre Informationen bislang überwiegend aus besonderen und zumeist glücklichen (weil erfolgreichen) Interessenzurichtungen einzelner Forscher oder interdisziplinärer Arbeitsgruppen, nicht aber aus einer bereits existierenden, systematischen Bionik.

1.2.3 Angewandte Bionik

Die angewandte Bionik setzt die Grundkenntnisse der allgemeinen und systematischen Bionik methodisch-praktisch um. Sie kann – wie die systematische Bionik – problemkreisspezifisch gegliedert werden.

Hauptaufgabe der angewandten Bionik ist die Erstellung konkreter Konstruktions- oder Organisationsvorschläge nach den aus Biosystemen „erfahrenen" Protoprinzipien und Prototypen.

Zu diesem Zweck wird die angewandte Bionik zumeist technisch realisierte Prototypen herstellen. Solche Prototypen müssen aber nicht notwendigerweise bereits praktisch-materiell bestimmten, technischen Produkten entsprechen. Sie sollten aber für den Techniker verständlich sein und haben damit einen Informationscharakter; sie „übersetzen" in Form von Modellen, Blockschalt-Plänen und Algorithmen den biologischen Prototyp in einen praktisch verwertbaren, ersten, technischen Prototyp.

Der mit den bionischen Modellmethoden erstellte, primär-technische Prototyp wird von der Technik als konkrete Anregung übernommen und kann je nach den vorgegebenen Randbedingungen der zu lösenden technischen Probleme in seinen Einzelteilen erweitert, reduziert und/oder optimiert werden.

1.3 Bionisch-wissenschaftliche Kooperation

Wenn in den vorangehenden Abschnitten vom „bionisch arbeitenden Wissenschaftler" die Rede war, dann bezog sich das nicht auf die Definition eines im Spezialgebiet Bionik ausgebildeten Forschers. Eine spezielle Ausbildung für dieses Fach im Sinne klassischer Ausbildungsstrukturen oder -gänge gibt es bislang nicht. Sicherlich gibt es „Arbeitsgruppen für Bionik" im Hochschul-, Industrie- und Wehrtechnikbereich, nicht aber Institute für Bionik (so wie es unterdessen Institute für Biokybernetik gibt). Es ist voraussehbar, daß man in der Zukunft die dringende Notwendigkeit etablierter Bionik-Institute erkennen wird. Dies hat mehrere Gründe:

1.3.1 Besondere Natur bionisch-interdisziplinärer Zusammenarbeit

Es wurde hier deutlich gemacht, daß eine fachübergreifende Zusammenarbeit von Technik, Bionik und Biowissenschaft bedingend für die Schaffung bionischen Wissens ist. Es stellt sich die Frage, wie eine solche interdisziplinäre Forschung vorstrukturiert und systematisiert werden kann, damit sie noch effektiver zu Ergebnissen kommt, als dies bei zufälligen Interessenverknüpfungen der bislang in diesem Felde tätigen Forscher der Fall ist.

Untersucht man diese Frage, dann kommt man zuerst einmal zu der Einsicht, daß sich bei den Biowissenschaften auf der einen und den technischen Wissenschaften auf der anderen Seite spezifische Verhaltens- und Motivationsmuster in den Denk- und Forschungsansätzen entwickelt haben.

Eine der Ursachen hierfür liegt in den unterschiedlichen Zielvorgaben (vgl. auch Mohr, H.: Biologische Erkenntnis):

(1) Die Biowissenschaft forscht überwiegend im Sinne einer Analyse. Sie untersucht hochkomplexe, in Struktur und Wechselwirkung ihrer funktionellen Elemente noch weitgehend unbekannte Systeme.
Der Neurobiologe ist zum Beispiel als „Techniker" zu sehen, der ohne Kenntnis der Schaltpläne, des Aufbaues der Schaltelemente und der Programmsprache sich die Aufgabe stellt, Aufbau und Funktion einer Groß-Rechenanlage zu erkennen. Ausgehend von Grunderfahrungen, isoliert die Biowissenschaft über die Stufen der klassifizierbaren Erfahrungen, der Experimente und Hypothesen und der empirischen Gesetze die Einzelfakten, aber auch Wechselwirkungen innerhalb der komplexen Gesamtsysteme lebender Organismen. Ergebnis ist im günstigsten Falle eine akzeptierte Theorie über die Wirklichkeit von Systemteilen.
Die Einzelschritte biowissenschaftlicher Forschung verlaufen induktiv und deduktiv. Sie sind auf das Ziel der Analyse ausgerichtet: Erkenntnis der während der biologischen Evolution realisierten Aufbauprinzipien.

(2) Die technische Wissenschaft forscht überwiegend mit dem Ziel der Konstruktion. Sie setzt weitgehend bekannte Grundelemente in Wechselwirkung. Weiterhin entwickelt sie systematisch neue, technische Stoffe und Funktionselemente.

Die Gesetze der Physik, Chemie, die Regeln der Statik und Dynamik sowie der Thermodynamik bilden die theoretischen Grundlagen. In der modernen Technik oder Technologie liegt das schöpferische Moment vorwiegend in der „Erfindung“, neue und komplexe Wechselwirkungen der konstruktiven Elemente herzustellen, die in dieser Art (in der unbelebten Welt) bislang nicht vorhanden, aber „nützlich“ sind.

Auch die Einzelschritte technologischer Forschung verlaufen im Prinzip induktiv und deduktiv. Sie sind auf das Ziel ausgerichtet, Konstruktionen aus bisher technisch realisierten Prinzipien durch „Zusammenfügen“, „Erproben“ und „Ändern“ evolutionär weiter zu entwickeln.

Diese sehr summarisch gezeichneten, unterschiedlichen Zielvorgaben bestimmen die Grundlagen der Interessen von Biologie und Technik an den jeweiligen Forschungsproblemen. Hier Analyse, dort Synthese, möchte man oberflächlich meinen. In Wirklichkeit haben Analyse und Synthese in beiden Forschungsfeldern ihren – jedoch im Hinblick auf die Ziele unterschiedlichen – Raum. So geht zumindest in den Biowissenschaften jeweils Analyse wieder in Synthese (Ableitung von Hypothesen, Aufstellung von Theorien) über. Jedenfalls dort, wo „Wissen geschaffen“ wird und nicht nur mit eingeübten und bewährten Methoden „Faktensammlungen“ erstellt werden, ist die Wechselbeziehung zwischen Analyse und Synthese die entscheidende, treibende Kraft.

Eine wegweisende Funktion zum jeweiligen Ziel hat, wenn das auch nicht immer bewußt wahrgenommen werden mag, die Wirkung der Randbedingungen.

1.3.2 Randbedingungen

Der Techniker entwirft und konstruiert Einrichtungen zu einem wohldefinierten Zweck. Dazu benötigt er die exakte Vorgabe von (An)-Forderungen an die Leistung der Einrichtung, aber auch Randbedingungen, die z.B. die bekannten und/oder möglichen Wechselbeziehungen zwischen der Konstruktion und anderen Einrichtungen oder Einflüssen der technischen Umwelt betreffen. Der technische Konstrukteur wird aus ökonomischen Gründen eine in den Einzelgliedern material- und funktionsmäßig möglichst „zweckangepaßte“ und preiswerte Lösung anstreben. Die Gebrauchs-Leistung der Einrichtung wird nach diesen „Qualitätskriterien“ optimiert. Das Produkt soll möglichst konkurrenzlos optimale Absatzchancen auf dem Markt haben. Es soll sich zwar in gewissen, notwendigen Grenzen in andere Produktsysteme „einfügen“, mit ihnen zusammen gebrauchsfähig sein und sich damit anpassen. Dennoch wird stets aus ökonomischen Gründen anzustreben sein, ein „Leitprodukt“ zu entwickeln und zu optimieren, dem sich andere Produkte im Umfeld später anzupassen haben. Schließlich soll das Produkt „entwicklungsfähig“ sein – es sollten bald neue Serien zu verkaufen sein in einer Abfolge, die auch das Resultat sorgfältiger Abschätzungen dynamischer Neuinvestitions-Bilanzierung ist. (Neue Maschinen zur Herstellung neuer Serien kosten Geld.)

Selbstverständlich kann man hier nicht alle in der Technik tatsächlich einwirkenden Randbedingungen aufzählen. Das ist auch nicht notwendig, wenn hier ausschließlich die unterschiedliche Einwirkung von Randbedingungen auf Konstrukte der Technik und der biologischen Evolution dargestellt werden soll.

Die Evolution entwickelt Substanzen, Formen, Funktionen, Arten, Biotope und regulative Wechselbeziehungen unter Vermeidung „marktbeherrschender Ziele“. Das mag auf den Leser zuerst befremdend wirken, weiß er doch, daß Evolution nur über „Änderung“ und „Auslese“ der „bestgeeigneten“ Produkte funktioniert. Erinnert man sich aber an die komplexen und vermaschten Wechselwirkungen innerhalb von Organismen und Biotopen, dann wird deutlich, daß nicht das Einzelprodukt mit dem Ziel der „Biotopbeherrschung“, sondern die Wechselwirkung zwischen den Gliedern (z.B. der Nahrungsketten) zu optimieren ist, um damit eine Chance für den Bestand der vielfältigen Lebensäußerungen zu geben. Bestand ist hier nicht statisch gemeint, sondern dynamisch in dem Sinne, daß nur ein jeweils vorhandenes System auch für Mutationen, Kombinationen und Selektionen und damit für Entwicklungen zur Verfügung stehen kann. (Zweiflern sei das Studium der sehr sensitiven Wechselbeziehungen innerhalb des Systems des tropischen Regenwaldes in Erinnerung gerufen. Gerade dieses dynamische System mit seiner ausgesprochenen und im eigentlichen Wortsinn „exotischen“ Vielfalt der auf die Wechselbeziehungen hin optimierten Organismen gibt ein gutes Beispiel für den komplexen Begriff biologischer Randbedingungen!)

Die Randbedingungen organismischer Systeme sind im Gegensatz zu denen der Technik von nicht überschaubarer Komplexität:

Die Einzelglieder (auch die „Arten“) sind unter solchen dynamischen Randbedingungen (bis zum natürlichen partiellen Zusammenbruch von Biotopen) durch die während der Evolution realisierten Aufbau- und Regulationsprinzipien auf eine bestmögliche „Eingliederung“ mit entsprechender Eingliederungsflexibilität optimiert worden.

Die Randbedingungen technischer Konstrukte sind übersehbar, definierbar und vom Benutzer „gesetzt“. Ihre Anpassung im bionischen Sinne an Vorbilder der belebten Welt ist von einigen Autoren bionischer Literatur zwar mehr oder weniger emphatisch gefordert worden, dennoch z.Zt. irreal, weil die ökonomischen Potentiale der technischen Welt nicht einmal für den Beginn einer solchen „Revolution“ ausreichen. Ein „evolutionäres“ Anstreben solcher Randbedingungen sollte selbstverständlich erfolgen. Dies wird sich zwangsläufig so entwickeln, wenn auch mit unverhältnismäßig großem Zeitbedarf.

Zur Erinnerung: Wir haben festgestellt, daß Bionik als interdisziplinäre Forschungsrichtung die belebte Welt nach Vorlagen durchsucht, die zur Lösung technischer Probleme geeignet sein können.

Bionik ist ein methodisches Prinzip im Bereich der Heuristik; sie entwickelt aus bereits im organismischen Raum gelösten Problemen die Ansätze für technische Problemlösungen. Diese Entwicklung ist alsbald möglich, wenn Fakten aus dem Raum der Biowissenschaften aufbereitet zur Verfügung stehen. Sind bestimmte Fakten noch nicht aufbereitet, kann die Bionik Anregungen zu Fragestellungen geben, die sonst so nicht bearbeitet worden wären. Zur Umsetzung der gefundenen Losungsansätze in die technische Praxis ist es notwendig, daß Technik und Biologie in Wechselgespräche treten.

Wechselgespräche im interdisziplinären Feld benötigen eine für jeden Partner verständliche „Sprache". Die Anwendung der Modellmethoden ist ein „Übersetzungsmittel". Vor Umsetzung eventuell tauglicher, biologischer Vorlagen in Modelle oder Prototypen müssen die Randbedingungen der jeweils aufeinander zu beziehenden, biologischen und technischen Konstrukte kritisch analysiert werden. Dazu ist es wichtig, die jeweiligen Verhaltens- und Motivationsmuster in den Denk- und Forschungsansätzen der interdisziplinären Partner in ihren Grundlagen zu erkennen. Nur so läßt sich vermeiden, daß Mißverständnisse schon methodisch in Sackgassen führen. Jede Forschungsrichtung „filtert" (durch Klassifikation aufgrund von Distinktion) aus ihren Objekten nur die sie „interessierenden" Aspekte zur Bearbeitung heraus. Solcherart Uninteressantes kann aber gerade für den interdisziplinären Partner von höchstem Interesse sein. Auch hier müssen die methodischen Randbedingungen aller Partner für die genaue „Sprachübersetzung" bekannt sein. Überzogene Begeisterung an der gemeinsamen Forschungsmaterie läßt einschränkende Randbedingungen oft außer acht und führt zu utopistischen Forderungen und anschließend zur Enttäuschung und gar Demotivation.

1.4 Bionische Resultate und Technologietransfer

Die aktuellen Randbedingungen der technischen Welt setzen häufig die Grenzen zur Übernahme bionischer Resultate (Einrichtungen, Bauprinzipien und Organisationsformen). Viele Autoren bionischer Sachbücher beanstanden:

(1) Die Leistungsfähigkeit bionischer Lösungen wird angesichts der Vielzahl ökologisch-ökonomischer Probleme nicht oder zu wenig berücksichtigt.
(2) Die Forschungsförderung für bionische Projekte und angepaßte („alternative") Technologien ist, gemessen an der staatlichen Förderung zentralistischer, technischer Großprojekte (Schneller Brüter etc.) minimal.
(3) Die Entscheidungsgremien staatlicher oder industrieller Wissenschaftsfördereinrichtungen sind mangelhaft über die tatsächlichen Möglichkeiten bionischer Problemlösungen informiert oder werten sie als „biologischen Utopismus" ab.
(4) Die Industrie selbst ist zu sehr in longitudinalem Denk- und Planungsverhalten festgelegt, um „lateral" oder „kybernetisch" überlegen zu können.

Diese Vorwürfe sind objektiv richtig, berücksichtigen aber zu wenig die realen, ökonomischen Randbedingungen der modernen Technik. Hier gilt es:

(1) Investitionen – besonders in der Energieproduktion und im großtechnischen Bereich – so lange „produzieren" zu lassen und dementsprechend zu stützen oder zu „schützen", bis sie sich amortisiert haben und Gewinne normaler Rate bringen.
Eine „objektivistische" Selektion wie in der biologischen Evolution kann die freie Wirtschaft nicht leisten; eher werden die gefährdeten, vom „Aussterben" bedrohten Produktionseinrichtungen noch so lange wie möglich subventioniert (vgl. Werftenindustrie).

(2) Ein rasches „Umdenken“ oder „Umsteuern“ ist – auch bei Einsicht in prinzipielle Notwendigkeiten – aus den eben genannten Gründen nicht möglich. Die Großtechnik ist wie ein „Supertanker“ nur sehr langsam zu bremsen oder mit Trägheitsmomentwirkung nur schwierig aus dem Kurs zu bringen.

(3) Zu optimistisch propagierte und nicht sorgfältig vorbereitete und klar entwickelte, alternative Technologien und Techniken – dazu gehört auch die Bionik – werden von Förderungseinrichtungen kritischer betrachtet als „bewährte“ Richtungen. Nicht eingehaltene Versprechen oder Verzögerungen führen zu harschen Reaktionen, und die Lobby der Gegenseite erhält weiteres Material zum Argumentieren gegen „utopistische Technik-Ideologen“.

Es ist an dieser Stelle nicht leicht, ein Rezept zur Herstellung jener Randbedingungen des Technologietransfers zu liefern, die den Einsatz der Bionik rascher zu Erfolgen führen. Mit dem Schlagwort verstärkter Bemühungen um echte und sorgfältigere Leistung ist hier nicht geholfen. Sicher spielt das auch eine große Rolle, zumindest bei staatlichen Förderungsmaßnahmen. Da könnte durch gezielte Investitionsförderung der Entwicklung von arbeitsplatzintensiver, angepaßter Technik für den Export in unterentwickelte Länder sehr positiv gewirkt werden.

Betrachten wir zur Illustration der nur schlaglichtartig beleuchteten Probleme die Abb. 1.1. Hier ist die Umsetzung von wissenschaftlich-technisch erarbeiteten, neuen Techniken (A) in reale und praktische Basis-Innovationen (N) dadurch dargestellt, daß die „machbaren Technologien“ gegen die „gemachten technischen Neuerungen“ aufgetragen sind.

Beides sind gute Indikatoren für die Effizienz des Wissenstransfers (Übertragungen von Konstruktionsplänen in Konstruktionen). Das Diagramm zeigt, wie der Bestand des

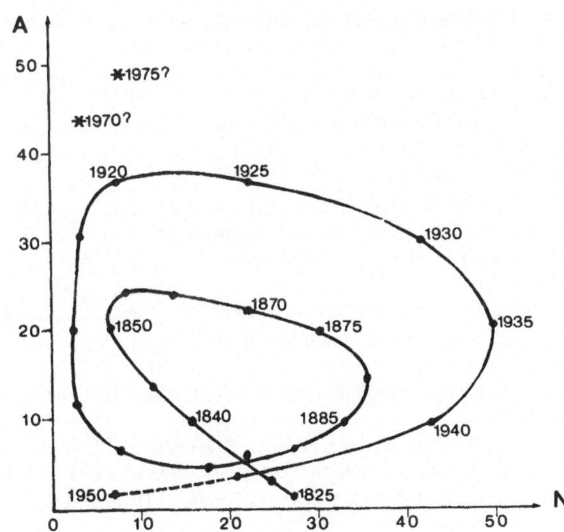

Abb. 1.1
Als Indikatoren für die Effizienz des Wissenstransfers sind gegenübergestellt (nach Mensch (1975)):
Auf der Ordinate: (A) Bestand des als machbar erkannten technischen Wissens.
Auf der Abszisse: (N) Menge der getätigten Basisinnovationen

technisch verwertbaren Wissens und die Menge der in der Industrie getätigten Innovationen im Verlaufe der Industrialisierung in den letzten 150 Jahren quasi Gezeitenhüben unterliegt: Nach einer nahe an den Nullpunkt herankommenden Rückkehr der Indikatoren (A) und (N) in den Jahren um 1850, 1905 und 1950 schlagen sie um 1880 und 1935 in um so weiterliegende Bereiche aus. Eine solche Spirale kennzeichnet die Dynamik eines labilen Gleichgewichts bei einem System, welches zwischen „Implosion und Explosion" pendelt.

Ursächlich für diese „Gezeitenhübe" innerhalb eines Ausschnittes der technischen Evolution mögen die oben erwähnten Trägheitsmomente technisch-ökonomischer Randbedingungen sein. Gezeitenhübe solcher Art gibt es im Verlauf der biologischen Evolution wohl kaum. (Der Verf. z.B. vermutet, daß auch biologische Systemregulationen evolutionär (und nicht „revolutionär") entwickelt wurden, wodurch eine stabilisierende Wirkung im Sinne einer „mitlaufenden Homoiastase" auf den Entwicklungs-Verlauf der biologischen Glieder, Subsysteme und Systeme zur Wirkung kam.)

Auch in dieser Richtung der „Organisations-Bionik" könnte für die Krisenbewältigung einiges geleistet werden. (Damit reiht sich der Autor in den Chor der obengenannten „Mahner" ein.) Bis dahin müßte die Bionik aber durch sorgfältige und wissenschaftliche, interdisziplinäre Arbeit, die über das Propagieren hinausgeht, Vertrauen und damit mehr Einfluß innerhalb der wissenschaftlichen Gemeinschaft – nicht zuletzt der Ökonomie – erwerben.

Weiterführende Literatur

Beier, W.; Glaß, K.: Bionik – eine Wissenschaft der Zukunft. Leipzig–Jena–Berlin: Urania Verlag 1968

Berman, L.; Coombs, R.: Die Natur dachte zuerst daran. Hamburg: Neuer Tessloff Verlag 1972

Bionics. Proceedings of the National Aeronautical Electronics Conference May 2.–4. (ed. J. Steel). Dayton/Ohio USA 1960

Broda, E.: Erfindungen der lebenden Zelle. Zwölf epochale und bisher nicht nachgeahmte Prinzipien. Naturwissen. Rundschau **31** (1978) 356–363

Francé, R.H.: Die Pflanze als Erfinder. Stuttgart: Kosmos, Ges. d. Naturfr. 1920

Gérardin, L.: Natur als Vorbild – Die Entdeckungen der Bionik. Frankfurt a.M.: Fischer Taschenbuch Verlag 1972

Gierke, H.E.v. et al. (Hrsg.): Principles and Practice of Bionics. The Advisory Group for Aerospace Res. and Development, NATO 1970

Halacy, D.St.: Bionics – The Science of Living Machines. New York: Holyday House 1965

Hertel, H.: Struktur – Form – Bewegung. Mainz: Krausskopf 1963

Heynert, H.: Einführung in die Bionik. Berlin: VEB Deutscher Verlag der Wissenschaften 1972

Heynert, H.: Grundlagen der Bionik. Berlin: VEB Deutscher Verlag der Wissenschaften 1976

Kottik, P.: Bionik und Ökologie. Grundlagen, Ökologie und Eingriffe des Menschen in die Natur. Elektronik und Maschinenbau **91** (1974) 409–416

Kybernetik und Bionik – Ber. 5. Kongr. d. Dtsch. Ges. f. Kybernetik. München–Wien: R. Oldenbourg 1974

Lindgren, N.: Bionics (I – IV). Electronics **35** (1962) Februar – März

Marko, H.: Bionik – oder die Nutzung biologischer Kenntnisse für den technischen Fortschritt. –ETZ–A, **93** (1972) 697–702

Mensch, G.: Das technologische Patt – Innovationen überwinden die Depression. Frankfurt a.M.: Fischer Taschenbuch Verlag 1977

Mohr, H.: Biologische Erkenntnis. Stuttgart: Teubner 1981

Nachtigall, W.: Biotechnik. Heidelberg: Quelle und Meyer 1971

Nachtigall, W.: Biological Mechanisms of Attachment. Berlin–Heidelberg–New York: Springer 1974

Nachtigall: W.: Phantasie der Schöpfung. Hamburg: Hoffmann & Campe 1974

Nachtigall: W.: Biostrategie. Eine Überlebenschance für unsere Zivilisation. Hamburg: Hoffmann & Campe 1983

Nachtigall, W.: Funktionen des Lebens – Physiologie und Bioenergetik von Mensch, Tier und Pflanze. Hamburg: Hoffmann & Campe 1977

Paturi, F.R.: Geniale Ingenieure der Natur – Wodurch uns Pflanzen technisch überlegen sind. Düsseldorf–Wien: Econ 1974

Silverstein, A.; Silverstein, V.: Bionics – Man copies nature's machines. New York: Dutton 1970

Tischler, W.: Ökosysteme: Strukturen und Grenzen. Naturwiss. Rundschau **31** (1978) 105

Tributsch, H.: Wie das Leben leben lernte – Physikalische Technik in der Natur. München: dtv 1976. = dtv-Sachbuch 1517

Wittke, G.: Bionik – Fundgrube für Innovationen. Umschau Wiss. Technik **74** (1974) 85

Zerbst, E.W.: Bionik – Eine heuristische Methode der Wertanalyse. Mannheim: VDI–Zentrum Wertanalyse 1984

Zerbst, E.W.; Sauer, H.: Kybernetik und Bionik. Erfindungsmethoden mit Zukunft. In: Handbuch für Erfinder und Unternehmer der Deutschen Aktionsgemeinschaft Bildung-Erfindung-Innovation. Düsseldorf: VDI-Verlag 1986

2 Aspekte bionischer Methodik

Eine systematische Methodenlehre der Bionik existiert bislang nicht. Darum wird hier ausschließlich über Aspekte solcher Methoden berichtet, die für bionisches Arbeiten nützlich sind.

In Anbetracht ständiger Entwicklungen auf insbesondere systemtheoretisch-methodischem Gebiet ist auch eine Aufstellung der wichtigsten Methoden kaum möglich. Einigen Literaturangaben im Anhang müssen dem Leser Wege zur weiteren, selbständigen Arbeit weisen. Insbesondere die Gruppe der Modell-Methoden bietet wichtige Möglichkeiten zur interdisziplinären Verständigung zwischen Technik und Biowissenschaft: durch Redundanzminderung, Formalisierung und damit Mathematisierung.

2.1 Bionik als heuristisches Prinzip

Heuristische Prinzipien sind solche, die zu neuen Einsichten führen. Dabei werden folgende Verfahren angewendet:

(1) Es wird allgemein aufgezeigt, auf welchem Wege Erkenntnisse gewonnen und weitergeführt wurden. Es wird der Werdegang der Wissensgewinnung geschildert.

(2) Heuristische Verfahren stellen einen Spezialfall der „trial and error"-Methode dar: Es werden Informationen über die Umwelt und ihre Systeme gewonnen, wobei ein „Gedächtnis" vorausgesetzt werden muß, welches z.B. in der Bionik Informationen über (a) erfolgreiche und (b) erfolglose Versuche sowohl in der Technik als auch in der biologischen Evolution speichert.

(3) Heuristische Verfahren erarbeiten mit Vermutungen, Analogien und Arbeitshypothesen Modelle zum Zwecke des Erkenntnisgewinnes. Sie unterscheiden sich darin von deduktiven Methoden.

2.1.1 Bionik als heuristische Methode

Die bionisch-heuristische Methode ist im Gegensatz zu anderen, naturwissenschaftlichen Arbeitsmethoden keine strenge Beweismethode. Sie liefert:

(1) Verfahren zur Suche nach dem Beweis technischer Problemlösungen,

(2) Verfahren zur Untersuchung realer Fälle „biologischer Problemlösung" durch Evolution,

(3) Verfahren, die aus den „biologischen Problemlösungen" allgemeine Regeln zum methodischen Auffinden neuer Einsichten und Erfindungen in der technischen

Welt abzuleiten suchen. Diese Regeln hängen nicht von den jeweils konkret zu lösenden Problemen ab.

Wenn mit Hilfe der Bionik ein Problem des technischen Bereiches seiner Lösung zugeführt ist, dann läßt sich zwanglos der Beweis streng logisch darstellen. Dieser Beweis kann formal Modellcharakter bzw. allgemein mathematischen Abbildungscharakter haben.

2.1.2 Formalisierung bionisch-heuristischer Methodik

Konkrete bionische Methoden (wie z.B. die Optimierungsverfahren mittels „Evolutionsstrategie" (Abschn. 3.4.1) lassen sich auf elektronischen Rechenanlagen simulieren.

Solche bionisch-heuristischen „Programme" können etwa analog einem Schachcomputer arbeiten: Es stehen Sätze von speziell strategischen Prinzipien zur Verfügung. Diese Prinzipien werden den aktuellen Problemen angepaßt und arbeiten quasi in Kombination mit „trial-and-error"-Methoden. Aber auch die Denkschritte des bionisch arbeitenden Wissenschaftlers oder der interdisziplinär zusammenwirkenden Arbeitsgruppen könnten formalisiert werden.

Hier gilt jedoch das, was an anderer Stelle dieser Reihe gesagt wurde (vgl. Mohr, M.: Biologische Erkenntnis, S. 70): Die Wechselbeziehungen der Denkstufen und -schritte hängen nicht nur von formalisierenden Regeln, sondern von der geistigen Kraft, dem experimentellen Geschick und der Kreativität des Forschers ab! Ihre Skala deckt sowohl „intuitive Ableitungen" und „theoretisch" blinde Suche als auch gekonnte, Schritt für Schritt transparente Ein- oder Mehrfaktorenanalyse.

2.1.3 Definition: Bionik

Generell ist Bionik durch drei Definitionsgruppen zu beschreiben:

(1) Sie ist eine Wissenschaft zur Planung und Konstruktion von Systemen, deren Funktionen solche der biologischen Systeme nachahmen.

(2) Sie ist eine Wissenschaft zur Planung und Konstruktion von Systemen, die charakteristische Eigenschaften biologischer Systeme aufweisen.

(3) Sie ist eine Wissenschaft zur Planung und Installation von Organisationsstrukturen, die die Wechselbeziehungen biologischer Organisationsmuster nachahmen.

Primärobjekt der Bionik ist die belebte Welt, ein System, das sich durch vergleichsweise (Technik) extreme Komplexität auszeichnet.

Die wissenschaftlich eindeutige Darstellung (Mathematisierung) bionischer Vorgehensweisen und Befunde stößt auf entsprechende Schwierigkeiten. Dies insbesondere deshalb, weil hier keine Fachnomenklatur – wie in den Spezialwissenschaften – entwickelt werden kann, das hemmt den Informationsaustausch im interdisziplinären Feld. Hilfreich sind jedoch allgemeine Abbildungsmethoden, wie:

(a) Allgemeine Modelltheorie
(b) Graphentheorie
(c) Similaritätstheorie
(d) Biokybernetisch-informationstheoretische Methodik
(e) Thermodynamik irreversibler Prozesse
(f) Kompartmenttheorie.

Einige Aspekte werden hier kurz diskutiert; der Leser möge die übrigen Methoden aber der Spezialliteratur (Literaturhinweise am Ende der Abschnitte) entnehmen.

2.2 Grundprinzipien der Behandlung biologischer Systeme durch Bionik

Bionisch-technische Problemlösungen beginnen mit dem Schritt der Suche nach einer geeigneten, biologischen „Konstruktionsvorlage". Vorausgesetzt ist hierbei die eindeutige Definition und Abgrenzung der jeweiligen, technischen Fragestellung.

Wie bereits bei der Diskussion technischer und biologischer Randbedingungen herausgestellt, ist dies nicht immer einfach. Besonders die Abgrenzung biologischer Randbedingungen, die den technischen Randbedingungen analog zu setzen sind, ist schwierig.

2.2.1 Bionische Denkschritte der Suchstrategie

Von Rechenberg ist das in der Abb. 2.1 dargestellte Schema einer Suchstrategie angegeben worden. Dabei ist (1) die technische Funktion der bionisch zu entwickelnden Konstruktion mit der (2) biologischen Funktion eines möglichen Vorbildes zu vergleichen. Es ist der Zweck beider Systeme zu untersuchen. Ergeben sich hier nach Maßgabe der jeweils ermittelten, dimensionslosen Kennzahlen oder der Similaritätskriterien „Ähnlichkeiten" zwischen angestrebter Konstruktion und biologischem Vorbild (vgl. Abschn. 2.4), dann sind (3) die technischen Randbedingungen aufzulisten und die biologischen Randbedingungen (4) zu analysieren und in Vergleich zu setzen.

Sind diese Randbedingungen in etwa analog, dann wird das technische Gütekritierium (5) durch die Analyse jener Eigenschaften bestimmt, welche die Leistungen des Systems beeinflussen. In entsprechender Weise müssen die biologischen Gütekriterien (6) analysiert werden. Stellt man fest, daß die Gütekriterien sich im Hinblick auf die Leistungsparameter der Systeme einander entsprechen, was naturgemäß immer nur näherungsweise der Fall sein kann, dann ist es offensichtlich erfolgversprechend, mit der Nachahmung des biologischen Vorbildes bei der technischen Konstruktion zu beginnen. In der Regel werden dazu in.der ersten Stufe Modellmethoden herangezogen. Zur Illustration ein Beispiel.

Das im Verhältnis zu seiner Körperlänge unverhältnismäßig schnell mit Cilienschlag unter Wasser schwimmende, einzellige Wimperntierchen soll als Lösung zum Bau eines energie- und geschwindigkeitsoptimierten U-Bootes dienen. Seine besondere

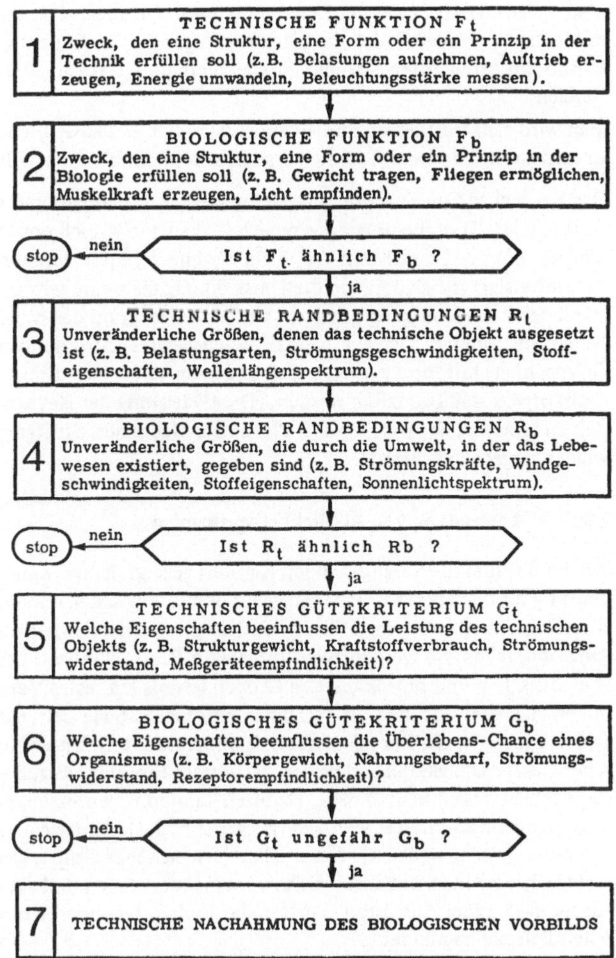

Abb. 2.1 Schema einer bionischen „Suchstrategie": Vergleich der biologischen Randbedingungen mit den technischen Randbedingungen (nach Rechenberg (1978))

Form ist außergewöhnlich, ebenso der Antriebsmechanismus. In Nachvollzug der Denkschritte (1) und (2) stellt man fest, daß sich F_t und F_b entsprechen (Energie wird in Unterwasserbewegung umgewandelt). Bei Vollzug der Schritte (2) und (3) stellt man folgende Differenz zwischen den technischen und biologischen Randbedingungen fest:

(3) R_t: Reynolds-Zahl $\mathrm{Re}_U = \frac{w \cdot D}{\nu} = \frac{14 \cdot 4}{10^{-6}} = 6 \cdot 10^{-7}$

(4) R_b = Reynolds-Zahl $\mathrm{Re}_p = \qquad = 10^{-2}$

Man ersieht daraus, (was der Leser von vornherein auch ohne die Berechnung der Reynolds-Zahl vermutete), daß die „Randbedingungen" sich nicht entsprechen, weil das U-Boot im turbulenten Strömungsbereich arbeitet, das Pantoffeltier aber im laminaren Bereich.

Man wird sich stattdessen nun einem anderen Objekt zuwenden, z.B. dem Thunfisch. Er schwimmt mit einer Geschwindigkeit von 90 kmh^{-1}, das U-Boot etwa 60 kmh^{-1}.

Das Beispiel soll nicht weiter ausgeführt werden. Zu illustrieren war hier nur die Bedeutung der „Randbedingungsvergleiche". Es kann jedoch erwähnt werden, daß die Körperform des Thunfisches durch ein weit nach hinten ausgeprägtes Dickenmaximum charakterisiert ist. Dabei wird die Umströmung über eine sehr große Lauflänge im Zustand der Beschleunigung gehalten, wodurch wiederum das wandnahe Geschwindigkeitsprofil „völliger" wird, es verhält sich gegenüber Strömungen stabiler: Die laminare Grenzschicht mit ihrer geringen Reibung kann so bis zum Dickenmaximum des Thunfischkörpers stabil gehalten werden. (Die Bedeutung der Reynolds-Zahl möge der Leser sich aus Kamke, D.; Walcher, W.: Physik für Mediziner. Stuttgart: B.G. Teubner 1982, wieder vergegenwärtigen!)

2.2.2 Anwendung von Ähnlichkeitsprinzipien

Wie im Beispiel des vorangehenden Kapitels gezeigt, haben Kennzahlen eine große Bedeutung für die Abgrenzung technischer und biologischer Randbedingungen. Es lassen sich Ähnlichkeitsprinzipien für physikalische und chemische Erscheinungen und Vorgänge aufstellen. So werden zwei Vorgänge z.B. als „ähnlich" bezeichnet, wenn die geometrischen und physikalischen Größen jeweils ein festes Verhältnis miteinander bilden (Längen-, Flächen- und Raumabmessungen sowie Zeit, Geschwindigkeit, Beschleunigung, Kraft, Energie, Arbeit, Temperatur etc.). Unter Nutzung mathematischer Gesetzmäßigkeiten gelingt es, bestimmte Einflußgrößen zu dimensionslosen Kennzahlen zusammenzufassen. Dadurch kann in vielen Fällen der Versuchsaufwand bedeutend eingeschränkt werden (vgl. Abschn. 2.4), denn sie erlauben den Vergleich zwischen Systemen gleicher Form, aber verschiedener Größe, wenn auch z.B. die wirkenden Kräfte im gleichen Verhältnis zueinander stehen. Solche Kennzahlen gehören zur methodischen Ausrüstung auch in der Bionik. Dies wurde oben bereits im praktischen Beispiel begründet.

2.3 Gesichtspunkte der Modelltheorie

Modellbildungen in der Bionik haben zwei Aspekte:

(1) Das Modell (z.B. eines technischen oder biologischen Problems) ist Informationsmittel im interdisziplinären Gespräch.

(2) Das Modell eines bionisch interessanten, biologischen Prozesses einer biologischen Struktur oder biologischen System-Zusammenwirkung kann ein erster Ansatz zur technischen Problemlösung sein. Es bildet die „Arbeitshypothese" zur Lösung.

Theoretische Modelle sind gedankliche Konstrukte zur (bewußt) vereinfachten Wiedergabe eines Aspekts der Naturphänomene. Sie ermöglichen die deduktive Ableitung, aber auch Voraussagen, die an Erfahrung überprüfbar sind.

Im engeren Sinne ist das Modell eine Hilfsvorstellung, die gewisse Beziehungen sinnfälliger macht. Im weiteren Sinne ist jede wissenschaftliche Hypothese oder Theorie ein Modell.

Eine globale Modellstruktur kann auch die von L. v. Bertalanffy begründete Allgemeine Systemtheorie sein.

2.3.1 Überprüfbarkeit von Modellen

Modelle lassen sich allgemein überprüfen und optimieren. Als Beispiel sei hierzu ein einfaches Schema angegeben:

1. Ebene: Durch die Herleitung eines „internen Modells" (A_m) wird ein definierter Bereich der belebten Welt (A) abgebildet.

2. Ebene: Mit Hilfe des Modells (A_m) werden solche Ereignismengen (E_m) vorausgesagt, die sich im modellierten Wirklichkeitsbereich (E) auch experimentell beobachten lassen.

3. Ebene: Der Unterschied zwischen realen und modell-reduzierten Ereignismengen kennzeichnet die Qualität des Modells (A_m).
Ist der Unterschied $d_m = E - E_m$ klein, dann ist der Bereich der Realwelt hinreichend genau abgebildet.
Ist der Unterschied jedoch relativ groß, dann muß durch Induktion ($A_m = A_{mm+i}$) das Modell und somit auch die Ereignismenge ($E_m = E_{mm+i}$) erweitert werden.

4. Ebene: Es wird wiederum die Differenz zwischen den realen und den modellgebundenen Ereignismengen betrachtet, die sich nach dieser Induktion neu ergibt.
Das Verfahren wird fortgesetzt, bis das Modell den Real-Bereich der Realwelt hinreichend genau abbildet.

Jedes Modell hat Nachteile: Es können „unscharf" definierte Begriffe enthalten sein, das Begriffssystem kann unvollständig oder aber so komplex sein, daß es auch mit technischen Hilfsmitteln (z.B. Rechenanlagen) gedanklich sehr schwer zu beherrschen ist. Hier kann eine Lösung dadurch gefunden werden, daß nur die jeweils interessierenden Aspekte herausgearbeitet werden. Ein Modell ist dann jedoch durch bestimmte Merkmale zu objektivieren:

1. Abbildungsmerkmal: Es wird diejenige Funktion oder Struktur besonders herausgehoben und gekennzeichnet, die isoliert vom Gesamtsystem wiedergegeben werden soll.

2. Verkürzungsmerkmal: Es werden solche Parameter gekennzeichnet, die im Original zwar vorhanden sind, aus praktischen oder Gründen der Übersichtlichkeit dennoch fortgelassen werden sollen.

3. Subjektivierungsmerkmal: Es sind die subjektiven (d.h. problembezogenen) Gründe aufzuzeigen, die für die Anwendung gerade eines solchen Modelles (wie das jeweils gewählte) und seiner Zwecke maßgebend waren.

Es sind durchaus auch andere Ansätze zur Modellbildung und -beurteilung möglich (vgl. z.B. Röhler, R.: Biologische Kybernetik. Stuttgart: Teubner 1974).

Diese oben besprochenen Beispiele wurden aber aus zwei Gründen gewählt:

(1) Bei den Stufen und Schritten zeigen sich Analogien zu den formal betrachteten Stufen und Forschungsprozesses im biowissenschaftlichen Bereich (vgl. z.B. Mohr, H.: Biologische Erkenntnis).

(2) Die Beachtung dieser Formalprinzipien ist speziell in der Bionik immer dort wichtig, wo die Biologie mit der Technik im interdisziplinären Gespräch ist. Dabei muß besonders beachtet werden, die Abbildungsverkürzungs-, Subjektivierungsmerkmale und ihre Begründungen so einzusetzen, daß sie der „biologischen Vorlage zur Problemlösung“ nichts hinzufügen. Bionisch engagierte Biowissenschaftler geraten leicht in Gefahr, bereits „eigene technische Entwürfe“ vor Augen zu haben. Dies kann unbewußt geschehen. Dann wird nicht mehr ein exaktes Modell des organismischen Prototyps erstellt, sondern es werden eigene Ideen zu technischen Lösungen, quasi als „Grunderfahrung“ verfälscht, dazu gegeben.

Im letzteren Falle kann eine Situation eintreten, wie sie in Mohr auf S. 70 beschrieben wird: „Irrtümer bei der klassifikatorischen Aufarbeitung der Grunderfahrungen zu wissenschaftlichen Daten sind die Hauptursache für Fehlschläge in der weiteren Forschung.“

2.3.2 Modell und Maßstabsproblem

Das ursprünglich aus dem Italienischen stammende Wort „Modell“ bedeutet dort soviel wie „Maß“ oder auch „Maßstab“. Die Abbildung eines Objekts durch ein Modell erfordert einen Maßstab.

Maßstab, d.h. das Verhältnis vom Modell zum Original, kann sich sowohl auf die Größe als auch auf die Zeit, die Geschwindigkeit, die Masse und andere physikalische und chemische Größen beziehen. Das folgende Beispiel illustriert die Problematik:

Es soll eine Modelleisenbahn erstellt und betrieben werden. Form, Funktion und Zeitabläufe sollen durchgängig „maßstabsgetreu“ sein. Sehr bald ergeben sich praktische Probleme, die nur durch Kompromißlösungen bewältigt werden können. Warum?

(1) Bei einer bekannten Modelleisenbahn beträgt der Maßstab 1 : 120. (Das Modell ist 120 mal kleiner als das Original.) Wenn beim Original die Breite des Radreifenprofils 15 cm beträgt, dann müßte sie im Modell 1,25 mm betragen. Eine praktisch sichere Fahrleistung ist damit nicht gesichert. Man verbreitert also die Lauffläche und ändert damit den Maßstab in einem Modellbereich.

(2) Welchen Einfluß hat der Faktor „Zeit“? Wählt man jetzt von vornherein den Maßstab 1 : 1 aus praktischen Gründen, dann hat die Modelleisenbahn (Nenngröße H0)

eine Geschwindigkeit von 0,256 m/s gegenüber ihrem Vorbild, das bei einer Geschwindigkeit von 80 km/h die Strecke von 22,2 m pro Sekunde zurücklegt. Das ist für den Modellzug eine praktikable Geschwindigkeit.

(3) Um vernünftig mit der Eisenbahn spielen zu können, reduziert man den Betriebstag von 24 Stunden auf 2 Stunden. Hier läßt sich nun der Zeitmaßstab nicht durchhalten: Würde man auch die Geschwindigkeit darauf beziehen, dann müßte der Modellzug (in Simulation der 80 km/h des Vorbildes) in einer Sekunde 3 Meter zurücklegen! Ein Maßstabswechsel ist notwendig.

(4) Will man diese Betrachtungen auch auf die Grundgröße der Masse ausdehnen, dann wäre (bei der Nenngröße H0) beim Modell eine Masse von 12 g gegenüber der Masse von 12 Tonnen des Originals zu errechnen (denn Masse ist ja das Produkt aus der Dichte eines Stoffes und dem Volumen, das er gerade einnimmt). Die Dichte ist materialabhängig, das Volumen durch die Längenausdehnungen bestimmt. Wird eine gleiche Dichte (Fe) von Original- und Modellmaterial vorausgesetzt, dann verringert sich die Masse bei der Verkleinerung des Längenmaßstabes von 1 : 87 im Verhältnis von $1^3 : 87^3$, also 1 : 658.503. Um zu einer praktischen Lösung zu kommen, müßte die Dichte des Modellmaterials vergrößert werden. Zu diesem Zweck ist dann wieder die Einführung eines neuen Maßstabsfaktors notwendig.

Aus diesen Betrachtungen ergibt sich folgendes:

Das Modell kann nicht durch einen einheitlichen Maßstab bestimmt werden. Der Maßstabsfaktor muß vielmehr bei Bedarf verändert sein, damit ein sinnvolles Modell erhalten wird.

Solche Kompromißbildungen sind insbesondere bei Anwendung von Modellmethoden in der Bionik wichtig. Das wird deutlich, wenn man an die Übertragungsprobleme denkt, die bei der Nachahmung der statischen Eigenschaften von Knochenspongiosa zur Verwirklichung neuer, architektonischer Prinzipien in der Technik auftreten (vgl. Abschn. 6.3). Darüber hinaus zeigen diese Beispiele, daß es bei der bionischen Konstruktion niemals um die exakte Nachahmung biologischer Konstruktionsvorlagen geht. Wichtig ist die Anregung, die der Technik durch biologische Funktionsprinzipien gegeben werden kann.

Weiterführende Literatur

Cooney, D.O.: Biomedical Engineering Principles. Modelling the Body as Compartments, Sources and Streams. Bd. 2. New York–Basel: Marcel Dekker 1976

Forth, E.; Schewitzer, E.: Bionik. Meyers Taschenlexikon. Leipzig: Bibliographisches Institut 1976

Hill, D.W. et al.: Mathematical Modelling of Dynamic Biological Systems. Forest Grove, Oregon: RSP, Research Studies Press 1976

Kamke, D.; Walker, W.: Physik für Mediziner. Stuttgart: B.G. Teubner 1982

Laue, R.: Elemente der Graphentheorie und ihre Anwendung in den biologischen Wissenschaften. Leipzig: Akad. Verlagsgesellschaft Geest & Portig 1970

McLeod, J.: Simulation. From Physical to Physiological. Yearbook Soc. Gen. Syst. Research **19** (1974) 136–141

Oestereicher, H.L.; Moore, D.R.: Cybernetic Problems in Bionics. London: Gordon & Breach (Bionics Symposion 1966)

Schneider, B.; Ranft, U.: Simulationsmethoden in der Medizin und Biologie. Berlin–Heidelberg–New York: Springer 1977. = Med. Infor. u. Statistik 8

Stachowiak, H.: Allgemeine Modelltheorie. Wien–New York: Springer 1973

Warner, H.R.: Simulation as a tool for biological research. IV. Ann. San Diego Symposium for Biomed. Engineering 1964

2.4 Theorie der biologischen Similarität

Modellbildungen als ein Schritt bionischer Konstruktion setzen voraus, daß zur Sicherung des jeweils einzuschlagenden Weges die Kriterien der Ähnlichkeit betrachtet werden. Sowohl in der Physik als auch im biowissenschaftlichen Bereich wurden Ähnlichkeitstheorien entwickelt. Sie setzen voraus, daß alle das zu untersuchende System beeinflussenden Größen aufgeklärt sind.

Die Anwendung der Ähnlichkeitstheorien hat folgende Vorteile:

(1) Ähnlichkeitsbetrachtungen erleichtern und unterstützen die Konstruktion von Modellen, die sich physikalisch ähnlich sind.

(2) Diese Theorien vermindern die zur Beschreibung eines Problems zu bestimmenden Variablen.

(3) Die Theorien erlauben eine universelle (dimensionslose) Darstellung experimentell gefundener Ergebnisse.

2.4.1 Dimensionsanalyse

Die klassische Dimensionsanalyse wurde von Newton in die Physik eingeführt und von Maxwell formuliert:

(1) $$Q = M^{\alpha} \cdot L^{\beta} \cdot T^{\gamma}$$

Dabei wird eine beliebige physikalische Funktion (Q) durch die Masse (M), die Länge (L) und die Zeit (T) dargestellt (vgl. hierzu Tab. 1). Um einen Vergleich zwischen Prototyp (auch „biologischer Prototyp") und Modell anstellen zu können, müssen Gesetzmäßigkeiten berücksichtigt werden: die „Ähnlichkeitsregeln".

Wenn für den Prototyp gilt

(2) $$Q_1 = M_1^{\alpha} \cdot L_1^{\beta} \cdot T_1^{\gamma}$$

dann gilt für das Modell

(3) $$Q_2 = M_2^{\alpha} \cdot L_2^{\beta} \cdot T_2^{\gamma}$$

Tab. 1 **Darstellung einiger physikalischer Funktionen Q durch die Masse M, die Länge L und die Zeit T**

Länge	$= L$	Geschwindigkeit	$= LT^{-1}$
Masse	$= M$	Beschleunigung	$= LT^{-2}$
Zeit	$= T$	Kraft	$= MLT^{-2}$
Oberfläche	$= L^2$	Energie	$= ML^2T^{-2}$
Frequenz	$= T^{-1}$	Leistung	$= ML^2T^{-3}$

Setzt man beide zueinander in Verhältnis, d.h. bildet man den Quotienten

$$(4) \qquad \chi = \frac{Q_1}{Q_2}$$

dann ist mit χ der Newtonsche Reduktionsquotient gegeben.
Ein Vergleichssystem läßt sich schließlich dadurch ableiten, daß der Massenquotient, der Längenquotient und der Zeitquotient

$$\frac{M_1}{M_2} = \mu; \qquad \frac{L_1}{L_2} = \lambda; \qquad \frac{T_1}{T_2} = \tau$$

gesetzt werden. Durch Einsetzen der Gl. (2) und (3) in (4) erhält man die Form:

$$(5) \qquad \chi = \mu^\alpha \cdot \lambda^\beta \cdot \tau^\gamma$$

Der Newtonsche Reduktionskoeffizient ist – wie ersichtlich – stets dimensionslos. Er ist ein Maßstabsfaktor, mit ihm ist der Wert der Modellgröße zu multiplizieren, damit der entsprechende Größenwert im Prototyp erhalten wird.

2.4.2 Ähnlichkeitsprinzipien

Je nach Anwendungsbereich sind bestimmte Ähnlichkeitsprinzipien zu unterscheiden:

(1) das Prinzip der mechanischen Ähnlichkeit,

(2) das Prinzip der kinematischen oder biologischen Ähnlichkeit,

(3) das Prinzip der hydrodynamischen oder Transportähnlichkeit.

Bei Anwendung dieser Prinzipien müssen jeweils allgemeine Postulate erfüllt sein.

2.4.2.1 Postulate zum mechanischen Ähnlichkeitsprinzip

1. Postulat: Die Materialdichte bei Prototyp und Modell muß identisch sein.
Das heißt:

$$\frac{M_1}{V_1} = \frac{M_2}{V_2} \text{ bzw. } \frac{M_1}{L_1^3} = \frac{M_2}{L_2^3}$$

Wird die Dichte des Prototyps mit ρ_1 und die des Modells mit ρ_2 bezeichnet, so ist $\rho_1 / \rho_2 = 1.0$ bzw. $\mu \cdot \lambda^{-3} = 1.0$.
Dies ist gleichbedeutend mit $\mu = \lambda^3$.

2. Postulat: Die Beschleunigung (g), der Prototyp und Modell ausgesetzt sind, muß die gleiche sein. Das heißt:

$$g_1 / g_2 = 1.0 \quad \text{bzw.} \quad \lambda \cdot \tau^{-2} = 1.0 \quad \text{bzw.}\ \tau = \lambda^{1/2}$$

Werden beide Postulate angenommen, dann ergibt sich aus Gl. (5):

(6) $\chi = \lambda^{3\alpha} \cdot \lambda^{\beta} \cdot \lambda^{0.5\gamma}$

Dies ist gleichbedeutend mit

(7) $\chi = \lambda^{3\alpha+\beta+0.5\gamma}$

Der Reduktionskoeffizient χ ist hierbei durch die Längenverhältnisse (λ) zwischen Prototyp und Modell gegeben. In der Praxis ist es vorteilhafter, das Gewichtsverhältnis ($W_1 / W_2 = \omega$) heranzuziehen. Diese Umwandlung erfolgt aus der Tatsache, daß $\lambda = \mu^{1/3}$ bzw. $\lambda = \omega^{1/3}$ sind.

Dann nimmt die Gl. (7) die Form

(8) $\chi = \omega^{\alpha+\frac{\beta}{3}+\frac{\gamma}{6}}$ an.

2.4.2.2 Postulate zur kinematischen oder biologischen Ähnlichkeit

Eingehende Untersuchungen zeigten, daß biologische Funktionen nur in Ausnahmefällen durch das Prinzip der mechanischen Ähnlichkeit charakterisiert werden können. Deshalb wurde von Lambert und Teissier vorgeschlagen:

1. Postulat: Materialdichten bei Prototyp und Modell müssen identisch sein, d.h.

$$\mu = \lambda^3$$

Das erste Postulat entspricht damit dem der mechanischen Ähnlichkeit.

2. Postulat: Die Zeitrelation (τ) ist der Längenrelation (λ) proportional. (Es wird somit ein „a priori"-Postulat eingeführt.)

Wird das 2. Postulat in die Gl. (5) eingesetzt, so ergibt sich für die biologische Ähnlichkeit

$$\chi = \omega^{\alpha+\frac{\beta}{3}+\frac{\gamma}{3}}$$

Man kann biologisch experimentell ermittelte Werte (z.B. Herzfrequenz, Stoffwechsel etc.) verschiedener Arten in Regressionsgleichungen verwandeln und in doppelt logarithmischer Form auftragen. So lassen sich empirische Parameter mit den theoretisch errechneten Werten vergleichen. Dabei stellt sich eine sehr gute Übereinstimmung heraus. Einige Ausnahmen bestehen jedoch. So ergeben sich für die Viskosität des Blutes inkompatible Resultate. Deshalb wurde hier die hydrodynamische oder Transport-Similarität angesetzt.

2.4.2.3 Hydrodynamisches oder Transport-Ähnlichkeitsprinzip

1. Postulat: Es wird wieder das Postulat der mechanischen Ähnlichkeit beibehalten, d.h.

$$\mu = \lambda^3$$

2. Postulat; Es wird die Konstanz der Reynoldsschen Zahl (Re) und der kinematischen Viskosität (ν) angenommen. Die Reynoldssche Zahl ist dimensionslos und zeigt, daß

$$\mathrm{Re} = \frac{U \cdot D}{\nu}$$

Dabei ist U: Geschwindigkeit LT^{-1}, D: charakteristische Länge L, ν: kinematische Viskosität $\nu = \frac{\eta}{\rho} [\frac{m^2}{s}]$ $\left(\text{Viskosität: } \eta [\frac{Ns}{m}]\right)$.

Weil das Produkt beider Faktoren $L^2 \cdot T^1$ ergibt, bzw. $\frac{L_1^2 \cdot T_1^{-1}}{L_2^2 \cdot T_2^{-1}} = \frac{\lambda^2}{\tau} = 1$, wird für Prototyp und Modell $\tau = \lambda^2$.

Führt man dieses Resultat wiederum in Gl. (5) ein, dann erhält man für dieses Ähnlichkeitsprinzip:

$$\chi = \omega^{\alpha + \frac{\beta}{3} + \frac{2}{3}\gamma}$$

2.4.3 Allometrische Gleichungen

Die mit Hilfe der oben besprochenen Ähnlichkeitsprinzipien theoretisch errechneten Werte können mit experimentell ermittelten Befunden verglichen werden. Dazu benutzt man die von Huxley angegebene, allometrische Gleichung

$$y = a \cdot W^b$$

Hierbei sind:

y = eine organismische Funktion beliebiger Art
a = ein empirischer Parameter
W = Körpergewicht
b = ein parametrischer Exponent

Anzumerken ist dabei, daß (y) vermittels des SI-Systems definierbar sein muß (z.B.: Herzfrequenz = T^{-1}) und daß der allometrische Exponent (b) sowohl experimentell als auch theoretisch nach den Gleichungen der mechanischen, hydrodynamischen oder biologischen Ähnlichkeit zu erhalten ist. Der allometrische Exponent (b) entspricht z.B. dem Wert des Exponenten

$\alpha + \frac{\beta}{3} + \frac{\gamma}{3}$ der biologischen Ähnlichkeit oder

$\alpha + \frac{\beta}{3} + \frac{2}{3}\gamma$ der hydrodynamischen Ähnlichkeit oder

$\alpha + \frac{\beta}{3} + \frac{\gamma}{6}$ der mechanischen Ähnlichkeit.

Tab. 2 stellt zur weiteren Verdeutlichung die Dimensionsanalyse und die Berechnung der reduzierten, allometrischen Exponenten (b) von 12 Funktionen dar.

Tab. 2 Dimensionsanalyse und Berechnung des reduzierten allometrischen Exponenten (b)*)

Funktion	Dimensionsanalyse			Ähnlichkeitsprinzip		
	M α	L β	T γ	mechanisch	biologisch	hydrodynamisch
Masse	1	0	0	1.00	1.00	1.00
Länge	0	1	0	0.33	0.33	0.33
Zeit	0	0	1	0.16	0.33	0.66
Frequenz	0	0	−1	−0.16	−0.33	−0.66
Oberfläche	0	2	0	0.66	0.66	0.66
Volumen	0	3	0	1.00	1.00	1.00
Zeit-Volumen	0	3	−1	0.83	0.66	0.33
Geschwindigkeit	0	1	−1	0.16	0.00	−0.33
Beschleunigung	0	1	−2	0.00	−0.33	−1.00
Kraft	1	1	−2	1.00	0.66	0.00
Arbeit; Energie	1	2	−2	1.33	1.00	0.33
Leistung	1	2	−3	1.16	0.66	−0.33

*) Nach Günther, B.: Theorie biologischer Ähnlichkeiten. In: Beier, W.; Rosen, R. (Hrsg.): Biophysikalische Grundlagen der Medizin. Stuttgart–New York: Gustav Fischer 1980.

Tab 3 Dimensionsanalyse, Berechnung der reduzierten allometrischen Exponenten (b) und experimentelle Prüfung der Exponenten für die organismischen Funktionen der Herzfrequenz und des Gesamtstoffwechsels.*)

Funktion	Dimensionsanalyse			Ähnlichkeitsprinzip			Experimentell ermittelte Werte
	M α	L β	T γ	mechanisch	biologisch	hydrodynamisch	
Gesamtstoffwechsel (ML^2T^{-3})	1	2	−3	1.16	0.66	−0.33	0.73
Herzfrequenz (T^{-1})	0	0	−1	−0.16	−0.33	−0.66	−0.27

*) Experimentelle Daten nach: Brody (1945), Kleiber (1961), Hemmingsen (1960), Zeuthen (1953), Günther (1975). Zit. nach Günther (1980).

Zur Illustration der Anwendungsmöglichkeit gibt Tab. 3 einige Beispielrechnungen. Anzumerken ist hierbei, daß experimentelle Daten zu organismischen Funktionen eine große Skala verschiedener Körpergewichte (d.h. verschiedener Tiergruppen) berücksichtigen müssen.

2.4.3.1 Konzept der operationellen Zeit

In Abschn. 2.3.2 wurde im Zusammenhang mit dem Maßstabsproblem am Modell die Schwierigkeit maßstabsgerechter Zeitbehandlung erörtert. Hier ist die „operationelle

Zeit“ nun im Zusammenhang mit einer Verbesserung der Ähnlichkeitstheorien zu betrachten. Dieses Konzept wurde von Günther und Martinoya als komplementärer Begriff in die Theorie von Lambert und Tessier eingeführt. Die allometrische Gleichung hat danach nun folgende Form:

$$y = \omega^{\alpha + \frac{\beta}{3} + \frac{\gamma}{3}} \cdot \omega^{-0.065\,\Gamma}$$

Hier tritt eine zweite Potenzfunktion des Körpergewichtsverhältnisses auf. Sie besitzt als Exponenten einen empirischen Faktor (-0.065) und die operationelle Zeit.

Je nachdem, welche Rolle die Zeit im Experiment spielt, muß die operationelle Zeit verschiedene Werte annehmen:

(1) $\Gamma = 1$ sobald im Experiment eine Zeitperiode gemessen wird,

(2) $\Gamma = -1$ sobald im Experiment eine Frequenz gemessen wird und

(3) $\Gamma = 0$ wenn die Zeit als Parameter im Versuch nicht auftritt (z.B. Druck-, Längen-, Flächen-Messungen etc.).

Günther konnte für ca. 80 organismische Funktionen (allometrische Gleichungen) mit Hilfe dieses letztgenannten Ansatzes die Validität der biologischen Ähnlichkeitsbetrachtungen nachweisen. Er erhielt Korrelationskoeffizienten von $r = 0.99$. So ist diese Einbeziehung der operationellen Zeit als zufriedenstellende Lösung des Problems biologischer Ähnlichkeitsbetrachtungen anzusehen.

2.4.3.2 Beispiel: Kinematische Analyse der Fortbewegung

Sollen Tiere verschiedener Körpergröße und verschiedenen Gewichts verglichen werden, während sie sich mit maximaler Geschwindigkeit fortbewegen, so ist zu fordern, daß die Schrittlänge der Kubikwurzel des Körpergewichts proportional sein müßte, daß die Schrittfrequenz nach demselben Ähnlichkeitsprinzip eine gleiche Proportionalitätsbeziehung haben und die benötigte Leistung zur Lokomotion ebenfalls vom Körpergewicht nach der Beziehung $W^{2/3}$ abhängen sollte.

Die maximale Geschwindigkeit für alle Tiere desselben Typs müßte die gleiche sein, d.h.

$$V_{max} \sim W^{0.0}$$

Diese vier Forderungen beziehen sich auf streng geometrische Ähnlichkeit und maximale Fortbewegungsgeschwindigkeit der Tiere. Dies ist in der Praxis schwer experimentell zu untersuchen. Man hat aber gefunden, daß solche Analysen am besten beim Übergang vom „Trab“ zum „Galopp“ durchgeführt werden können.

Dabei ergaben sich für Vierfüßler (von der Maus bis zum Pferd) die folgenden allometrischen Gleichungen:

(1) Schrittfrequenz (min^{-1}) = $269\ W^{-0.14}$; theor. (b) = – 0.16

(2) Schrittlänge (m) = $0.35\ W^{0.38}$; theor. (b) = 0.33

(3) Geschwindigkeit (kmh^{-1}) = $5.5\ W^{0.24}$; theor. (b) = 0.16

Die entsprechenden, theoretischen Exponenten (b), errechnet nach dem mechanischen Ähnlichkeitsprinzip, ergeben eine befriedigende, größenordnungsmäßige Übereinstimmung.

Zu noch besseren Übereinstimmungen kann man gelangen, wenn das „elastische" Ähnlichkeitsprinzip angewendet wird (vgl. Literaturhinweise). Wird der Ruhestoffwechsel H mit dem maximalen Stoffwechsel H_{max} während der Muskelarbeit der Lokomotion verglichen, dann ergibt sich in beiden Fällen ein Exponent (b) von 0.75, er ändert sich also bei Arbeitsbelastung nicht.

Betrachtet man die Energiekosten (ml O_2 g^{-1}), die von verschieden großen Tieren (20 g bis 28 kg) aufgewendet werden müssen, dann zeigt sich, daß sie für einen Kilometer Wegstrecke mit anwachsender Geschwindigkeit einem Minimum zustreben und dieses Minimum für jedes Tier einen konstanten Wert besitzt. (Vgl. hierzu die Treibstoffbedarfskurven für Kraftfahrzeuge mit wachsender Geschwindigkeit!)

Die entsprechende allometrische Gleichung lautet dann:

$$M_{Lokomotion} = 8.46\ W^{-0.40}$$

Weiterhin können über solche Analysen die Energiekosten in ml O_2 g^{-1} km^{-1} von Zwei- und Vierfüßlern verglichen werden. Dazu wurden z.B. Säugetiere und Vögel mit einem Gewicht zwischen 0.04 und 22 kg untersucht. Bei vierbeinigen Säugetieren ergab sich ein Exponent von $b = -0.42$, während er bei allen Zweifüßlern (Säugetiere und Vögel) bei einem niedrigeren Wert von $b = -0.24$ lag. Gleichzeitig wurde ermittelt, daß die Energiekosten für eine Strecke von 1 km bei Vierfüßlern viel geringer sind als bei Zweifüßlern. Eigenartigerweise fand man bei Affen (im Laufradversuch) gleiche Energiekosten, wenn man dasselbe Tier einmal auf zwei und ein andermal auf vier Füßen laufen läßt. Obwohl nach funktionell anatomischen Gesichtspunkten zu erwarten wäre, daß die Energiekosten für die Fortbewegung geringer sein müßten, wenn (a) die kontrahierenden Muskelmassen in der Nähe des Drehpunktes liegen und (b) die Masse der Muskulatur mit der Entfernung vom Drehpunkt der Gliedmaßen abnimmt, konnte durch diese Analysen über allometrische Gleichungen festgestellt werden, daß dies *nicht* der Fall ist. (Dieses Beispiel zeigt besonders deutlich den Wert solcher Methoden auch bei bionischen Überlegungen, z.B. bei der Konstruktion von „gehenden" Kraftverstärker-Einrichtungen (vgl. Abschn. 7.2.3).)

Schließlich ist anzumerken, daß solche Untersuchungen nützlich sind, wenn man feststellen will, welche der Fortbewegungsarten des Fliegens, des Schwimmens oder des Laufens energetisch am günstigsten ist. Dieser Vergleich ergab, daß Schwimmen (Fische) die ökonomischste Art der Fortbewegung ist, dann folgt das Fliegen. Am größten ist der Energiebedarf für das Laufen über die Erdoberfläche. Für diesen Vergleich wurden Tiere gleichen Gewichts (W) herangezogen, welche sich mit gleicher Geschwindigkeit (V) fortbewegen.

2.4.3.3 Beispiel: Dimensionale Analyse des Fluges

Die Frage, ob der Mensch mit Hilfe seiner eigenen Muskelkraft zum Fluge fähig wäre, wurde mit Hilfe der Similaritätsbeziehungen untersucht. Dazu werden allometrische Gleichungen einiger Flugcharakteristika von Insekten und Vögeln aufgestellt (vgl.Tab.4).

Tab. 4 Allometrische Beziehungen ($y = a W^b$) der Flugcharakteristika von Vögeln und Insekten*)

Funktionen	Dimensionsanalyse M	L	T	Parameter (a)	Exponent (b) (experimentell)	Exponent (b) (theor. berechnet)
Flügelfläche	0	2	0	0.281	0.664	0.66
Schwingendruck	1	2	0	3.55	0.337	0.33
Fluggeschwindigkeit	0	1	−1	8.38	0.168	0.16
Leistung	1	1	−1	0.28	0.667	1.16
Kraft des Schwingen-Schlages	1	0	0	1.53	0.82	1.00
Geschwindigkeit der Schwingenspitze	0	1	−1	5.12	0.11	0.16
Flügelschlagfrequenz	0	0	−1	48.0	−0.382	−0.16

*) Nach Günther und Guerra (1957)

Der Flug dieser Tierarten gehört zum gemischten Regime dynamischer, kinematischer und Transportsimilaritäten.

Der größere Teil der Flugcharakteristika folgt der dynamischen und mechanischen Similarität.

Durch vergleichende Untersuchungen an Vögeln, Heuschrecken und Motten konnten die korrespondierenden, allometrischen Gleichungen abgeleitet werden. Berücksichtigt man dabei allein die vier relevanten Variablen:

1. Flügellänge (L)
2. Einzelflügel-Oberfläche (L^2)
3. Flügelschlagfrequenz (T^{-1})
4. Flügelbelastung ($M L^{-2}$)

dann sind die experimentell bestimmten, allometrischen Exponenten (b) in guter Übereinstimmung mit den theoretisch berechneten Werten der dynamischen und mechanischen Similaritätskriterien. Dies ist in Tab. 5 zusammengefaßt.

Tab 5 Korrespondierende allometrische Gleichungen für Flugparameter von Vögeln, Motten und Heuschrecken

Funktion	Dimensionsanalyse M	L	T	Exponent (b) (experimentell)	Exponent (b) (theoretisch)
Flügellänge	0	1	0	0.38	0.33
Einzelschwingen-Fläche	0	2	0	0.60	0.66
Flügel-Schlagfrequenz	0	0	−1	−0.22	−0.16
Schwingen-Belastung	1	−2	0	0.35	0.33

Die Frage, ob der Mensch mit Hilfe eigener Muskelkraft – ohne unterstützende Randbedingungen, wie z.B. Aufwind – zum Antrieb einer Flugmaschine fähig wäre, wurde von Günther wie folgt analysiert: Aus den in Tab. 5 angegebenen allometrischen Werten wurde auf die numerischen Werte für Flugcharakteristika eines 70 kg schweren Menschen mit einer Flugausrüstung des zusätzlichen Gewichtes von 30 kg zurückgerechnet.
Für dieses „Flugobjekt" mit dem Gesamtgewicht 100 kg ergeben sich die folgenden Werte:

1. Tragflächenoberfläche = 6 m^2
2. Schwingendruck = 16.8 kg m^{-2}
3. Fluggeschwindigkeit = 18.2 ms^{-1}
4. Arbeitsleistung = 6.0 $kgms^{-1}$
5. Kraft des Schwingen schlages = 19.3 kg
6. Geschwindigkeit der Schwingenspitzen = 5.8 ms^{-1}
7. Länge der Schwinge = 3.15 m
8. Schwingenschläge pro Sekunde = 0.592

Diese Werte zeigten, daß der Mensch in der Lage sein sollte, sich mit einem Schwingenflugapparat frei durch die Luft zu bewegen. Das war aber zum Zeitpunkt der Berechnungen (1972) noch nicht möglich. Unterdessen ist es gelungen, ein Fluggerät zu bauen, welches der Pilot durch seine Muskelkraft antreibt. Allerdings wurde eine Flugmaschine benutzt, die im Gegensatz zu den bei den Berechnungen von Günther zugrunde gelegten Flugparametern nicht durch Schwingenbewegungen, sondern durch eine Luftschraube angetrieben wurde. Die Schwingenspannweite betrug etwa das Neunfache der von Günther zugrunde gelegten Länge: 28 m. Dafür war die Flugmaschine, aufgebaut aus kohlenstoff-faserverstärkten Kunststoffen, um 20 % leichter als das in den theoretischen Berechnungen von Günther zugrunde gelegte Gewicht. Der Pilot dieser Flugmaschine hatte eine Dauerleistung von 175 W aufzubringen, um für drei Stunden mit einer Geschwindigkeit von 16 bis 22 km/h zu fliegen. Nach den Berechnungen von Günther müßte man allerdings nur ein Drittel dieser Dauerleistung für eine dreifach höhere Fluggeschwindigkeit (65,5 km/h) aufwenden.
Die Differenz zwischen den theoretisch errechneten und den jetzt in der Realität gemessenen Werten ergibt sich aus technischen und physiologischen Gründen:

(a) Antriebselement war nicht der Schwingenschlag, sondern eine pedalgetriebene Luftschraube.

(b) Es wurde ausschließlich die Muskelkraft der Beine (Pedalantrieb) und nicht die weiterer Muskelgruppen ausgenutzt.

Auch aus physiologischen Gründen wird menschlicher Dauerflug mit eigener Muskelkraft auf der Grundlage der theoretisch von Günther errechneten Parameter nicht zu erreichen sein, selbst dann nicht, wenn ausgeklügelte, neue Werkstoffe, Kraftübertragungssysteme und Tragflügelformen zur Verfügung ständen. Dies ist dadurch zu begründen, daß Similaritätsbetrachtungen immer nur bis zur Grenze der „zellulären Ebene" gelten. So unterscheidet sich der Energiestoffwechsel menschlicher Skelettmuskelzellen von dem der Flugmuskel dadurch, daß letztere sehr reichlich mit Mitochondrien ausgestattet sind. Flugmuskelzellen besitzen nur eine sehr geringe Ausrüstung mit glykolytischen Fermenten. Da der Mitochondrienstoffwechsel praktisch ausschlaggebend für die Bereitstellung von Energieträgern (z.B. ATP) ist, benötigt das Flugmuskelsystem Metabolite, die sehr bald in den Prozeß der ATP-Synthese (Atmungskettenphosphoryllierung) aufgenommen werden. Das sind z.B. Milchsäure und die Gruppe der nicht veresterten Fettsäuren. Gleichzeitig muß Sauerstoff mit hoher Geschwindigkeit umgesetzt werden können, was bedeutet, daß Atmung und Gastransport dauerfliegender Vögel besonders an diese Bedürfnisse angepaßt sind. Solche Bedingungen sind für die Skelettmuskulatur des Menschen, die immer nur relativ kurzzeitige Beanspruchungen erfährt, nicht gegeben.

Dieses Beispiel zeigt, daß es bei bionischen Ansätzen häufig nicht nur genügt, Organsysteme (Muskel, Nerven, Blutgefäßsystem) pauschalisiert zu betrachten, sondern daß man die physiologisch-chemischen Eigenschaften solcher Systeme gleichfalls als Randbedingungen zu berücksichtigen hat.

2.4.3.4 Beispiel: Similaritätsuntersuchungen zur Physiologie der Liliputaner

Günther beschließt seine Monographie zur biologischen Similaritätstheorie mit der amüsanten Betrachtung zur Frage, welche morphometrischen und physiometrischen Daten für die Liliputaner nach Jonathan Swifts (1667 bis 1745) Beschreibung zu errechnen sind. Danach hätte Gulliver auf seinen Reisen 7 cm hohe Liliputaner treffen müssen mit einem Blutvolumen von $5.5 \cdot 10^{-2}$ cm^3, mit einer Herzschlagfrequenz von 960/min, einem mittleren arteriellen Druck von 94 mmHg, einem Minutenvolumen von 3.2 mℓ/min, einer Atemfrequenz von 224/min und einem Atemzugsvolumen von 25 mm^3. Dies sind Werte, die sich in etwa auf Angaben beziehen, wie sie für Kleinstmäuse und Kolibris bekannt sind. Eine Enttäuschung ergibt sich jedoch, wenn man berechnet, wie groß die entsprechenden Funktionen und Parameter für die Riesen gewesen wären, die Gulliver auf seiner anderen Reise angetroffen hatte. Diese Riesen hätten etwa 120 t gewogen, d.h. so viel wie ein Blauwal! Aber bereits Galilei hatte gefunden, daß ein Wal oder ein gleichschweres Landtier nach den Gesetzen der Physik und der Statik des Skelettsystems niemals an Land, sondern ausschließlich im Wasser lebensfähig ist. Nach den Ergebnissen der Similaritätstheorie hätten nur die Liliputaner auf dem Festland leben können, nicht aber die Riesen. Diese Tatsache ist aber „ein Geheimnis, das wir unseren Kindern nicht mitteilen sollten" (meint Günther).

Weiterführende Literatur

Gould, S.J.: Allometry and Size in Ontogeny and Phylogeny. Biol. Rev. **41** (1966) 587–640

Günther, B.: Operational time and theory of biological similarities. J. theoret. Biol. **20** (1968) 107–111

Günther, B.: Dimensional analysis and theory of biological similarity. Physiol. Rev. **55** (1975) 659–699

Günther, B.: Dimensionsanalyse und Similaritätstheorie. In: Gauer/Kramer/Jung (Hrsg): Physiologie des Menschen, Energiehaushalt und Temperaturregulation Bd. 2. München–Berlin–Wien: Urban & Schwarzenberg 1971

Günther, B.: Die Theorie biologischer Ähnlichkeiten. In: Beier, W.; Rosen, R. (Hrsg): Biophysikalische Grundlagen der Medizin. Stuttgart–New York: G. Fischer 1980 (1 – 17)

3 Grundeigenschaften lebender Systeme

Biophysik, Molekularbiologie und Systemtheorie befassen sich mit den Grundeigenschaften lebender Systeme.

Interessant für die Bionik ist eine „Allgemeine Systemtheorie“, die imstande sein sollte, sowohl technische als auch biologische Systeme zu beschreiben. Könnte man physikalische, technische und biologische Prototypen und -prinzipien methodologisch reduziert auf ein allgemeines Begriffssystem bringen, dann wäre damit eine entscheidende Verbesserung des Informationsaustausches zwischen Technik und Biologie, d.h. auch speziell für den bionischen Dialog, gegeben. Eine solche Allgemeine Systemtheorie wurde u.a. durch L.v. Bertalanffy in ihren ersten Ansätzen begründet.

Eine Reduktion auf ein allgemeines Begriffssystem wurde unter dem speziellen Aspekt der Dimensionsanalyse und der Similarität bereits behandelt. Es ist ein wichtiger Sektor der Modelltheorie. Der Begriff „Reduktion“ in seiner jeweiligen Definition trennt z.B. die moderne Molekularbiologie von der systematischen, integrativen Biowissenschaft:

1. In der Molekularbiologie wird in der Chemie der Makromoleküle die „Reduktion“ überwiegend morphologisch und methodologisch definiert.

2. Die Integrative Biologie als wesentliches Feld der Bionik tendiert wesentlich stärker zu einem epistemologischen Reduktionismus. Das bedeutet: Biologische Theorien werden – unabhängig vom jeweiligen morphologischen Niveau – auf physikalische Theorien zurückgeführt. So ist z.B. die Thermodynamik offener Systeme bzw. irreversibler Prozesse hierbei eine ergiebige Methode.

Der Untersuchungsgang der Integrativen Biologie (die sich einer Allgemeinen Systemtheorie nähert) läßt sich durch folgende Stufen beschreiben:

1. Analyse: Teile eines Systems werden in ihren Beziehungen zueinander untersucht, um Mechanismen zu erklären (methodologische Reduktion).

2. Analyse: Beziehungen zwischen den System-Teilen werden durch allgemeine physikalische Begriffe beschrieben (epistemologische Reduktion).

3. Synthese: Die theoretische Verallgemeinerung wird begründet.

4. Analyse: Die theoretische Verallgemeinerung (in Form eines Modells z.B.) wird erneut auf eine physikalische Theorie reduziert (erneute epistemologische Reduktion).

Die Wandlung von Analyse zu Synthese, d.h. die Beschreibung des biologischen Objekts durch mathematische, verbale oder strukturelle Modellbildungen, führt häufig zu einer problematischen Situation:

Es werden zumeist Einzel-Funktionen untersucht, die schon aus methodischen Gründen aus dem Wirkungsgefüge der übrigen Funktionen des Organismus isoliert werden müssen. Jede Aussage gilt demnach nur für die von anderen (unter Umständen entscheidenden) Einflüssen des Gesamtsystems isolierte Einzelfunktion. Ihre „Bedeutung" – im Hinblick auf die biologische Evolution ist die Anwendung des teleologischen Begriffs „Bedeutung" erlaubt – wird letztlich aber erst aus dem Kontext der Wirkungsgefüge verständlich!

Zusammenfassend ist ein Untersuchungsgang der integrativen Biologie nochmals in dem Schema der Abb. 3.1 dargestellt.

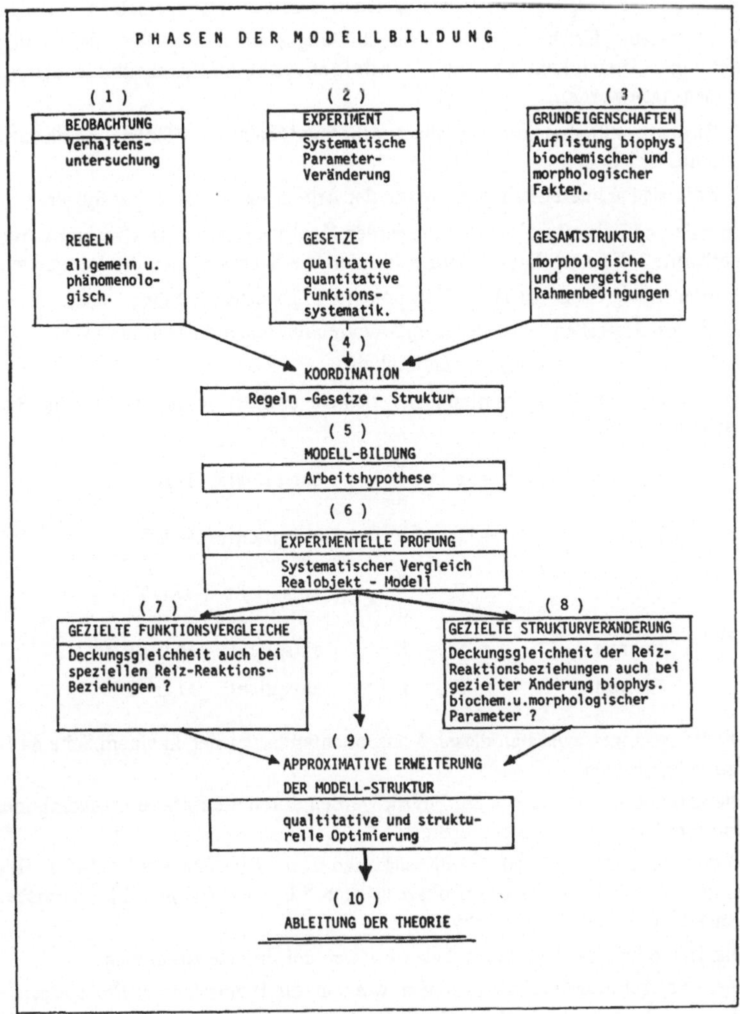

Abb. 3.1 Phasen der Modellbildung

Abgesehen vom Problem der Abtrennung des Untersuchungsobjekts von seinen physiologischen Randbedingungen stellen sich weitere Probleme bei der oben dargestellten 4. Stufe: Hier sind die Beziehungen zwischen den System-Teilen korrekt durch physikalische Begriffe zu beschreiben.

Ein „Vorgang" ist physikalisch als Umwandlung einer Energieform in eine andere zu definieren. Dies gilt auch für biologische „Vorgänge". Bei der bionischen Modellbildung lassen sich demnach biologische Vorgänge, die bestimmten Gesetzen gehorchen, durch andere Vorgänge, die formal gleichen Gesetzen folgen, ersetzen.

Voraussetzung für eine sinnvolle Modellbildung ist die richtige Wahl der Analogiebeziehungen. Hierzu kann von den Grundeigenschaften der abzubildenden Systeme ausgegangen werden:

1. Energie-aufnahme und -abgabe des thermodynamisch offenen, organismischen Systems ist Voraussetzung für Leben.

2. Zeit als Parameter ist Komponente der Arbeitsleistung lebender Systeme.

Energie und Zeit bilden die grundlegenden Komponenten einer „Generalisierten Energietheorie" (Feekes). Diese Theorie definiert die Komponenten der Energie wie folgt:

1. Intensitätsgrößen	(p)	=	Komponente in fixiertem Zustand
2. Extensitätsgrößen	(e)	=	Komponente räumlicher Ausdehnung
3. Zeit	(t)	=	Zeiteinheit

Aus diesen Grundkomponenten lassen sich alle übrigen Komponenten eines Systems ableiten, so z.B.

$$\text{Geschwindigkeit} = v = \frac{de}{dt} \quad \text{entspricht: } L\,T^{-1}$$

$$\text{Impuls} = I = pv \quad \text{entspricht: } M\,L\,T^{-1}$$

$$\text{Kraft} = F = \frac{d}{dt}\,pv \quad \text{entspricht: } M\,L\,T^{-2}$$

$$\text{Energie} = W = F \cdot e \quad \text{entspricht: } M\,L^2\,T^{-2}$$

$$\text{Leistung} = P = F \cdot v \quad \text{entspricht: } M\,L^2\,T^{-3}$$

Die Beziehungen zwischen diesen Komponenten lassen sich in einem Schema (Abb. 3.2) sinnfällig machen.

Die verschiedenen Bereiche der Physik werden durch die Extensitäts-Komponente (L) und ihre Exponenten charakterisiert:

In der Grenzflächenphysik der Flüssigkeiten ist die Oberfläche = L^2. In der Hydraulik ist das Volumen = L^3, bei Torsionsvorgängen = L^4, bei Volumen-Elastizitätsbetrachtungen = L^5 und in der Kristallphysik = L^6.

Die Tab. 6 faßt das Paradigma dieser Formen der Energie zusammen.

Diese Betrachtungen (Feekes) zeigen, wie man die Hierarchie der Energieformen ($L^1 \ldots L^6$) in einer Gleichung dem „Evolutionsgesetz der Energie" zum Ausdruck bringen kann:

$$W = (M\,L^{2-n}\,T^{-2})\,(L^n)$$

In dieser Weise können alle Energieformen als Produkt eines Intensitäts-Faktors und eines Extensitätsfaktors definiert werden:

Intensitätsfaktor: $(ML^{2-n}\,T^{-2})$

Extensitätsfaktor: (L^n)

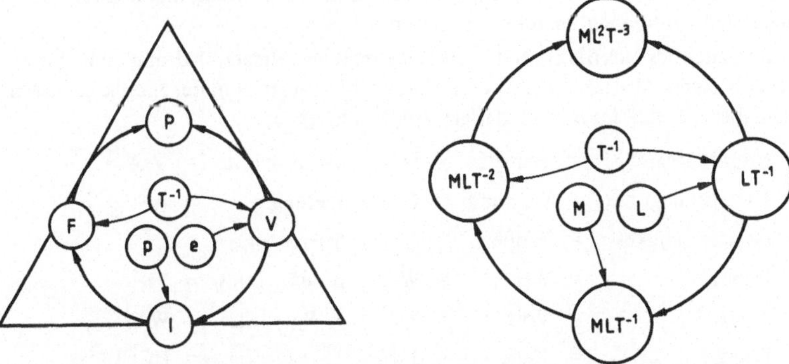

Abb. 3.2 Beziehungen zwischen den Systemkomponenten: Geschwindigkeit, Impuls, Kraft, Energie und Leistung (nach Feekes (1976))

Feekes postulierte dann, daß die systemcharakteristischen „extensiven Faktoren" auch im organismischen Bereich gelten und „daß der extensive Faktor einer Zelle" eine Dimension mehr hat als der eines Kristalles (L^7) und folglich der des Gewebes (L^8) eine Dimension mehr als der einer Zelle. (Ausweitung der Betrachtungen bis zum ZNS etc. vgl. Originalliteratur).

Tab. 6 Paradigmatische Zusammenfassung der Energieformen

System	Basis-Komponenten			Abgeleitete Komponenten			
Kristall-Physik	T	ML^{-10}	L^6	L^6T^{-1}	$ML^{-4}T^{-1}$	$ML^{-4}T^{-2}$	ML^2T^{-3}
Volumen-Elastizität	T	ML^{-8}	L^5	L^5T^{-1}	$ML^{-3}T^{-1}$	$ML^{-3}T^{-2}$	ML^2T^{-3}
Torsion	T	ML^{-6}	L^4	L^4T^{-1}	$ML^{-2}T^{-1}$	$ML^{-2}T^{-2}$	ML^2T^{-3}
Hydraulik	T	ML^{-4}	L^3	L^3T^{-1}	$ML^{-1}T^{-1}$	$ML^{-1}T^{-2}$	ML^2T^{-3}
Flüssigkeits-Oberflächen	T	ML^{-2}	L^2	L^2T^{-1}	MT^{-1}	MT^{-2}	ML^2T^{-3}
Klassische Mechanik	T	M	L^1	L^1T^{-1}	MLT^{-1}	MLT^{-2}	ML^2T^{-3}

3.1 Anwendung des Evolutionsgesetzes der Energie bei Modellbildungen

Wie bereits oben erwähnt, lassen sich bei bionischen Modellbildungen biologische Vorgänge, die bestimmten Gesetzen gehorchen, durch andere Vorgänge, die formal gleichen Gesetzen folgen, ersetzen. Als praktische Konsequenz des Energie-Paradigmas $W(ML^{2-n}T^{-2})(L^n)$ ergibt sich seine Gültigkeit für beliebige physikalische und chemische Systeme. Für jedes davon kann ein geeigneter Satz der Grundkomponenten und der abgeleiteten Komponenten definiert werden.

Dies gilt nun auch für elektrische Netzwerke, die man als „Ersatzschaltung“ und damit als Modell höherer Abstraktionsform für biologische Vorgänge in der Bionik benützen kann. So haben wir z.B. im Bereich der elektrischen Größen:

Intensitätsgröße:	= Henry	= H	= Induktivität	= VsA^{-1}
Extensitätsgröße:	= Coulomb	= C	= Ladung	= As
Geschwindigkeit:	= Ampère	= I	= Stromstörke	= Cs^{-1}
Impuls:	= Weber	= Wb	= Indukt. Fluß	= Vs
Kraft:	= Volt	= V	= el. Potential	= WA^{-1}
Energie:	= Joule	= J		= HC^2T^{-2}
Leistung:	= Watt	= W		= HC^2T^{-3}

Diese energetischen Analogiebeziehungen sind zu beachten, wenn man definierte, biophysikalische Prozesse durch elektrische Ersatzschaltungen im bionischen Modell abbilden will.

3.1.1 Elektrische Ersatzschaltungen als Modellmethode

An der elektrischen Ersatzschaltung eines Abschnittes des Blutkreislaufsystems wird summarisch die energetische Analogsetzung eines biologischen und eines technischen Vorganges (Modell) demonstriert: Die Analogiebeziehungen zwischen den kreislaufphysiologischen Größen (Blutdruck, -fluß, Volumen etc.) ergeben sich aus der Tabelle. Mit Hilfe der elektrischen Ersatzschaltung des Blutgefäßabschnittes in Abb. 3.3 können nach geeigneter Grundeinstellung der Schalt-Elemente einige Experimente durchgeführt werden:

1. Im biologischen Experiment wird auf einen isoliert freigelegten Blutgefäßabschnitt ein „Druckstoß“ ausgeübt, d.h. am Eingang des Gefäßabschnittes wird plötzlich der Einstromdruck des Blutes erhöht. Mit Hilfe von Druck- und Strömungsmeßfühlern wird die Reaktion des Systems registriert. Das Verhalten von Gefäßinnendruck und Blutstrom als Funktion des Druckstoßes und der Zeit ist im oberen Teil der Abb. 3.4 dargestellt.

2. Eine analoge Registrierung der Einschwingvorgänge wird an der elektrischen Ersatzschaltung durch Messung der Spannung u_s (t) und der Stromstärke i (t) erhalten, wenn analog zum Druckstoß auf den Blutgefäßabschnitt ein „Spannungsstoß“ U_E (t) in den Stromkreis gegeben wird.

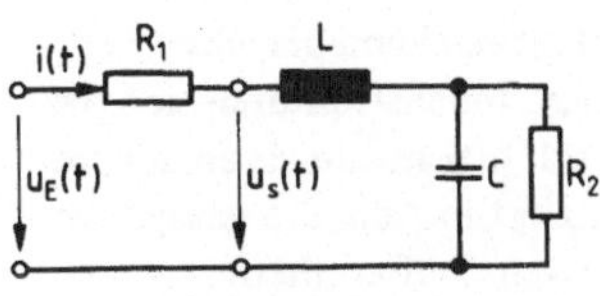

Abb. 3.3 Ersatzschaltung für einen isoliert durchströmten Abschnitt eines tierischen Blutgefäßes

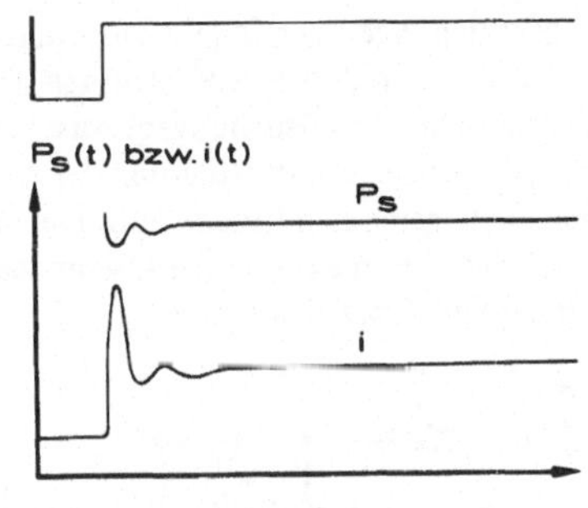

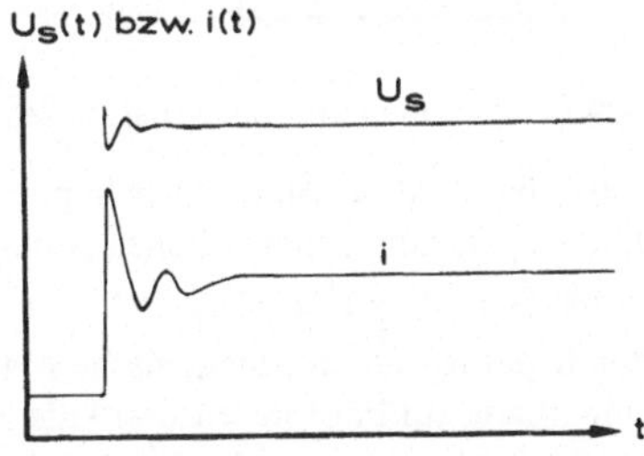

Abb. 3.4
Sprungantwort des Blutstromes bzw. des elektrischen Stroms und des Blutdruckes bzw. der elektrischen Spannung bei Applikation eines Druck- bzw. Spannungs-Stoßes auf einen isolierten Blutgefäßabschnitt bzw. eine elektrische Ersatzschaltung desselben (nach Zerbst (1965))

Dieses stark vereinfachte Modell veranschaulicht, wie sich die Einschwingprozesse von Blutdruck und Blutstrom allein aus passiven Eigenschaften: Elastizität der Blutgefäßwand, Volumen und Massenträgheit der Blutsäule im Gefäß erklären. Darüber hinaus kann man an solchen Modellen aber auch Veränderungen von Randbedingungen mit ihrem Einfluß auf das „Stoß-Einschwingverhalten" simulieren, so z.B. Veränderungen der Dehnbarkeit der Gefäßwand durch Pharmaka oder nach Stimulation oder Ausschaltung der die Wandmuskulatur versorgenden Nerven. Vergrößert man dabei z.B. am Analogmodell die elektrische Kapazität (Dehnbarkeit), dann fehlt in der simulierten Blutstromkurve die unterschwingende Komponente, wie das auch am biologischen Objekt der Fall ist.

Elektrische Ersatzschaltungen, aber auch Analogrechner und entsprechend programmierte digitale Rechenanlagen (erhöhter Aufwand) können so zu energetisch analogen Modellanalysen herangezogen werden. Solche Prozesse lassen sich auch in die Form von Transportgleichungen der Thermodynamik irreversibler Prozesse umsetzen. (Das Ohmsche Gesetz ist z.B. eine solche Transportgleichung.)

3.1.2 Zustandsraummodelle – Axiomatisches Systemmodell

Zur Vorbereitung bionischer Problemlösungen können biologische Vorgänge mit einer sehr großen Anzahl verschiedener Modellmethoden abgebildet werden (vgl. auch: Röhler, R.: Biologische Kybernetik). Ein Nachteil vieler systemtheoretischer Modellansätze gerade bei der Anwendung in der Bionik besteht darin, daß die energetischen und/oder

Wirkungsbeziehungen der Objekt-Innenstrukturen nicht ausreichend berücksichtigt werden, so z.B. bei „black-box"-Anlagen. Gerade aber diese Innenstrukturen sind das Objekt bionischer Untersuchungen. Aus diesem Grunde soll hier nochmals an der einfachen, elektrischen Ersatzschaltung der Abb. 3.3 modifiziert in Abb. 3.5 gezeigt werden, wie die allgemeinen (und verallgemeinerten) Grundeigenschaften thermodynamisch offener, durch externe Auslöseprozesse „erregbarer", biologischer Systeme axiomatisch behandelt werden können.

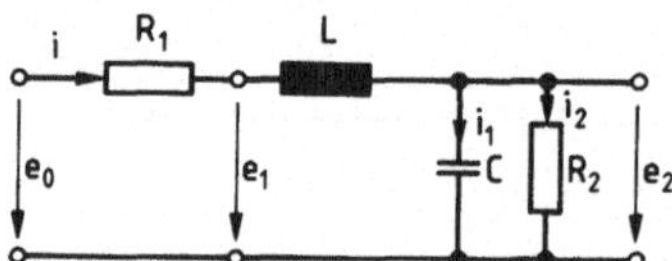

Abb. 3.5
Ersatzschaltung für die axiomatische Behandlung der verallgemeinerten Grundeigenschaften thermodynamisch offener biologischer Systeme

Biologische Systeme kann man analysieren, wenn:

(1) von außen (z.B. im Sinne einer Impulsfunktion) Energie zugeführt wird im Sinne einer allgemeinen, energetischen Anregung,

(2) von außen Energie in ein spezielles, inneres Energiereservoir zugeführt wird,

(3) durch geringe äußere, energetische Einwirkung auf das System (z.B. Lichtquanteneinwirkung auf Photorezeptoren) die Freisetzung vergleichsweise sehr großer Energiemengen aus inneren Depots ausgelöst wird.

Zur formalen Illustration wird hier ein Reihenschwingkreis nach Abb. 3.5 als Ersatzschaltbild eines beliebigen, biologischen Systems betrachtet. Diese Schaltung sei vor Beginn der Untersuchung und Analyse energielos.

In dieser Anordnung wird zum Zeitpunkt t_0 der Schalter am Eingang geschlossen, so daß es zur Energiezufuhr aus einem Generator kommt. Gesucht ist der zeitliche Verlauf der Größe e_2 (t).

Die Potentiale (e) und die Flüsse (i) werden durch folgende Gleichungen beschrieben:

(1) $e_0 = R_1 i + e_1$

(2) $e_1 = L\dot{i} + e_2$

(3) $i_1 = C\dot{e}_2$

(4) $i_2 = \dfrac{e_2}{R_2}$

(5) $i = i_1 + i_2$

Das System besitzt Eingangsvariable, Zustandsvariable und Ausgangsvariable.

(6) Eingangsvariable: $x_1 = e_0$

(7) Zustandsvariable: $u_1 = i$

(8) $u_2 = e_2$

Jedem lin. unabhängigen Energiespeicher ist eine Zustandsvariable zugeordnet.

(9) Ausgangsvariable: $y_1 = e_1$

Aus Gl. (1) und (2) ergibt sich durch Einführen der Variablen aus Gl. (6), (7) und (8) die Gl.

$$(10) \qquad \dot{u}_1 = -\frac{R_1}{L} u_1 - \frac{1}{L} u_2 + \frac{1}{L} x_1 \qquad \left(\dot{u}_1 = \frac{du_1}{dt}\right)$$

Ebenso ergibt sich aus Gl. (3), (4) und (5) durch Einführen von Gl. (7) und (8)

$$(11) \qquad \dot{u}_2 = \frac{1}{C} u_1 - \frac{1}{R_2 C} u_2$$

Aus Gl. (1) und Einführung von (6), (7) und (9) ergibt sich

$$(12) \qquad y_1 = -R_1 u_1 + x_1$$

Die Gl. (10) – (12) lassen sich in einem Matrizengleichungspaar zusammenfassen:

$$(13) \qquad \dot{\mathbf{u}}(t) = \mathbf{A}(t)\,\mathbf{u}(t) + \mathbf{B}(t)\,\mathbf{x}(t)$$

$$(14) \qquad \mathbf{y}(t) = \mathbf{C}(t)\,\mathbf{u}(t) + \mathbf{D}(t)\,\mathbf{x}(t)$$

Darin bedeuteten allgemein:

$$\mathbf{x}(t) = \begin{bmatrix} x_1(t) \\ x_2(t) \\ \vdots \\ x_q(t) \end{bmatrix} \qquad \mathbf{u}(t) = \begin{bmatrix} u_1(t) \\ u_2(t) \\ \vdots \\ u_n(t) \end{bmatrix} \qquad \mathbf{y}(t) = \begin{bmatrix} y_1(t) \\ y_2(t) \\ \vdots \\ y_p(t) \end{bmatrix}$$

Eingangsvektor | Zustandsvektor | Ausgangsvektor

Beim Eingangsvektor bedeutet q die Anzahl der Eingangsgrößen, beim Zustandsvektor bedeutet n die Anzahl der linear unabhängigen Energiespeicher im System, da man üblicherweise jedem solchen Energiespeicher eine Zustandsvariable zuordnet, und beim Ausgangsvektor bedeutet p die Anzahl der Ausgangsgrößen.

Beispiel:

Eingangsvektor: $q = 1$ also:

$$(15) \qquad \mathbf{x}(t) = [x_1(t)]$$

Zustandsvektor: $n = 2$ also:

$$(16) \qquad \mathbf{u}(t) = \begin{bmatrix} u_1(t) \\ u_2(t) \end{bmatrix}$$

Ausgangsvektor: $p = 1$ also:

$$(17) \qquad \mathbf{y}(t) = [y_1(t)]$$

Die Gleichung (13) beschreibt den zukünftigen Systemzustand.

A (t) = System-Matrix: Diese quadratische Matrix (Ordnung: $n \cdot n$) bestimmt die innere Dynamik des Systems.

B (t) = Eingangsmatrix: beschreibt die Art der Ansteuerung/Erregung des Systems (Ordnung: $n \cdot q$)

Die Gleichung (14) beschreibt die Abhängigkeit der Systemausgänge von den Zustandsvariablen und Eingangsgrößen.

C (t) = Ausgangsmatrix: Diese Matrix (Ordnung: p · n) beschreibt den Einfluß der Zustandsvariablen auf die Ausgangsgrößen des Systems.

D (t) = Durchgangsmatrix: Diese Matrix (p · q) zeigt, wie Eingangsgrößen ohne Energiespeicherung auf die Ausgangsgrößen direkt einwirken.

Damit läßt sich ein lineares und kontinuierliches System in der Natur eindeutig beschreiben. (Bei nichtlinearen Systemen müssen Gl. (13) und (14) um entsprechende Terme für die Nichtlinearität entsprechend erweitert werden.)

Für das konkrete Beispiel der elektrischen Ersatzschaltung gelten die folgenden Matrizen:

Systemmatrix:

$$(18) \qquad A(t) = \begin{bmatrix} -\frac{R_1}{L} & -\frac{1}{L} \\ \frac{1}{C} & -\frac{1}{R_2 C} \end{bmatrix}$$

Eingangsmatrix:

$$(19) \qquad B(t) = \begin{bmatrix} \frac{1}{L} \\ 0 \end{bmatrix} \quad \text{(hier nur ein Spaltenvektor)}$$

Ausgangsmatrix:

$$(20) \qquad C(t) = [-R_1 \quad 0] \quad \text{(hier nur ein Zeilenvektor)}$$

Durchgangsmatrix:

$$(21) \qquad D(t) = [1]$$

Komplett ausgeschrieben: (13) + (14)

$$(22) \qquad \begin{bmatrix} \dot{u}_1(t) \\ \dot{u}_2(t) \end{bmatrix} = \underbrace{\begin{bmatrix} -\frac{R_1}{L} & -\frac{1}{L} \\ \frac{1}{C} & -\frac{1}{R_2 C} \end{bmatrix}}_{\mathbf{A}(t)} \cdot \begin{bmatrix} u_1(t) \\ u_2(t) \end{bmatrix} + \underbrace{\begin{bmatrix} \frac{1}{L} \\ 0 \end{bmatrix}}_{\mathbf{B}(t)} \cdot [x_1(t)]$$

$$(23) \qquad y_1(t) = \underbrace{[-R_1 \qquad 0]}_{C(t)} \cdot \begin{bmatrix} u_1(t) \\ u_2(t) \end{bmatrix} + \underbrace{[1]}_{D(t)} \cdot [x_1(t)]$$

Die hier an einem Beispiel gezeigte Betrachtungsweise steht im Gegensatz zu der meist üblichen Art der Betrachtung von Systemen im Sinne der „black-box“-Analyse. Dabei interessiert lediglich das reine Übertragungsverhalten (an den Klemmen des Vierpols). Die alleinige Untersuchung derartiger „empirischer Systemmodelle“ befriedigt nicht, wenn ein biologisches Objekt bionisch auszuwerten ist. Hierbei will man wissen:

1. Welche energetischen Grundeigenschaften bestimmen den biologischen Vorgang?
2. Welche energetisch-strukturellen Eigenschaften hat das System, an dem ein Vorgang ausgewertet werden soll?
3. Welche Wechselbeziehungen bestehen zwischen den inneren Elementen des Systems? Wie bestimmen diese Wechselbeziehungen das Übertragungsverhalten (z.B. an Nervenzellen) von Signalen an Eingang und Ausgang?
4. Wie läßt sich sowohl das System als auch seine intern ablaufenden und extern bedingenden oder auslösenden Prozesse energetisch und strukturgerecht mit einem möglichst einfachen, aber analogen Modell abbilden? Dieses Modell soll bionischer Ausgangspunkt für die technische Anwendung des betrachteten, biologischen Prototyps oder -prinzips sein, wie läßt es sich daher auch für den technischen Kooperationspartner verständlich formulieren?

Alle diese Forderungen können Modelle der eben exemplarisch beschriebenen Art erfüllen, wenn sie zusätzlich noch mit ihren internen Wechselbeziehungen durch graphenmethodische Beschreibungen verdeutlicht werden.

Berücksichtigt man den oben ausgeführten Punkt 4, dann wird deutlich, daß die Mathematisierung in diesem Falle eine praktische und anwendungsorientierte Aufgabe zu erfüllen hat. Es geht also nicht darum, wie das heute leider häufig der Fall ist, Fakten mathematisch „ästhetisch“ zu verkleiden, ohne daß dabei ein wesentlicher, heuristischer Gewinn erzielt wird.

3.2 Biologische Netzwerke – Graphentheoretische Methodik

Elektrische Netzwerke unterschiedlicherer Art, wie Radiogeräte, Taschenrechner und Großrechenanlagen, müssen hinsichtlich ihrer Funktion keine Gemeinsamkeiten haben. Dennoch zeigt es sich, daß sie aus relativ gleichartigen Elementen aufgebaut sind: z.B. aus Stromquellen, Leitern, Transistoren, Widerständen, Kondensatoren etc. Die Schaltanordnung, die Struktur oder die funktionelle Organisation entscheidet darüber, welche Eigenschaften diese Systeme haben.

Biologische Systeme (Zellen, Organe, Organismen, Biotope) unterschiedlicher Art müssen (wie die elektrischen Netzwerke) hinsichtlich ihrer speziellen Leistungen oder

Lebensäußerungen keine Gemeinsamkeiten haben. Dennoch zeigt es sich auch hier, daß man relativ gleichartige, energetische und strukturelle Prinzipien feststellen kann: z.B. Resorption, Exkretion, bioelektrische Erregungsübertragung, Stoffwechselprinzipien der Glykolyse, der Atmungskettenphosphoryllierung, ATP als gemeinsamer Energieträger etc. Die biologischen Strukturen, ihre Organisation und die funktionelle Verknüpfung ihrer elementaren Leistungen untereinander entscheiden darüber, durch welche Eigenschaften die jeweiligen Organismen ausgezeichnet sind.

Sowohl technische als auch biologische Systeme lassen sich durch die Darstellung der Verknüpfung funktioneller und morphologischer Grundeigenschaften im jeweiligen Netz der Wirkungsbeziehungen charakterisieren. Solche Grundeigenschaften lassen sich weiter spezialisieren, so z.B. die Grundfunktion „Aufnahme von Materie und Energie" spezialisiert in die Funktionen „Absorption von Baustoffen und Wasser", „Absorption energetisch nutzbarer Substanz" und „Absorption von Strahlungsenergie". Auf gleiche Weise können Grundfunktionen der Reizbarkeit und Erregungsbildung etc. spezialisiert werden.

Die Verknüpfung solcher Grund- und Spezialfunktionen in räumlicher, zeitlicher und bedingungsmäßiger Hinsicht kann mit Hilfe der graphentheoretischen Methode erfolgen. Es wird damit die Herstellung eines „Modelles" zum Netz der Wirkungsbeziehungen eines Systems möglich. Diese Netz-Struktur kennzeichnet die Art der Anordnung und der Verknüpfung seiner Elemente. Dabei kann es ohne Belang sein, welche energetischen und morphologischen Fakten die Elemente charakterisieren. Es interessiert nur die Gesamtheit der zwischen ihnen bestehenden Relationen. Dies bedeutet: als Gesamtheit von Relationen ist die Struktur eines Systems durch den definierten Zusammenhang zwischen den Elementen bestimmt. Dieses gilt in analoger Weise für den technischen Schaltplan z.B. eines elektronischen Gerätes. Seine „Struktur" ist durch den Schaltplan gegeben. Nun sind in einem solchen Schaltplan die Wirkungsbeziehungen zwischen den elektronischen Bauelementen gewöhnlich nicht durch Pfeilsymbole eingezeichnet. Der Spezialist kann sie aber – falls das System nicht zu komplex aufgebaut ist – heraus „lesen".

Die Bionik ist (z.B. auch im Falle der „Organisationsbionik") an der Untersuchung elementarer Relationsketten, -netze oder -gefüge der biologischen Prototypen interessiert. Welche Darstellungsmethodik zur Mitteilung von Wirkungsgefügen kann dabei im interdisziplinären Gespräch zwischen Biologen und Technikern beitragen?

Eine solche Darstellung ist besonders deshalb wichtig, weil in biologischen Systemen der Zusammenhang zwischen Elementen notwendig oder zufällig, allgemein oder einmalig, wesentlich oder unwesentlich sein kann. Dieses zu erkennen, muß weder für den Biologen noch für den Techniker immer leicht sein.

Die Mathematik stellt gewisse Elemente der Graphentheorie und der Theorie der Kategorien zur Verfügung, die besonders geeignet sind, um die Strukturen biologischer Systeme darzustellen, formal zu beschreiben und zu untersuchen. Grundlage für beide Theorien sind Begriffe der Menge, der Relation und der Abbildung.

Der Leser muß Informationen zu diesen Theorien aus der Fachliteratur entnehmen, da hier der Raum eines Kapitels nicht einmal zur allgemeinen Darstellung des Prinzips der

Methoden ausreicht. Zur Illustration soll jedoch auf das Beispiel in Abschn. 3.1.1 und 3.1.2 Bezug genommen werden: Ein Abschnitt aus dem Adersystem des Blutkreislaufs wurde dort im Hinblick auf seine energetischen, funktionellen und dynamischen Antworteigenschaften in das Modell einer elektrischen Ersatzschaltung gebracht und formal am axiomatischen Systemmodell analysiert. Dort wurde ausgeführt, daß die internen Wechselbeziehungen des axiomatischen Modelles graphentheoretisch verdeutlicht werden können. Dies soll im folgenden geschehen. Ein didaktischer Vorteil liegt dabei darin, zu zeigen, wie an ein und demselben Objckt die verschiedenen – bionisch wichtigen – Abstraktions- und Analysemethoden Auskunft über (a) energetische, (b) dynamisch-funktionelle und (c) relationale Eigenschaften geben können.

Die energetischen und dynamischen Beziehungen, die das Einschwingverhalten von Blutstrom und Blutdruck eines isolierten Blutgefäßabschnittes bestimmen, wurden

(1) durch die analogen Schaltelemente in der Ersatzschaltung (Widerstand = Gefäßwiderstand, Strom = Blutstrom, Spannung = Blutdruck, Induktivität = Massenträgheit, Kapazität = Dehnbarkeit etc.)
und

(2) durch den Satz von Variablen, Vektoren und Matrizen für System, Eingang, Zustand, Durchgang und Ausgang im axiomatisch-mathematisch analysierten, gleichen System

untersucht. Nun lassen sich die relationalen Verknüpfungen der Systemelemente weiter illustrieren, wenn man graphenmethodisch den „Veranschaulichungsbereich der jeweiligen Matrizen“ abbildet. Das ist in Abb. 3.6 geschehen.

Der interessierte Leser kann sich von dieser Darstellung in Verbindung mit der mathematischen Analyse des axiomatischen Systemmodelles selbst einen „Einstieg“ in die Prinzipien der Graphentheorie schaffen.

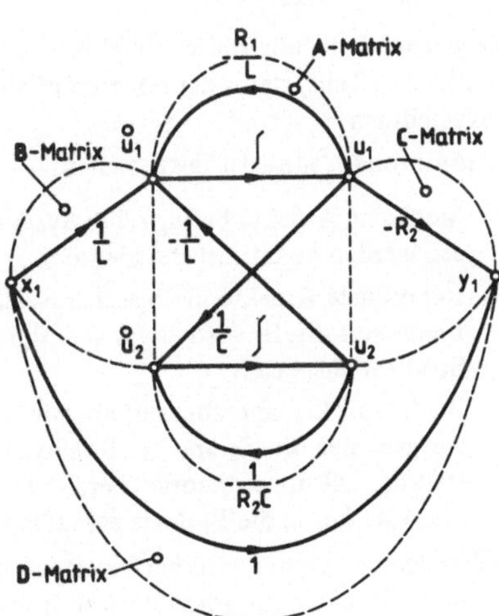

Abb. 3.6
Graphentheoretische Darstellung des axiomatischen Systemmodelles

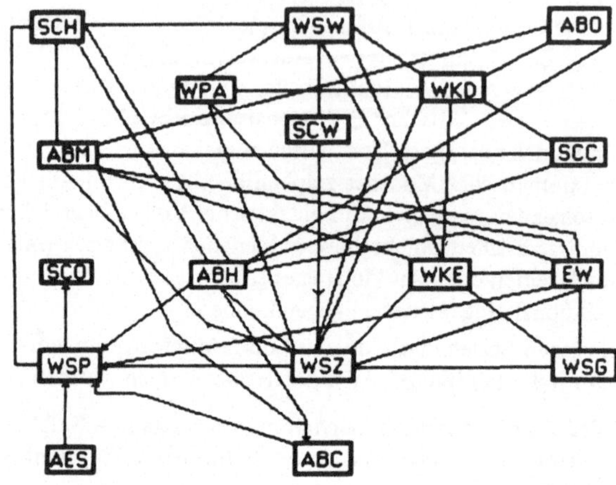

Abb. 3.7 Graph eines Teilsystems der höheren Pflanze (nach Laue (1970))

Symbol	Erklärung
ABC	Absorption von CO_2
ABH	Absorption von H_2O
ABM	Absorption von Nährsalzen
ABO	Absoption von O_2
AES	Absorption von Strahlung des sichtbaren Bereiches
SCC	Sekretion von CO_2
SCH	Sekretion von H_2O
SCO	Sekretion von O_2
SCW	Sekretion von organischen Substanzen
WSP	Photosynthese

Symbol	Erklärung
WSZ	Synthese primärer zelleigener Substanzen
WSG	Synthese geordneter Strukturelemente der Zelle
WSW	Stoffwechsel im engeren Sinne
WKD	Dissimilation
WKE	zur Arbeitsleistung verfügbare Energie
WPA	Speicherung von Assimilaten und Wasser
EW	Wachstum des Organismus

Die gleiche Anregung sollte schließlich (für den mehr biologisch orientierten Leser) der Graph eines Teilsystems der höheren Pflanze (nach Laue) geben, der in der Abb. 3.7 dargestellt ist.

Zusammenfassend ist festzustellen:

(1) Metrische Aspekte biologischer Systeme werden in die Physik projiziert. Gemessen werden quantitative Aspekte.

(2) Relationale Aspekte biologischer Systeme werden durch Netzwerk- und Graphentheorie erfaßt. Es wird etwas über die qualitativen Eigenschaften der relationalen Struktur ausgesagt.

(3) Beide Aspekte sind aber miteinander zu verknüpfen (vgl. Abb. 3.6). Es bleibt eine Aufgabe der Bionik und der Biophysik, solche Verknüpfungen (die heute in Gestalt der „Gruppentheorie" bereits eine wichtige Stellung in der Physik einnehmen) stärker in die Biologie einzuführen.

Im Bereich der Bionik wird bei weiterem, wissenschaftlich-methodischem Ausbau jener Theorien, die einen interdisziplinären Informationsaustausch erleichtern, die Netzwerk- und Graphentheorie einen wichtigen Platz einnehmen.

Die bisherigen Beispiele zeigten, daß die Anzahl der Modellparameter davon abhängt, wie detailliert ein Modell die molekularen, funktionellen oder makroskopischen Strukturen des realen Systems abbilden soll. Andererseits stehen in Anbetracht der Komplexität biologischer Systeme immer nur relativ wenig konkrete, experimentelle Daten zur Verfügung. Deshalb hat ein Modell mit einer größeren Parameterzahl keinen großen Nutzen: Die Anpassung der Modellparameter an die experimentell erhaltenen Daten wird hier zu einer unscharfen und zweideutigen Prozedur. Aus diesem Grunde ist die „Sprache" der Netzwerktheorien immer dann vorzuziehen, wenn in der Bionik phänomenologische Modelle für ein biologisches Objekt zu erstellen sind. Solche Modelle reduzieren die Struktur auf ein Skelett bzw. die Minimalversion, die gebraucht wird, um ein bestimmtes Phänomen zu beschreiben. Diese Sprache ist auch immer dann nützlich, wenn verschiedene Modelle des gleichen Phänomens im Hinblick auf ihre Validität miteinander zu vergleichen sind, z.B. bei der Frage: Sind mehrere, mögliche Modelle hinsichtlich der abzubildenden Struktur oder Funktion different oder äquivalent? (Ausführliche Betrachtungen dieser Art findet der Leser in der weiterführenden Literatur, insbesondere bei Schnakenberg, J.: Thermodynamical Network Analysis of Biological Systems.)

3.3 Systembegriff und Bionik

Die Bionik konstruiert und erforscht maschinelle *Systeme*, welche die lebenden Modelle nachahmen oder durch lebende Organismen angeregt worden sind.

Im biologischen und technischen Bereich kennzeichnet der Systembegriff die den Phänomenen zugrunde liegende Struktur einer Wirkungsverbindung verschiedener Strukturelemente, die in sich wieder aus Untersystemen bestehen können. Eine hierarchisch aufgebaute Wirkungsverbindung muß dabei nicht prinzipiell angenommen werden. Sie kann sich je nach Betrachtungsweise ergeben. Die zusammenfassende Tab. 7 stellt eine Auswahl verschiedener Anwendungen des Systembegriffes dar.

Die Bionik ist insbesondere an solchen Systemen interessiert, die die Grundeigenschaften biologischer Organisationsformen beschreiben und eine Umsetzung in Modellform methodisch erleichtern. Schwerpunktmäßig gehören hierzu Betrachtungen

(a) thermodynamisch offener Systeme und ihrer Eigenschaften,

(b) des Fließgleichgewichtssystems stofflicher und energetischer Umsetzungen mit seiner Dynamik,

(c) der Modellmethoden zur Analyse der offenen, kompartimentierten Fließgleichgewichtssysteme.

Die Kenntnis der Grundeigenschaften solcher Systeme und der Analysemethoden ist wesentliche Grundlage bionischer, interdisziplinärer Verständigung: Gerade die Transportgleichungssysteme der Thermodynamik irreversibler Prozesse bilden einen Beitrag zur Entwicklung einer gemeinsamen „Sprache" des Technikers und des Biologen im Arbeitsbereich der Bionik.

Tab. 7 Anwendungen des Systembegriffes

Bereich:	Spezifikationen:		
Thermodynamik	geschlossenes S.	abgeschlossenes S.	offenes S.
Kybernetik	lineares S.	nichtlineares S.	
	mit zeitabhängigen Parametern mehrfach geregeltes S. multivariables S.	mit Gedächtnis – ohne Gedächtnis stabiles – schwingungsfähiges S. instabiles S.	
	adaptives S. – antagonistisches S. – autonomes S. – kanonisches S.		
Biologie	Evolutions S. – Arten-S. – Energetisches S. – Stoffwechsel S. – Transport S. Motorisches S. – Sensorisches S. – Neuronales S. – Humorales S. – Hormon S. etc. = „organisierte Komplexität"		
Technik	Konstruktions S. – Energie S. – Architektonisches S. – Material Verbund S. Antriebs S. – Meßwertaufnehmer S. – Nachrichten S. – etc. = „ organisierte Komplexität"		
Systemtheorie	Kollektion kommunizierender Materialien und Prozesse eines Phänomens Eingangs-Ausgangs-Struktur. Pauschales S. – Zeitinvariantes S. – Zeitabhängiges S. – Lineares S. – Nichtlin. S. Homogenes S. – Kausales S. – Inhomogenes S. – Aktives S. – Passives S. – Synergetisches S. (kooperatives S.) – White box S. – Black box S.		

Die oben angesprochenen Methoden können im Rahmen dieses Bandes wiederum nur kurz umrissen werden. Einige Beispiele mögen den Leser zu weiterer Vertiefung seiner Kenntnisse mit Hilfe der Spezialliteratur anregen.

3.3.1 Organismen als thermodynamisch offene Systeme

Biologische Systeme stehen in einem fortwährenden Materie- und Energieaustausch mit ihrer Umwelt, sie sind thermodynamisch offen. Die Transportprozesse durch thermodynamisch offene Systeme lassen sich mit den Transportgleichungen thermodynamisch irreversibler Prozesse mathematisieren und damit modellieren.

Offene Systeme existieren auch im Bereich der Technik (z.B. Kraftstoffzufuhr und Endproduktabgabe beim Motor). Im Betriebszustand, d.h. während des Prozeßablaufes in technischen Kraftmaschinen, wird ein Abstand zum thermodynamischen Gleichgewicht als Voraussetzung für die Arbeitsfähigkeit eingehalten. Bei Unterbindung des Materie/Kraftstoffaustausches mit der Umgebung gehen unbelebte, offene Systeme in einen anderen Zustand, in den Gleichgewichtszustand über, sind aber weiterhin existent, und ihre Veränderungen sind zumeist reversible.

Biologisch offene Systeme, d.h. Organismen, gehen bei endgültiger Unterbrechung des Materie- und Energieaustausches mit der Umwelt in den unbelebten Zustand über und zerfallen irreversibel in ihre Bestandteile. Ludwig v. Bertalanffy hat als erster die Bedeutung der Thermodynamik offener Systeme für die Analyse und regelhafte Beschreibung lebender Systeme erkannt. Seine Grundüberlegungen lassen sich anhand eines einfachen Modells diskutieren (vgl. Abb. 3.8). Dieses einfache, chemische Modell läßt sich sowohl in ein in vielen Fällen sinnfälligeres, hydrodynamisches Modell als auch in eine elektrische Ersatzschaltung umsetzen. Alle Modelle werden durch formal identische Differential-Gleichungen beschrieben.

3.3.1.1 Modell des thermodynamisch offenen Systems

Das biologische System mit seinen grundsätzlichen Stoffwechseleigenschaften ist in Abb. 3.8 auf die beiden Elemente A und B reduziert. Die Maße dieser Elemente hinsichtlich ihrer charakteristischen Eigenschaften seien durch c_a und c_b gegeben. Das

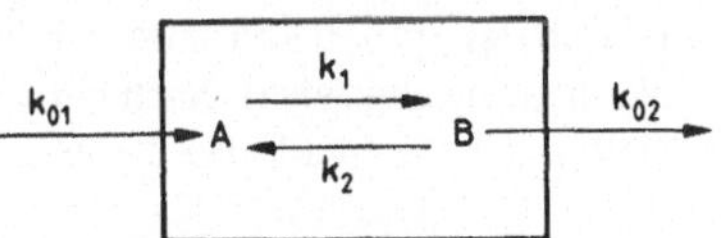

Abb. 3.8
Modell eines chemischen Reaktionszuges durch ein thermodynamisch offenes System

können Substanzkonzentrationen, chemische oder elektrische Potentiale oder andere Intensitätsgrößen bzw. treibende Kräfte sein. Maße der Umgebung des Systems seien durch c_{01} und c_{02} gegeben. Aus Gründen der Vereinfachung soll eine Konstanz bei den Maßen der Umgebung angenommen werden (sie repräsentieren z.B. homoiostatisch gleichgehaltene Substanzkonzentrationen im externen Milieu einer Modell-„Zelle" mit den Elementen A und B). Es wird weiterhin angenommen, daß zwischen der „Umwelt" und dem Systemelement A sowie zwischen Systemelement B und der „Umwelt" ein Materieaustausch stattfindet, der dem Fickschen Diffusionsgesetz folgt. Andererseits gehorcht der Materieaustausch innerhalb des Systems der Form chemischer Reaktionsgleichungen. Die entsprechenden Konstanten sind daher für die Diffusion in das und aus dem System: k_{01} und k_{02}. Die Konstanten der chemischen Hin- und Rückreaktionen zwischen A und B sind k_1 und k_2.

Dieses Modell ist überaus stark reduziert in der Abbildung einer „stoffwechselnden Zelle" mit einem (z.B. katalytisch/enzymatisch gebahnten) nettomäßig einsinnig (vom „Eingang A" zum „Ausgang B") ablaufenden Materietransport. Wie noch zu zeigen ist, lassen sich aber bereits an diesem primitiven Modell wesentliche, dynamische Regeln des Fließgleichgewichts, der Temperaturanpassung und der Reiz-Reaktionsbeziehungen biologischer, offener Systeme demonstrieren.

Das Systemverhalten wird durch die linearen Differential-Gleichungen 1. Ordnung:

$$\frac{dc_a}{dt} = k_{01}\,(c_{01} - c_a) - k_1 c_a + k_2 c_b$$

und

$$\frac{dc_b}{dt} = k_{02}\,(c_{02} - c_b) + k_1 c_a - k_2 c_b$$

beschrieben. (Diese Gleichungen gehören zu dem speziellen System mit konstanten Koeffizienten, die allgemein als d'Alembert-Systeme bekannt sind, sofern es sich um homogene Systeme handelt!)

Die Lösung des Differential-Gleichungssystems erlaubt wesentliche Analysen zum Verhalten des offenen Modellsystems. (Zur mathematischen Behandlung vgl. weiterführende Literatur.)

Eine Grundeigenschaft dieses Modells entspricht auch der Grundeigenschaft organismischer Systeme, es ist äquifinal.

3.3.1.2 Äquifinalität biologischer, offener Systeme – Fließgleichgewicht

Das offene System in Abb. 3.8 und der Gleichungen in Abschn. 3.3.1.1 wird durch die Koeffizienten k_{01} und k_{02} mit der Umwelt gekoppelt. Diese Koeffizienten charakterisieren dadurch das offene System. Dieses System befindet sich im Fließgleichgewicht: Die Maße der Elemente A und B, d.h. c_a und c_b, bleiben bei fortwährendem Materiestrom durch das System konstant, d.h. im „Gleichgewicht" mit Abstand zum thermodynamischen Gleichgewicht. Nach entsprechenden Umrechnungen der Gleichungen aus Abschn. 3.3.1.1 erhält man die Ausdrücke

$$\bar{c}_a = \frac{k_{01}(k_{02} + k_2)c_{01} + k_{02}k_2c_{02}}{(k_{01} + k_1)(k_{02} + k_2) - k_1k_2}$$

und

$$\bar{c}_b = \frac{k_{02}(k_{01} + k_1)c_{02} + k_{01}k_1c_{01}}{(k_{01} + k_1)(k_{02} + k_2) - k_1k_2}$$

Diese Maße $\bar{c}_a$ und $\bar{c}_b$ hängen nun im Fließgleichgewicht nicht vom Anfangszustand des Systems ab. Sie haben für ein konkretes System mit zahlenmäßig festgelegten Konstanten stets den gleichen Wert: sie sind äquifinal. Jedes äquifinale und thermodynamisch offene System mit Fließgleichgewichtscharakter erreicht von beliebigen Anfangszuständen aus den gleichen Endzustand. Seine stoffliche Zusammensetzung bleibt konstant, obwohl ein ständiger Materiestrom durch das System geht und auch das Mengenverhältnis der Systemelemente nicht auf einem Gleichgewichtszustand (z.B. vergleichbar dem Gleichgewicht chemischer Reaktionen) beruht.

Äquifinalität ist abhängig von den Bedingungen innerhalb des Systems (A,k_1, k_2 und B im Beispiel der Abb. 3.8). Sie ist aber unabhängig von den Anfangsbedingungen. So wird bei allen Organismen die gleiche, charakteristische Größe von den verschiedenen Anfangsgrößen (Keimbildung, Embryonalstadium etc.) erreicht. Auch der Stoffwechsel ist – so betrachtet – äquifinal. Wenn beim Substratabbau ein chemischer Weg den anderen vertritt, führen die verschiedenen Prozesse, sei es der Kohlenhydratstoffwechsel oder der Fettstoffwechsel, im Sinne einer Konvergenz zur Freisetzung von Energie.

Die Äquifinalität des Wachstums läßt sich wie folgt quantitativ betrachten:

(1) Abbauprozesse: Funktion des Körpervolumens ($L^3_{Körper}$)

(2) Aufbauprozeß: Funktion der Körperoberfläche ($L^2_{Körper}$)

Bei wachsender Körpergröße ($L^1_{Körper}$) unter Formkonstanz bleibt die Oberfläche im Verhältnis zum Volumen zurück, deshalb gilt:

(3) Im noch nicht „erwachsenen", kleinen Körper überwiegen die Aufbau- gegenüber den Abbauprozessen: Es kommt zu weiterem Wachstum.

(4) Ein Gleichgewicht zwischen Auf- und Abbauprozessen wird beim erwachsenen Organismus erreicht: Das System befindet sich im steady-state des Fließgleichgewichts.

Analoge Vorgänge spielen auch bei der Zellteilung eine Rolle.

3.3.1.3 Dynamik der Fließgleichgewichtsübergänge im offenen System

Betrachtet man das offene System in Abb. 3.8 und nimmt an, daß sich der zahlenmäßige Wert der Konstante k_1 unter „äußerer Störeinwirkung" vergrößert, dann wächst auch der Nenner in den Gleichungen an. Demzufolge wird $\bar{c}_a$ verringert. Die Konsequenz ist, daß die Differenz $(c_{01} - \bar{c}_a)$ größer wird. Es erfolgt ein erhöhter Materieeinstrom

$$J_{01a} = (c_{01} - \bar{c}_a)\, k_{01}$$

in das System, der mit der Einstellung eines neuen Fließgleichgewichts verbunden ist. Das System entwickelt demnach Kräfte, die der „Störung" entgegenwirken und zur Erhaltung des Systems im Fließgleichgewicht führen.

Bei genauer Beobachtung findet man bei diesen steady-state-Übergängen eine überschießende Neueinstellung des Wertes von $\bar{c}_b$. Solche Einschwingprozesse mit „overshoot" oder „false start" sind in ihrer Phänomenologie für Fließgleichgewichtsübergänge charakteristisch. Sie erinnern an gedämpfte Schwingungen bei der Regulation über feed-back-System der Kybernetik. Eine Rückkopplung ist hier beim offenen System strukturell nicht realisiert. Dennoch bewirken die Systemeigenschaften Regelungen 1. Ordnung (v. Bertalanffy). Solche Prozesse finden sich auch im Zellstoffwechsel, z.B. bei plötzlicher Aktivierung eines Enzyms oder bei plötzlicher Temperaturerhöhung und thermischer Erhöhung chemischer Umsatzraten (sogenannter Temperaturadaptation). Ein Beispiel für einen Fließgleichgewichtsübergang gibt Abb. 3.10. Systeme dieser Art und ihre Dynamik, insbesondere bei Kompartimentierung, können mit relativ wenig Aufwand durch elektrische Ersatzschaltungen oder Netzwerke abgebildet werden.

3.3.1.4 Kompartimentierte, offene Systeme und Netzwerkmodelle

Wie bereits in Abschn. 3.1 bis 3.2 Netzwerkmodelle zur Veranschaulichung graphentheoretischer Methoden herangezogen wurden, so werden auch diese Strukturen vorteilhaft zur Behandlung bionischer Modellanalysen thermodynamisch offener und kompartimentierter Systeme verwendet. Dabei gilt wiederum die Regel: Biologische Vorgänge, die bestimmten Gesetzen gehorchen, lassen sich durch andere Vorgänge, die formal gleichen Gesetzen folgen, ersetzen.

In der Abb. 3.9 wurden zwei Modelle eines einfachen, offenen Systems gegenübergestellt: chemisches Modell und elektrische Ersatzschaltung. Sowohl das chemische als auch das elektrische Modell zeigen dabei „Speicher-Elemente", d.h. Behälter bzw. Kapazitäten. Das System ist dadurch kompartimentiert. Hinsichtlich der Modellierung des biologischen Objekts bedeutet das: Das Original wird – häufig aufgrund empirischer Gegebenheiten – räumlich zerlegt.

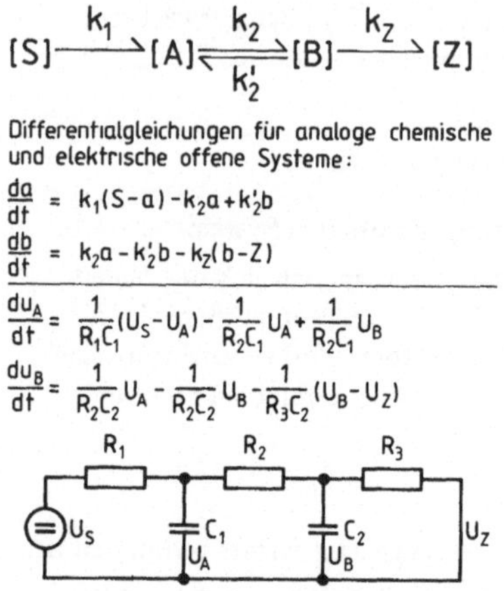

$$[S] \xrightarrow{k_1} [A] \underset{k_2'}{\overset{k_2}{\rightleftharpoons}} [B] \xrightarrow{k_Z} [Z]$$

Differentialgleichungen für analoge chemische und elektrische offene Systeme:

$$\frac{da}{dt} = k_1(S-a) - k_2 a + k_2' b$$

$$\frac{db}{dt} = k_2 a - k_2' b - k_Z(b-Z)$$

$$\frac{du_A}{dt} = \frac{1}{R_1C_1}(U_S - U_A) - \frac{1}{R_2C_1}U_A + \frac{1}{R_2C_1}U_B$$

$$\frac{du_B}{dt} = \frac{1}{R_2C_2}U_A - \frac{1}{R_2C_2}U_B - \frac{1}{R_3C_2}(U_B - U_Z)$$

Abb. 3.9
Differentialgleichung für analoge chemische und elektrische Modelle eines thermodynamisch offenen Systems

Im englischen Wort „compartment" sind sowohl das deutsche Wort „Behälter" als auch die Begriffe „Abteilung/Abgrenzung" enthalten. Das erste läßt an den Inhalt, das zweite an die Art der Abgrenzung denken. Beide Begriffe sind in den folgenden Betrachtungen miteinander gekoppelt.

Ein Kompartiment kann wie folgt definiert werden:

(1) Als Kompartiment werden jene Teilsysteme bezeichnet, in die das Originalsystem zerlegt werden kann.
(2) Jedes Kompartiment ist hinsichtlich der zu betrachtenden Systemvariablen homogen.
(3) Ein Kompartiment ist durch den Zustand der in ihm befindlichen Substanz, durch die räumliche Abgrenzung der Substanz, ihre Kinetik sowie durch die Wechselbeziehungen zu anderen Kompartimenten oder der Systemumgebung bestimmt.
(4) Ein Kompartiment ist ein offenes Subsystem, durch welches ein permanenter Substanztransport erfolgt.

Betrachtet man die Kapazitäten in dem elektrischen Netzwerk der Abb. 3.9; 3.10 unter diesen Gesichtspunkten, dann lassen sich die Begriffe Kapazitätsgröße, Ladungsgröße, Stromfluß und Ladungsaustausch zwischen den Kapazitäten, Zeitkonstanten der Ladung und Entladung zwanglos zuordnen. Die Ersatzschaltung ist also ein reales Kompartimentsystem.

Eine grobe Typeneinteilung von Kompartimenten kann nach folgendem Schema vorgenommen werden

Typen:	Beispiele:
1. Echter Hohlraum/Speicher:	
1.1 im Ganzen	Gallenblase
1.2 gedachter Abschnitt	Amöbenvakuole
	Blutgefäßabschnitt

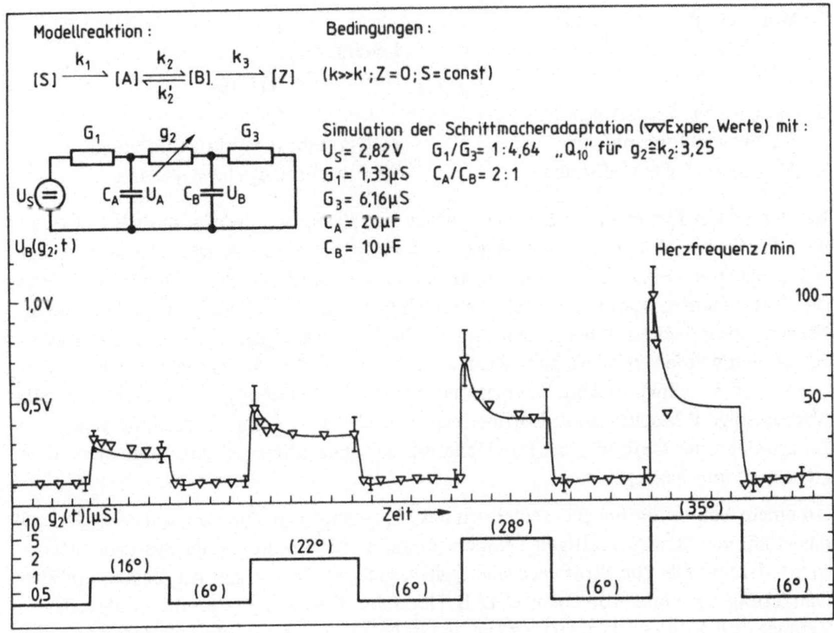

a)

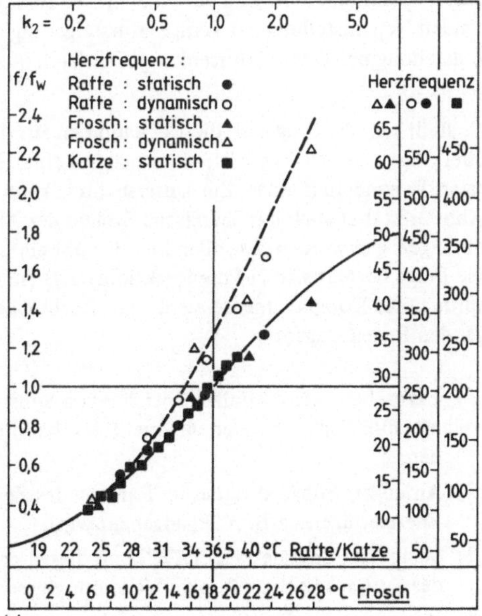

b)

Abb. 3.10
a) Temperaturadaption der Schlagfrequenz des isoliert durchströmten Froschherzens (▽) simuliert mittels einer elektrischen Ersatzschaltung (ausgezogene Kurve für ein thermodynamisch offenes System)
b) Temperaturabhängigkeit der Herzfrequenzen von Frosch, Ratte und Katze. (Ausgezogene Kurven: simulierte Charakteristika mittels Ersatzschaltung (nach Zerbst (1964))

2. Morphologischer Bereich:
   2.1 einfach — Lebergewebe
   2.2 multipel — Hormonales System
3. Gedankliche Konstruktion:
   3.1 Entwicklungsphasen — Zellvermehrung (Blutzellbildung)
   3.2 Chem. Zustandsformen — Stoffwechselzüge bzw. -ketten

Bei den ersten Typen gibt es reale Übergänge von Komponenten, beim dritten Typ wird die Einbeziehung von Übergängen notwendig, die einen fiktiven Charakter haben – Übergang von einem fiktiven Kompartiment in ein anderes. Bei allen Typen können die Komponenten sowohl stofflicher als auch energetischer Natur sein. (Unter energetischen Komponenten müssen nicht nur solche Energiemengen im Sinne der Physik verstanden werden, sondern auch Zustandsgrößen, die dem Energiebegriff nahestehen wie Druck, Geschwindigkeit, Temperatur, elektrische Spannung etc. Dementsprechend werden sowohl Modelle zum Stoffwechsel als auch zum Energiewechsel möglich.) Einzelheiten der Methodik müssen wiederum der Spezialliteratur entnommen werden (Rescigno und Segre).

An einem konkreten Beispiel sei jedoch das allgemeine Vorgehen demonstriert: Es soll das Phänomen der kurzzeitigen Temperatur-Adaptation biologischer Systeme untersucht werden. Die von Stoffwechselenergie gespeisten Leistungen von Zellen (Amöbenwanderung z.B.) oder von Organen (z.B. Herzschlagfrequenz) zeigen bei plötzlicher Temperatursprung = „Einheitsreiz") eine rasche Zunahme auf einen Spitzenwert fallen danach aber langsam auf einen neuen steady-state-Wert ab. Dieser überschiessenden Neueinstellung bei Temperatursteigerung entspricht eine unterschießende Einstellung bei Temperatursenkung. Der Verlauf solcher Prozesse ist in Abb. 3.10 dargestellt.)

Es stellt sich die Frage, ob dieses Phänomen aus der Dynamik von Fließgleichgewichtsübergängen zu erklären ist, ob es sich um eine „Regulation 1. Ordnung" nach v. Bertalanffy handeln könnte. Zur Untersuchung kann das Kompartimentmodell der Abb. 3.8 (aber auch das chemische System der Abb. 3.9 und seine Ersatzschaltung) herangezogen werden. Es sollen hier bewußt einfachste Modelle benützt werden, denn die Frage bezieht sich auf die Reaktionsweise energetischer Flüsse bei Temperatursprung. Die Kompartimente werden als Rechtecke veranschaulicht. Sie haben die folgenden Bedeutungen:

(1) Extra- bzw. intrazelluläre Speicher von Substraten, die zur Energiegewinnung metabolisiert, d.h. über enzymatisch gebahnte Abbauwege, umgesetzt werden können.
(2) Anteil des Substrates, das im Rahmen des Zellstoffwechsels zu biochemischen Energieträgern, z.B. ATP, abgebaut wird.
(3) Menge der Energieträger (ATP) und diesen proportional gesetzt: Arbeitsleistung des Systems (z.B. amöboide Wanderungsgeschwindigkeit).
(4) Menge der aus dem System abgegebenen Endprodukte und ausgegebene Energie.

Die Substrattransporte zwischen den Kompartimenten sind als gerichtete Strecken eingezeichnet. Betrachtungsaspekt ist die zeitliche Veränderung der Substrate bzw. Energiemenge in den einzelnen Kompartimenten.

Das zeitliche Verhalten der Substrat-Energie-Mengen wird dadurch gekennzeichnet, daß die Kompartimente durch die differenzierbaren Funktionen der Zeit charakterisiert werden: N_i (t). Die Kopplung zwischen den Kompartimenten wird durch zeitunabhängige, aber von außen zeitabhängig veränderbare Transportkonstanten der Dimension $(\text{Zeit})^{-1}$ beschrieben.

Die koppelnden Konstanten haben folgende Bedeutung:

(k_{01}) Konstante eines Diffusions-Transportprozesses, Substrate treten aus der Umwelt in das Speicher-Kompartiment ein.

(k_{12}) Konstante eines Diffusions-Transportprozesses, Substrate diffundieren vom Speicherkompartiment zum metabolisierenden Kompartiment.

(k_{23}) Konstante eines chemischen Umsatzprozesses, Substrate werden zum Energieträger ATP umgewandelt. Der Konzentration des ATP ist die Leistung/Leistungsabgabe des Systems äquivalent.

(k_{34}) Konstante der Energie- bzw. Endproduktabgabe aus dem System an die Umwelt.

Die Temperatur bestimmt die Konstantengröße. Dabei ist zu erinnern, daß die Diffusionsgeschwindigkeit nur eine geringe (Q_{10} = 1.1 bis 1.2), chemische Umsatzgeschwindigkeiten dagegen aber große Temperaturabhängigkeit (Q_{10} = 2.0 bis 4 und mehr) aufweisen.

Im Kompartimentexperiment wird nun ein Temperatursprung in zeitlich rechteckig verlaufender Form durchgeführt; dazu wird zum Zeitpunkt t_1 die Temperatur vom Wert T_1 auf den Wert T_2 angehoben, zum Zeitpunkt t_2 wird sie von T_2 wieder auf T_1 abgesenkt. In Analogie zur Temperaturwirkung auf die Konstanten werden diese verändert. (k_{01}, k_{12} und k_{34} werden mit dem Faktor 1.1 und k_{23} wird mit dem Faktor 4 entsprechend den oben aufgeführten Q_{10}-Werten multipliziert, wenn ein Temperatursprung von $T_2 - T_1 = 10°$ C angenommen wird.) Die qualitativen, beobachtbaren Verlaufskurven der Substrate bzw. Energieinhalte in den Kompartimenten sind in Abb. 3.10 dargestellt. Sie sind das Resultat der mathematischen Beschreibung des zeitlichen Verhaltens der Funktionen N_i (t) in jedem Kompartiment. (Es liegen zur Beschreibung des Systemverhaltens – wie in Abschn. 3.3.1.1 ausgeführt – lineare Differential-Gleichungen erster Ordnung vor, d.h. d'Alembert-Systeme, die sich, wie oben gezeigt, lösen lassen.) Eine Lösung des Problems unter Anwendung einer elektrischen Ersatzschaltung ist möglich, wenn man dieses Netzwerk durch Zusammenschaltung der die Konstanten und Kompartimente abbildenden, elektrischen Widerstände und Kondensatoren in ein „Modell" bzw. einfaches Analogrechensystem umwandelt. Hierbei werden in Analogie zu den gedachten Einflüssen auf die Konstanten die Leitwerte $1/R_i$, in Analogie zu gedachten Kompartimentveränderungen die Kapazitäten C_i verändert, und es werden die Substratinhalte in den Kompartimenten durch Abgriff der elektrischen Spannungen E_i in ihrer Dynamik „registriert". Solche Schaltungen haben den Vorteil, daß ohne großen, rechnerischen Aufwand auch kompliziertere Zeitfunktionen (z.B. rampenförmiger Temperaturanstieg, sinusförmig und frequent wechselnde Temperatur) der Konstanten-Veränderungen mit ihrem Einfluß auf die Dynamik der Kompartiment-Inhalte durchgerechnet werden können (für Beispiele vgl. weiterführende Literaturhinweise).

Netzwerk- und Kompartimentsysteme sind im Kontext biologischer Forschung stets als Abbildungen von Arbeitshypothesen zu verstehen. Diese Tatsache muß dem im Bereich der Bionik interdisziplinär beteiligten Techniker immer gegenwärtig sein. Erst die Überprüfung der Modellergebnisse im Hinblick auf ihre Übereinstimmung mit weiteren Experimenten am biologischen Objekt (vgl. Abschn. 2.3.1) gibt eine Bewertung für die Tauglichkeit der Modellstruktur als technischer Konstruktionsanregung. Weiterhin ist zu beachten, daß alle treibenden Kräfte energetischer oder stofflicher Art, alle entsprechenden Flüsse und alle Geschwindigkeitskoeffizienten bzw. -konstanten makroskopisch pauschalisierend angesetzt sind. Bei der Manipulation der Konstanten solcher Differential-Gleichungssysteme kann sich unter Umständen der Typ des Gleichungssystems ändern. Die einzelnen realen Kräfte, Flüsse und Konstanten im belebten System sind mit ihrer anteilmäßigen Bedeutung für die Phänomene der beobachteten oder untersuchten Prozesse nicht zu definieren. Eine derart „nettomäßige" Betrachtung wird aber formal mit der Methode der Thermodynamik irreversibler Prozesse innerhalb bestimmter Grenzen möglich. (Bedingung: kein zu großer Abstand vom thermodynamischen Gleichgewicht.) Das methodische Prinzip ist in Abschn. 3.3.1.5 geschildert. Resultate, die mit der Netzwerkmethode im Hinblick auf die Analyse biologischer Fließgleichgewichtsübergänge (Temperaturadaptation und Sinneszellfunktion) gewonnen wurden und die entsprechende Ableitung der damit zusammenhängenden Regeln und Gesetze werden in Abschn. 3.3.1.6 dargestellt, und das Beispiel wird dort wieder aufgenommen.

3.3.1.5 Offene Systeme und Transportgleichungen der Thermodynamik irreversibler Prozesse

Die oben besprochenen Netzwerk- und Kompartimentsysteme machen die Triebkräfte, Flüsse und Koeffizienten energetischer und materieller Flüsse durch biologische, offene Systeme physikalisch verständlich. Das Modell ist dabei

(1) Strukturskizze der Arbeitshypothese zur Ursache der Phänomene,
(2) Abbildung der Algorithmen der Arbeitshypothese,
(3) Rechenhilfsmittel bei der Auseinandersetzung zwischen Hypothese und experimentellen Fakten,
(4) Semantische Methode bei der interdisziplinären Auseinandersetzung zwischen dem bionisch zu bearbeitenden, organismischen Objekt und der von ihm abzuleitenden, technischen Problemlösung,
(5) Voraussetzung für die sinnvolle Anwendung der Methode der Thermodynamik irreversibler Prozesse.

Die Transportgleichungssysteme der thermodynamisch irreversibel ablaufenden Prozesse in belebten Systemen ermöglichen eine thermodynamische Analyse. So, wie es in der Technik eine spezielle Thermodynamik der Wärmekraftmaschinen, der Wärmepumpen oder chemischen Reaktionen gibt, so gilt die Thermodynamik irreversibler Prozesse für den biologischen Bereich. Organismen „nähren" sich von negativer Entropie, das bedeutet, sie nehmen komplexe, organische Moleküle mit hoher, freier Energie auf, bauen diese ab und geben die einfacheren Endprodukte an die Umgebung zurück. Einen Teil der freien Energie benützt der Organismus zur Erhaltung und zum Aufbau einer höheren, strukturellen Ordnung.

Damit wird eine Entropiezunahme und ein Verlust an Ordnung durch ein thermodynamisches Fließgleichgewicht kompensiert, ein konstantes Entropieniveau wird erhalten, oder es werden sogar höhere Ordnungszustände während der Entwicklung und Evolution erreicht.

Im Gegensatz zum thermodynamisch geschlossenen System wird im biologisch offenen System der Entropietransport nicht nur durch eingeführte Wärme, sondern auch durch eingeführte Materie gegeben. (Der Leser möge bei Bedarf nochmals das Modellsystem in Abschn. 3.3.1.1 zur Veranschaulichung betrachten.)

Diese Gegebenheit wird durch die Gleichung

$$\frac{dS}{dt} = \frac{dS_i}{dt} + \frac{dS_e}{dt}$$

dargestellt.

Die Einfuhr von Entropie aus der Umgebung kann positiv, negativ oder null sein. (Sie ist durch dS_e/dt gegeben.)

Die im Inneren des Systems produzierte Entropie dS_i/dt ist stets positiv (z.B. Diffusion, Wärmeleitung, chemische Reaktionen).

Die Einfuhr von Stoffen mit hinreichend hohem Energiegehalt verursacht einen negativen Wert von dS_e/dt.

Dementsprechend kann die gesamte Entropieänderung des Systems (dS/dt) in Abhängigkeit vom Vorzeichen der Entropie-Einfuhr ebenfalls positiv, negativ oder null sein.

Diese Gleichung bildet somit die Grundlage für die Thermodynamik irreversibler Prozesse/offener Systeme.

Es werden verallgemeinerte „Flüsse" und „Kräfte" eingeführt, z.B.

Flüsse (J)	Kräfte (X)
Wärmestrom	Temperaturgradient
elektrischer Strom	el. Potentialdifferenz
Materiestrom	Konzentrationsdifferenz
chemische Umsatzrate	chemische Potentialdifferenz

Bei vielen irreversiblen Prozessen besteht zwischen dem verallgemeinerten Fluß J und der verallgemeinerten Kraft X ein linearer Zusammenhang

$$J = X \cdot L$$

Hierbei ist L ein skalarer Parameter (z.B. Wärmeleitfähigkeit, elektrische Leitfähigkeit, Diffusionskoeffizient usw.).

Wenn zwei Flüsse und zwei Kräfte gleichzeitig wirksam werden, kommt es zu „überlagerten Erscheinungen". Beispiel:

(1) Erzeugung eines Materiestroms durch Temperaturgradienten = Thermo-Diffusion

(2) Erzeugung eines Wärmestroms durch Konzentrationsgradienten = Konvektion

In biologischen Systemen mit ihrem hohen Komplexizitätsgrad überlagern sich viele Flüsse und Kräfte.

Mehrere Flüsse J_i werden durch mehrere Kräfte X_i ausgelöst. Sind diese Flüsse voneinander unabhängig, dann werden die Phänomene durch eine Anzahl der entsprechenden Beziehungen zwischen den J_i und den jeweiligen X_i beschrieben. Im organismischen Bereich hängt häufig der Fluß von vielen Kräften ab (z.B. Sauerstofftransport, Wärmetransport, Energieträgerbildung und -transport etc.). Wird hier im steady-state ein linearer Zusammenhang angenommen, dann ergibt sich ein System von Transportgleichungen:

$$J_1 = L_{11}X_1 + L_{12}X_2 + \ldots + L_{1n}X_n$$
$$J_2 = L_{21}X_1 + L_{22}X_2 + \ldots + L_{2n}X_n$$
$$\vdots$$
$$J_n = L_{n1}X_1 + L_{n2}X_2 + \ldots + L_{nn}X_n$$

Verallgemeinert kann man schreiben:

$$J_i = \sum_{j=1}^{i=n} L_{ij} X_j \quad \text{für } i = 1, 2, \ldots, n.$$

Dabei beschreiben die Koeffizienten L_{ij} die W e c h s e l w i r k u n g zwischen den betrachteten Prozessen. Das Reziprozitätsprinzip von Onsager macht über ihren wechselseitigen Zusammenhang eine Aussage (vgl. weiterführende Literatur). Dabei gilt: $L_{ij} = L_{ji}$.

Vorausgesetzt wird

(1) Die verallgemeinerten Kräfte X werden so gewählt, daß die Summe der aus den jeweiligen Flüssen J_i und den Kräften X_i gebildeten Produkte gleich groß ist wie das Produkt aus der absoluten Temperatur und der Entropieproduktion.

(2) Es gilt das Prinzip der mikroskopischen Reversibilität: Im Gleichgewicht wird von jeder Molekülart genauso viel gebildet, wie von dieser Menge verschwindet.

Bei einer chemischen Reaktion gilt z.B.:

$$T \cdot \frac{dS_i}{dt} = \sum_{i=1}^{i=n} v_i A_i$$

Hierbei sind die Reaktionsgeschwindigkeiten durch v_i als verallgemeinerte Flüsse und die chemischen Affinitäten A_i als verallgemeinerte Kräfte dargestellt.

3.3.1.6 Beispiel: Thermodynamische Eigenschaften eines Fließgleichgewichtsmodells

Im Hinblick auf die spätere, bionische Behandlung biologischer Meßfühler (Rezeptoren) in Abschn. 9.4.2.4 wird hier verallgemeinert die Anwendung der Methode der Thermodynamik irreversibler Prozesse am einfachen Beispiel einer elektrischen Ersatzschaltung (Abb. 3.11) demonstriert. Die Abgrenzung dieses offenen Systems sei wärmeleitend.

Abb. 3.11 Reduzierte Ersatzschaltungen für ein thermodynamisch offenes Stoffwechselsystem (nach Zerbst (1963))

Durch den Eingang des Systems fließt der Elektronenstrom von einem Pol der Stromquelle zum anderen. Die Wärmeabgabe des Systems sei von einem Wasserbad konstanter Temperatur aufgenommen.

Intensitätsvariable sind: Stromdichte, Temperatur und Wärmefluß durch die Einheit der Systemoberfläche. Sind diese Variablen zeitunabhängig, dann besteht ein dynamisches Gleichgewicht.

Zur Zeit $t = 0$ wird die Stromquelle an das Netzwerk von Abb. 3.11 angeschlossen. Wegen der integrativen Wirkung des Kompartiments der Kapazität C kann das Potential u_1 nicht unverzüglich eingestellt werden. Zur Zeit $t = 0$ erfolgt daher ein Potentialabfall allein über R_1, und die Dissipationsleistung ist durch

$$P_0 = \frac{U_0^2}{R_1}$$

gegeben. Nach erfolgter Ladung der Kapazität wird die Dissipationsleistung

$$P_\infty = \frac{U_0^2}{R_1 + R_2}$$

Im Fließgleichgewicht erzeugt das System ein Minimum an Entropie. Wird nun durch einen „Reiz" außerhalb des Systems der Widerstand R_2 zur Zeit $t = t_1$ vom Wert R_{21} unverzüglich auf den Wert R_{22} verändert, dann „reagiert" das System mit einem Fließgleichgewichts-Übergang wie in Abb. 3.12 dargestellt. Die Neueinstellung auf den veränderten steady-state-Stromfluß I_2 erfolgt nach der „überschießenden" Anfangsreaktion mit einer Zeitkonstante, die durch

$$\tau = \frac{CR_1R_{22}}{R_1 + R_{22}}$$

gegeben ist. (Das „Kompartiment C" bestimmt mit seiner Größe neben den „Geschwindigkeitskoeffizienten" $1/R_1$ und $1/R_{22}$ den Zeitgang der Neueinstellung!)

Die Entropieerzeugung des Fließgleichgewichtsüberganges („cost of transition" nach Burton) ist durch

$$S = \frac{R_{22} \cdot \tau}{2} (\hat{I}^2 - 3 I_2^2 + 2 \hat{I} I_2)$$

definiert. Sie läßt sich – wie wir an anderer Stelle zeigen konnten – gut zur quantitativen Charakterisierung biologischer Fließgleichgewichtsübergänge verwenden, so z.B. zur Kennzeichnung der Differentialquotienten-Empfindlichkeit biologischer Meßfühler (Rezeptoren).

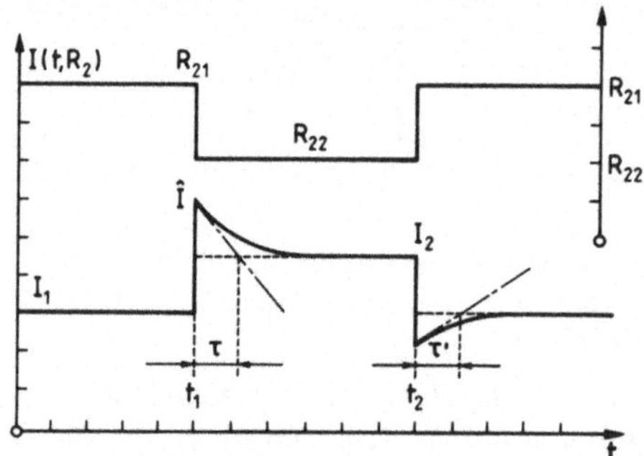

Abb. 3.12
Fließgleichgewichts-Übergang bei sprungförmiger Widerstandsverminderung (R_{21}, R_{22}, R_{21}) an der Ersatzschaltung der Abb. 3.11 (nach Zerbst (1963))

Wie im vorangehenden Kapitel erwähnt, ist das Vorhandensein einer Modellstruktur die unabdingbare Voraussetzung für die Aufstellung bzw. Ableitung von Transportgleichungssystemen der Thermodynamik irreversibler Prozesse zur Systembeschreibung und Systemanalyse. Im eben diskutierten Beispiel wird die Modell-„Struktur" durch die Ersatzschaltung der Abb. 3.11 gegeben. Hierzu ergeben sich nun die verallgemeinerten, treibenden Kräfte und Flüsse wie folgt:

(1) Potentialdifferenzen als Triebkräfte:

$$X_1 = U_0 - u_1$$
$$X_2 = u_1 - U_2$$

(Hierzu wird in den Ausgangszweig des Vierpols noch die in Abb. 3.11 b angedeutete, zweite Stromquelle eingefügt.)

(2) Allgemeine, thermodynamische Flüsse: In der Ersatzschaltung ist nach dem Ohmschen Gesetz und der Kirchhoffschen Maschenregel:

$$I_1 = \frac{1}{R_1} (U_0 - u_1); \qquad J_1 = \frac{1}{R_1} X_1 + 0\, X_2$$

$$I_2 = \frac{1}{R_2} (u_1 - U_2); \qquad J_2 = 0\, X_1 + \frac{1}{R_2} X_2$$

(3) Die Onsagerschen Koeffizienten: Da es sich bei den Flußdefinitionen unter (2) um lineare Beziehungen handelt, werden die Onsagerschen Koeffizienten als konstant betrachtet, sie sind:

$$L_{11} = 1/R_1, \qquad L_{12} = L_{21} = 0, \qquad L_{22} = 1/R_2$$

Die mathematische Behandlung läßt sich hier weiterführen, und man kann diejenigen Prinzipien anwenden, die in Abschn. 3.1.2 und 3.2 bereits erläutert wurden.

Hier sollte am Beispiel der Behandlung von Einschwingprozessen biologischer und thermodynamisch offener Systeme gezeigt werden, daß die Anwendung der Thermodynamik irreversibler Prozesse für die bionische Modellbildung von besonderem Interesse ist.

Eine solche Anwendung ist immer dort vorteilhaft, wo es darauf ankommt, nicht nur technisch günstige „Ähnlichkeitsmodelle" aufzustellen, sondern energetisch-thermodynamisch eindeutig definierte Ableitungen von Analogiebeziehungen zu erhalten, wobei z.B. elektrische Ersatzschaltungen ausschließlich dazu dienen, konkrete, bioenergetische Flüsse, treibende Kräfte, Geschwindigkeitskoeffizienten und Kompartimente abzubilden. Sie lassen sich am biologischen Objekt „verallgemeinert", d.h. nettomäßig, auch experimentell nachweisen:

So reagieren temperaturempfindliche Meßfühler (Kaltrezeptoren) verschiedener Tierarten relativ einheitlich auf Temperaturveränderungen bzw. zeigen analoge „Übergangsantworten" bei Temperatursprüngen. Das ist in Abb. 3.13 dargestellt.

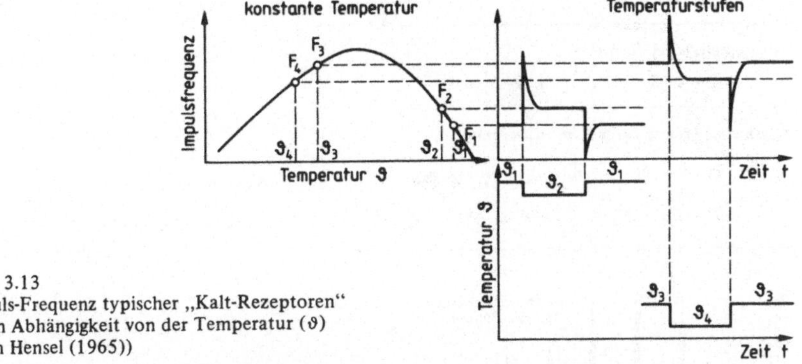

Abb. 3.13
Impuls-Frequenz typischer „Kalt-Rezeptoren" (F) in Abhängigkeit von der Temperatur (ϑ) (nach Hensel (1965))

Wir haben ein thermodynamisch offenes System mit solchem Verhalten durch das in Abb. 3.14 wiedergegebene Reaktionsschema 1. Ordnung als arbeitshypothetisches Modell der Stoffwechselabläufe in Kaltrezeptoren aufgestellt und überprüft. Dabei wurde im Reaktionsschema eine Aufzweigung bei der allgemeinen Triebkraft X_3 angenommen. Ferner wurde postuliert, daß die Geschwindigkeitskoeffizienten L_{12} und L_{30} besonders und unterschiedlich temperaturempfindlich sind. (Sie bilden enzymatisch-katalytisch kontrollierte Prozesse im Sinneszellstoffwechsel ab, die Geschwindigkeitskoeffizienten L_{23} und L_{34} sind dagegen als Transportkoeffizienten der An- bzw. Abdiffuion relativ temperaturunempfindlich.) Die Kontrolle der Arbeitshypothese läßt sich durch Vergleich der kinetischen Reaktionen des biologischen Objektes im Experiment (hier Lorenzini-Ampullen) mit den kinetischen Reaktionen des Modells (Registrierung über ein Analogrechensystem) durchführen. Die Resultate solcher Kontrollen und die generalisierte, quantitative Bewertung der Triebkräfte, Flüsse und Koeffizienten sind in Abb. 3.15 und 3.16 dargestellt.

Reaktionsschema 1. Ordnung

$$X_1 \xrightarrow{L_{12}} X_2 \xrightarrow{L_{23}} X_3 \xrightarrow{L_{34}} X_4, \qquad X_3 \xrightarrow{L_{30}} X_0$$

$$L_{12}, L_{30} = f(\vartheta) \qquad F \sim X_3$$

Differentialgleichungen

$$\dot{X}_2 = \eta_2 (X_1 - X_2) - (X_2 - X_3)$$

$$\dot{X}_3 = (X_2 - X_3) - \eta_4 (X_3 - X_4) - \eta_0 (X_3 - X_0)$$

Eingangsgrößen

$$\eta_0 = \frac{L_{30}}{L_{23}} = 1 \cdot e^{0{,}275\,\vartheta/\mathrm{grd}}$$

$$\eta_2 = \frac{L_{12}}{L_{23}} = 17 \cdot 10^{-5} \cdot e^{0{,}34\,\vartheta/\mathrm{grd}}$$

Konstanten

$$X_0 = 0 \qquad X_1 = 1 \qquad X_4 = 0 \qquad \eta_4 = \frac{L_{34}}{L_{23}} = 1$$

Ausgangsgröße (Spikerate F)

$$F = a\,(X_3 - X_S) \qquad a, X_S = \mathrm{const}$$

Allgemeine Lösung für Temperatursprung

$$\vartheta_1 \xrightarrow{\Delta\vartheta} \vartheta_2 \rightsquigarrow \eta_{01}, \eta_{21} \longrightarrow \eta_{02}, \eta_{22}$$

$$F \sim X_3 = K_1 + \frac{1}{K_4} e^{K_2 t} [K_3 e^{K_4 t} - K_5 e^{-K_4 t}]$$

Abb. 3.14
Reaktions-Schema für ein generalisiertes Modell des Kaltrezeptors (nach Zerbst und Dittberner (1970))

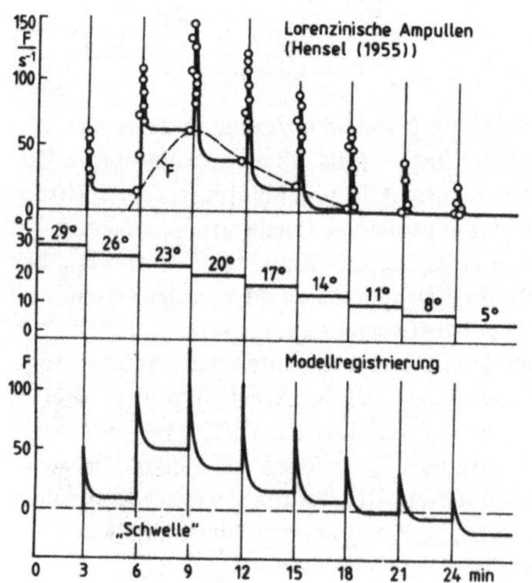

Abb. 3.15
Gegenüberstellung der Entladungsfrequenz kaltsensitiver Rezeptoren (nach Hensel (1955)) und der Registrierung mittels Analogmodell von Abb. 3.14 (nach Zerbst u. Dittberner (1970))

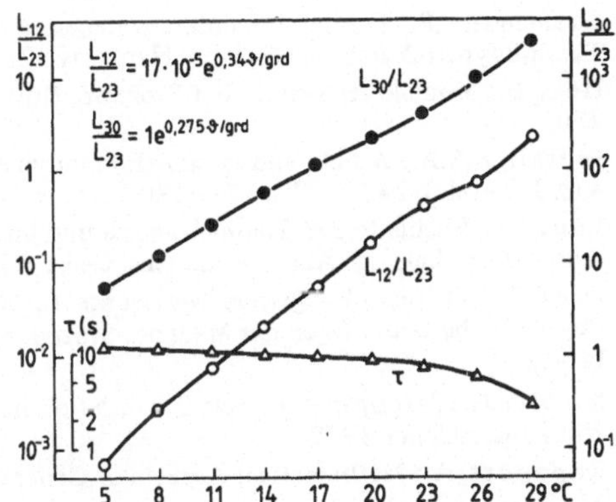

Abb. 3.16
Abhängigkeit der Geschwindigkeitskoeffizienten L_{12} und L_{30} des Modellsystems aus Abb. 3.14 von der Temperatur
τ = Adaptionszeitkonstante

Diese Art der Behandlung biologischer Vorbilder für die bionisch-technische Aufbereitung ist immer dann interessant, wenn das zu lösende, technische Problem eine energetisch-thermodynamische Analyse erfordert.

Weiterführende Literatur

Adomian, G. et al.: Biological System Interaction. Proc. Nat. Acad. Sci. USA **81** (1984) 2938–2940

Beier, W.; Rosen, R. (Hrsg.): Biphysikalische Grundlagen der Medizin. Stuttgart–New York: Gustav Fischer 1980

Bertalanffy, L. v.: General System Theory. London: The Penguin Press 1971

Bertalanffy, L. v.; Beier, W.; Laue, R.: Biophysik des Fließgleichgewichts. Braunschweig: Vieweg 1977

Bunge, M.: Levels and reduction. Am. J. Physiol. **233** (1977) R 75–R 82

Broda, E.: The Evolution of the Bioenergetic Processes. Oxford–New York–Braunschweig: Pergamon Press 1979

Decker, P.: Evolution in the Open Systems: Bistability and the origin of molecular asymmetry. Nature **241** (1973) 72–74

Caplan, S.R.; Essig, A.: A thermodynamical treatment of active sodium transport. Current Topics in Membranes and Transport (1977) 145–175

Feekes, G.: Periodical System of Energy. General Systems **21** (1976) 155–167

Flamm, D.: Der Entropiesatz und das Leben: 100 Jahre Boltzmann'sches Prinzip. Naturwiss. Rundschau **32** (1979) 225–239

Frömter, E.: Stofftransport durch biologische Membranen (Thermodynamik irreversibler Prozesse). In: Hoppe, W.; Lohmann, W.; Markl, H.; Ziegler, H. (Hrsg.): Biophysik. Berlin–Heidelberg–New York: Springer 1977, 328–360

Fuchs, G.: Compartment-Modelle in der Medizin. Methodik der Information in der Medizin **11** (1972) 137–144

Garcia-Bellido, A. et al: Kompartimente in der Entwicklung der Tiere. Spektr. d. Wiss. Sept. (1979) 8–19

Glansdorf, P.; Prigogine, I.: Thermodynamic Theory of Structure, Stability and Fluctuations. New York: Wiley Interscience 1971

Grassmann,P.: Thermodynamik des Lebens aus dem Blickwinkel der technischen Thermodynamik und der Exergie. Naturwiss. **71** (1984) 335–341

Hess, B.: Modelle enzymatischer Prozesse. Nova Acta Leopoldina **184** (1968) 195–230

Iberall, A.S.A.: A field and circuit thermodynamics for integrative Physiology. Am. J. Physiol. 233 (1977) 171–180

Laue, R.: Elemente der Graphentheorie und ihre Anwendung in den biologischen Wissenschaften. Leipzig: Akad. Verl.. Ges. Geest & Portig KG 1971

Laue, R.: Theorie biologischer Netzwerke. In: Beier, W.; Rosen, R. (Hrsg.): Biophysikalische Grundlagen der Medizin. Stuttgart–New York: Gustav Fischer 1980, 166–242

Nicolis, G.; Prigogine, I.: Self Organisation in Non-Equilibrium Systems. New York: Wiley Interscience 1977

Rapoport, A.: Mathematical Aspects of General Systems Analysis. General Systems. **23** (1978) 139–147

Rosen, R.: Morphogenese der Netzwerke. In: Beier, W.; Rosen, R. (Hrsg.): Biophysikalische Grundlagen der Medizin. Stuttgart–New York: Gustav Fischer 1980

Sitte, P.: Die lebende Zelle als System, Systemelement und Übersystem. Naturwiss. Rundschau **31** (1978) 104–115

Schmetterer, L.: Systeme und Systemgrenzen. Halle/Saale: Ber., Jahresvers. Dtsch. Acad. der Naturf. Leopoldina 1975. Und: Naturwiss. Rundschau **31** (1978) 93–94

Schnakenberg, J.: Thermodynamic Network Analysis of Biological Systems. Berlin–Heidelberg–New York: Springer 1977

Schügerl, K.: Modellierung und Regelung biochemischer Produktionsprozesse RIAS–Funkuniversität: Manuskript des Vortrags in der Reihe "Bionik". RIAS–Berlin (1984)

Taschdijan, E.: Asymmetry of living systems. J. theoret. Biol. **26** (1970) 417–428

Weiß, P.A.: Empirische Grundlagen des Systemdenkens. Naturwiss. Rundschau **31** (1978) 109–110

Zerbst, E.; Dittberner, K.-H.: Analyse der Informationsaufnahme und -verarbeitung biologischer Sinneszellen mit Hilfe der Fließgleichgewichtstheorie. In: Fortschritte der experimentellen und theoret. Biophysik Bd. 17 (Hrsg. W. Beier) Leipzig: VEB G. Thieme 1973

3.4 Evolutionsprozeß und bionische Methodik

Evolution ist die in langen Zeiträumen ablaufende Umwandlung erblich bestimmter Merkmale biologischer Systeme. Evolution läßt sich in drei Phasen sehen:

(1) Chemische Evolution: Verbindung kleiner Moleküle zu Makromolekülen unter äußerer Energiezufuhr.

(2) Selbstorganisation: Makromoleküle ordnen sich zu selbstreproduzierenden Strukturen (Fixierung des genetischen Codes).

(3) Organismische Evolution: kontinuierlicher Prozeß der Herausbildung von Organismen hoher und höherer Komplexität.

Die biologische Evolution ist auch noch heute und weiterhin fortlaufend wirksam. „Die kausale Erklärung der Zweckmäßigkeit der Produkte der Evolution erfordert kein externes, teleologisches Agens. Die scheinbare Zielgerichtetheit phyologenetischer Prozesse ist nur kausal (und konditional) erklärbar" (vgl. Mohr, H.: Biologische Erkenntnis).

Technische Systeme entstehen aufgrund zielgerichteten Denkens, Planens und Handelns (vgl. Abschn. 1.3.1). Hierbei spielt natürlich das „experimentierende Probieren" und „Aussondern" (und in modernen Entwicklungslaboratorien ist neben dem longitudinalen, gezielten Denken das sogenannte „laterale Denken" = brain-storming ein weiteres wichtiges Instrument) eine besondere Rolle. Technische Produkte sind nicht in gleichem Maße wie organismische Systeme einem „Evolutionsdruck" unterworfen. Selbst bei Annahme einer real existenten „freien Marktwirtschaft" ohne Monopole und gesteuerter „Bedürfnislenkung" hätten technische Verfahren – statistisch gesehen – nicht annähernd die Chancen, absolut günstigste und optimale Methoden und Produkte zu entwickeln, die sich mit den durch biologische Evolution ausgebildeten und optimierten, organismischen „Produkten" vergleichen lassen (vgl. Abschn. 1.3.2).

Solche Chancen zur gezielten, technischen Optimierung technischer Formen, Strukturen, Funktionen und Organisationsprinzipien vermag jedoch die Bionik über die Methoden der sogenannten Rechenbergschen „Evolutionsstrategien" zu vermitteln. Diese Strategien verwerten die Prinzipien der biologischen Evolution. Sie gehen dabei so vor, daß (a) das biologische Evolutionsprinzip modelliert wird und (b) die Algorithmen des Modells als Methode zur Lösung technischer Optimierungsprobleme verwendet werden.

3.4.1 Simulation der Evolution

Betrachtet man die Phylogenie der Skelettstruktur eines Pferdefußes mit den Augen des Technikers als Beispiel für eine Strukturentwicklungsreihe, dann drängt sich unwillkürlich ein Vergleich mit ähnlichen Reihungs-Prinzipien technischer Entwicklungen auf (vgl. dazu Abb. 3.17). Beide Entwicklungen kann man als Resultat von „Experimenten" sehen. Im Unterschied zu den über Jahrmillionen durchgeführten „Evolutionsexperimenten" sind technische Entwicklungen aber Produkte extern teleologischer Ursachen: Intuition und gezielte Berechnung des Konstrukteurs.

Nun kann der Konstrukteur in der Technik dennoch von der besonderen Strategie biologischer Evolutionsexperimente profitieren. Besonders immer dann, wenn Intuition

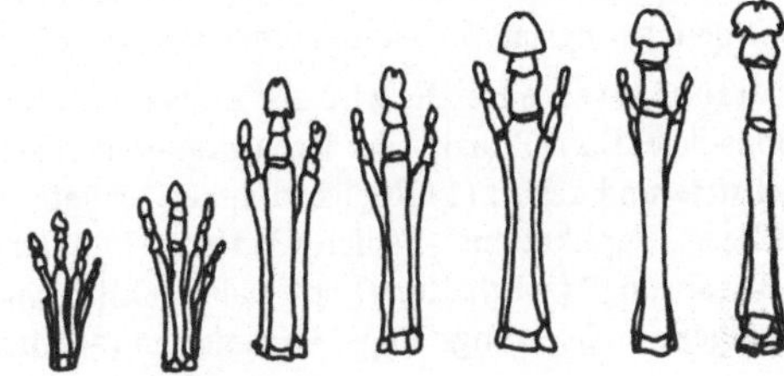

Abb. 3.17
Phylogenie der Skelettstruktur eines Pferdefußes (nach Rechenberg (1978))

und gezielte Berechnung zur Problemlösung nicht ausreichen, kann er das „Modell" der biologischen Evolutionsstrategie als Analogrechenhilfe benützen. Solche Analogrechenhilfen wurden in genialer Weise von Rechenberg entwickelt.

Ein Beispiel aus der Strömungstechnik soll diese Methode illustrieren:

Problem: Ein Strömungskörper ist zu entwickeln. Er soll über einen sehr großen Bereich seiner Oberfläche eine ablösenahe Grenzschicht mit sehr geringer Wandreibung aufrecht erhalten.

Methode: Die Form dieses Köpers läßt sich auf mathematischem Wege nicht einfach finden. Deshalb wird ein flexibler Strömungskörper im Windkanal schrittweise so lange verändert, bis die Lösung gefunden ist.

Testobjekt: Untersucht wird die in Abb. 3.18 dargestellte Gelenkplatte. An ihren Längskanten sind 6 rechteckige Flächenstreifen gelenkig verbunden. Sie lassen sich einzeln verstellen und können nach jeweils 2° Winkeländerung eingerastet werden. Jedes Gelenk besitzt 51 Einraststufen. Damit kann die Faltplatte mit ihren 5 Gelenken insgesamt 51^5, d.h. 345 025 251, verschiedene Formen annehmen.

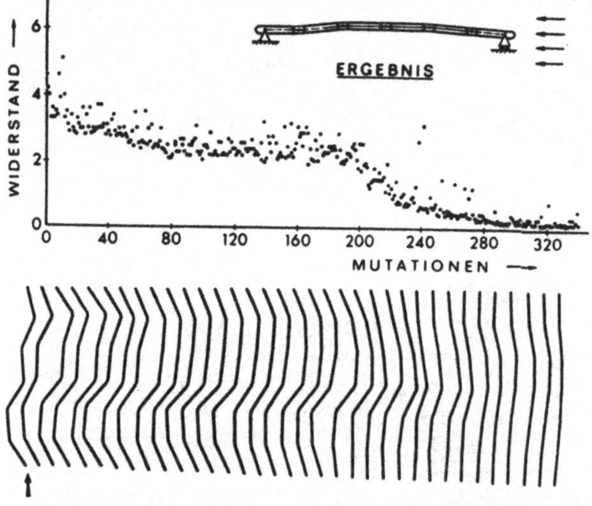

Abb. 3.18 Widerstandsabnahme einer angeströmten Gelenkplatte mit zunehmender Anzahl von Mutationsschritten nach der Evolutionsstrategie (nach Rechenberg (1978))

Diese Platte wird zu Beginn des Versuches willkürlich zu einer Zick-Zackform mit dementsprechend hohem Strömungswiderstand eingestellt. Hieraus soll nun die Form mit dem geringsten Strömungswiderstand entwickelt werden.

Versuchsstrategie: Es wird zur Problemlösung eine vereinfachte Form des Mutations-Selektions-Prinzips der Evolution modelliert (vgl. Abb. 3.19). Die wesentlichen Schritte sind dabei: (1) Replikation der „genetischen Information", (2) Auftreten zufälliger „Replikations"-Fehler, (3) Herausbildung eines veränderten Phänotyps, (4) „Bewährung" (= Erhaltung) optimaler „Organismen", (5) „Aussterben (= Elimination) weniger durchsetzungsfähiger Organismen (= Entscheidungsformen).

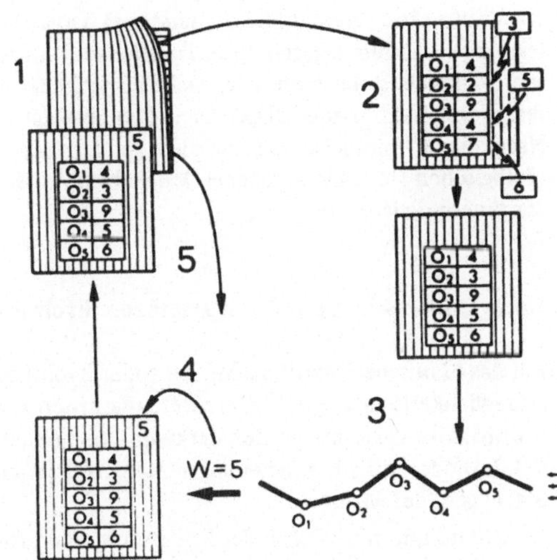

Abb. 3.19
Karten-Modell der Evolutionsstrategie (nach Rechenberg (1978))

Wendet man solche Prinzipien zur technischen Optimierung an, dann ergibt sich eine analoge Handlungsabfolge in 5 Stufen (vgl. Abb. 3.19).

(1) Das Protokollblatt zum Versuch mit den Notierungen der Winkel O_1 bis O_5 wird kopiert.

(2) Die Winkelnotierungen werden um kleine Zufallsbeträge abgeändert.

(3) Die Gelenkplatte wird (2) entsprechend verändert (mutiert) eingestellt.

(4) Der Strömungswiderstand wird nach jeder Neueinstellung im Windkanal gemessen.

(5) Die Plattenformen mit erhöhtem Widerstand werden verworfen.

Man weiß natürlich im voraus – bei diesem Beispiel –, daß die ebene, längsangeströmte Platte den geringsten Widerstand besitzt. Das Experiment wird aber aus folgenden Gründen durchgeführt:

Erstens ist zu prüfen, ob bei Anwendung des Mutations-Selektionsverfahrens diese Form (ebene Platte) auch wirklich gefunden wird.

Zweitens soll festgestellt werden, wieviel Schritte (Mutationen) dazu benötigt werden.

Die Abb. 3.18 zeigt den zeitlichen Ablauf des Experiments: Im Diagramm ist die Abhängigkeit des Strömungswiderstandes von der Zahl der Mutationen aufgetragen. Darunter sind schematisch die momentanen Bestformen der Platte nach jeweils 10 Mutationen skizziert. Die Endform der Platte wurde nach 320 Schritten erreicht (obgleich theoretisch 51^5 verschiedene Formen möglich sind!).

Nun ist das hier als vereinfachtes Beispiel zu wertende Evolutionsexperiment als extreme Reduzierung des tatsächlichen Evolutionsgeschehens zu sehen, denn das Experiment findet in einer sich nicht verändernden Umwelt statt (konstanter Luftstrom mit gleicher Richtung aus dem Windkanal), außerdem erfolgt die „Auslese" nur nach dem

Kriterium einer Kenngröße (Widerstand). Organismen mit ihren unzähligen Einzelleistungen müssen dagegen ihre „Tauglichkeit" in ständig veränderter Umwelt beweisen. Dennoch ist aus bionischer Sicht für technische Anwendungen bereits ein derart reduziertes Primitivmodell der Evolution nützlich. Bionik bedeutet nicht „sklavischen Nachvollzug" biologischer Prinzipien, sondern pragmatische Ausnutzung der durch die biologischen Vorlagen gegebenen Möglichkeiten technischer Anwendungs- und Auswertungsmöglichkeiten.

3.4.2 Bionische Optimierungsmethode: Evolutionsstrategie

Für das bionische Evolutions-Modell (oder Evolutions-Spiel) ist es gleichgültig, ob das „Tauglichkeits-Analogon" (Durchsetzungskriterium im biologischen Raum), d.h. die technische Qualität, aus der Verknüpfung mehrerer Größen (vgl. Beispiel in Abschn. 9.4.2.4) oder nur aus einer einzigen Meßgröße (Widerstand im Beispiel des Abschn. 3.4.1) gebildet wird.

Einschränkungen bezüglich der Selektionsgrößen treffen die gesamte Selektionsfunktion. Nicht jede denkbare, technische Qualität ist als Selektionsgröße für die Simulation der Evolution geeignet. Deshalb muß die Qualität eines technischen Objekts (als Selektionsgröße) zwei Bedingungen erfüllen:

(1) Zu jeder Einstellung der Variablen (Gelenkverstellung im Beispiel des Abschn. 3.4.1) muß eindeutig eine Qualität gehören (z.B. Widerstandsminderung im obengenannten Beispiel). Im Falle von Meßwertschwankungen ist das dann ein statistischer Mittelwert.

(2) Die Qualitätsfunktion muß das sogenannte „Glattheitspostulat" nach Rechenberg erfüllen.

Die Bedeutung des Glattheitspostulats soll hier an einem Beispiel klargemacht werden:

Ein technisches Gebilde bestehe aus nur zwei Verstellgrößen: den Objektvariablen O_1 und O_2 (z.B. bei einer Zweigelenkplatte).

Man kann mit den Variablen O_1 und O_2 eine Ebene aufspannen. Jeder Punkt auf dieser Ebene entspricht dann einer bestimmten Einstellkonfiguration des Objekts. Zu jeder Einstellung gehört nach den oben bezeichneten Bedingungen eine meßbare „Qualität". Dieser Qualitätswert wird senkrecht als Strecke zur Variablenebene aufgetragen. Das „Glattheitspostulat" wird durch die Qualitätsfunktion $Q(O_1, O_2)$ immer dann erfüllt, wenn bei dieser Auftragung ein deutlich sichtbares „Gebirge" entsteht. Je weniger das Gebirge zerklüftet ist, um so besser ist das Glattheitspostulat erfüllt. Es muß also ein „Ordnungszustand der Qualitätswerte" erkennbar sein. Dieser würde durch rein statistische Verteilung der Qualitätswerte im Zufallsprozeß nicht entstehen können. Ein Beispiel hierfür ist in Abb. 3.20 wiedergegeben. Hier wird mit den drei Objektvariablen O_1, O_2 und O_3 ein Raum aufgespannt, in welchem jeder Punkt die Form eines technischen Gebildes mit drei Verstellgrößen (z.B. Dreigelenk-Platte) repräsentiert. Die Qualität (d.h. der Widerstand der Gelenkplatte im Windkanal) ist als Dichte in dem betreffenden Raumpunkt realisiert zu denken.

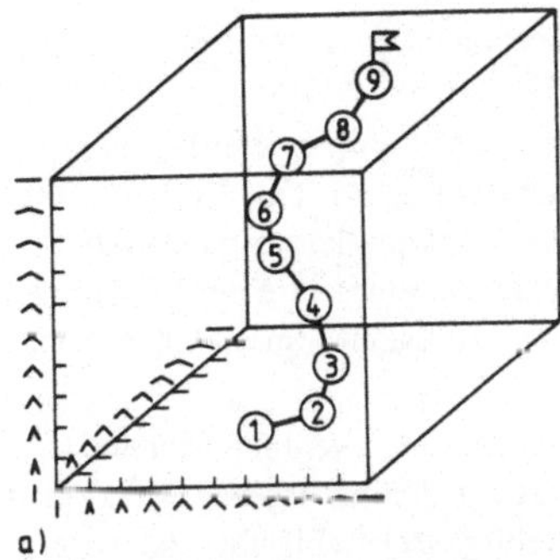

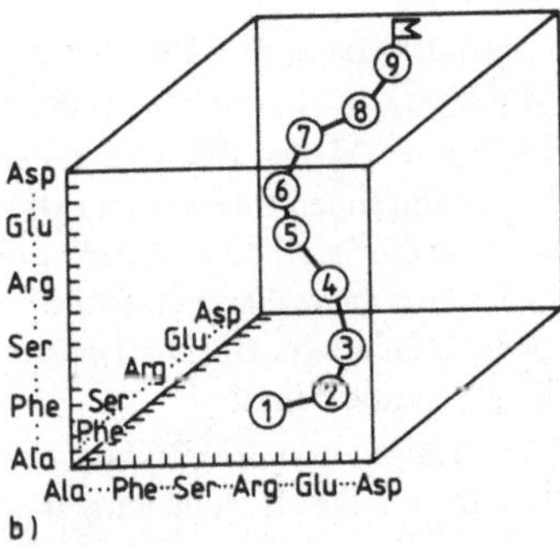

Abb. 3.20 Technischer (a) und biologischer (b) Variablenraum (Näheres vgl. Text, nach Rechenberg (1978))

Diesem technischen Beispiel ist ein biologisches Beispiel in Abb. 3.20 b gegenübergestellt. Der Variablenraum dort bezieht sich auf den Aufbau eines Eiweißmoleküls aus 20 Aminosäuren. Hier ist analog zur Winkelskala der Gelenkplatte im technischen Beispiel eine Aminosäurenskala konstruiert. In dieser liegen chemisch ähnliche Aminosäuren benachbart und unähnliche weit auseinander. Auch in diesem Raummodell besteht ein geglättetes Qualitäts-Dichtefeld.

Diese Konstruktion eines abstrakten Aminosäuren-Raumes kann formal auf n Dimensionen erweitert werden. Dabei ist n die Gesamtzahl der im Erbmaterial verschlüsselten Aminosäuren. Somit erhält man einen vollständigen, biologischen Variablenraum. Die „Tauglichkeit" aller möglichen Erscheinungsformen der Organismen bildet sich (bei Annahme einer konstanten Umwelt zum Zeitpunkt t_x) als stationäre Dichteverteilung in diesem Raum ab. Auf diese Art kann ein Denkmodell im abstrakten „Aminosäureraum" die Grundlage für eine Theorie der biologischen Evolution bilden:

(1) Eine Population von Lebewesen wird im Raummodell als zusammenhängende Punktewolke abgebildet.

(2) Ihre evolutionäre Höherentwicklung spiegelt sich als eine Bewegung der Punktewolke in Richtung ansteigender Tauglichkeitsdichte wider. Die Bewegung der Punktewolke verläuft nach Regeln, in deren Folge die Punkte in der Wolke neu entstehen bzw. beseitigt werden. Eine algorithmische Formulierung der Punkte-„sets" und der „Eliminationsregeln" im abstrakten variablen Raum wird durch die Rechenbergsche „Evolutionsstrategie" gegeben.

Die bereits exemplarisch beschriebenen, ersten Simulationsversuche (Gelenkplatte) wurden mit der sogenannten „zweigliedrigen Evolutionsstrategie" durchgeführt. Ihr Algorithmus ist

$$\mathbf{O}_N^g = \mathbf{O}_E^g + \mathbf{z}$$

$$\mathbf{O}_E^{g+1} = \begin{cases} \mathbf{O}_N^g & \text{für } Q(\mathbf{O}_N^g) \geqslant Q(\mathbf{O}_E^g) \\ \mathbf{O}_E^g & \text{sonst} \end{cases}$$

Verbal ausgedrückt heißt das: Der Vektor der Nachkommen $\mathbf{O}_N^g$ entsteht durch Addition des Zufallsvektors $\mathbf{z}$ zum Elternvektor $\mathbf{O}_E^g$.

Von den Vektoren $\mathbf{O}_E^g$ und $\mathbf{O}_N^g$ wird derjenige mit dem größeren (besseren) Qualitätswert zum nachfolgenden Elternvektor $\mathbf{O}_E^{g+}$ der „Generation“ g + 1. (Als Verbesserung wird dabei auch die Qualitätsgleichheit gewertet.) Der Ansatzpunkt zur quantitativen Aussage zur Konvergenz dieser einfachst möglichen Nachahmungsstufe der Evolution liegt im oben definierten „Glattheitspostulat“, das der „Stetigkeit“ im mathematischen Sinn gleichzusetzen ist.

Über einem nach gewissen Regeln konstruierten Variablenfeld (zweidimensionaler Variablenraum) soll die als Höhe aufgetragene Qualität ein Gebirge ergeben. Folgt man dem Weg des steilsten Anstieges, dann läßt sich ein Gebirge zielstrebig über den sogenannten „Gradientenweg“ besteigen (Verbindungslinie zwischen Start und Ziel der Optimierung). Man kann bei n-dimensionaler Erweiterung des Modells das Maß für die „Klettergeschwindigkeit“ wie folgt definieren:

$$\phi = \frac{\text{lokale Zielannäherung im Raumbereich R}}{\text{Zahl der benötigten Generationen}}$$

Wir nennen ϕ die Fortschrittsgeschwindigkeit der Evolutionsstrategie im Bereich R des Variablenraumes. Voraussetzung für ihre Berechnung ist die mathematische Form der Qualitätsfunktion Q ($\mathbf{O}$) Man kann nun annehmen, daß die Gesamtheit aller möglichen lokalen Gebirgsformen reduziert zwei Grundtypen ergibt: (a) ansteigender Grad, (b) kreisförmige Kuppe.

Abb. 3.21 zeigt sowohl eine Qualitätsfunktion mit Gradcharakter als Korridormodell als auch eine Qualitätsfunktion mit Kuppencharakter als Kugelmodell. Im Korridormodell ist nur das Innere der Säule des Korridors mit Qualitätsdichte erfüllt. Im Kugelmodell (Qualitätsfunktion mit Kuppencharakter) ist die dichte Kugel symmetrisch im Parameterraum verteilt. Sie steigt mit abnehmendem Kugelradius monoton an und erreicht im Kugelzentrum den maximalen Wert.

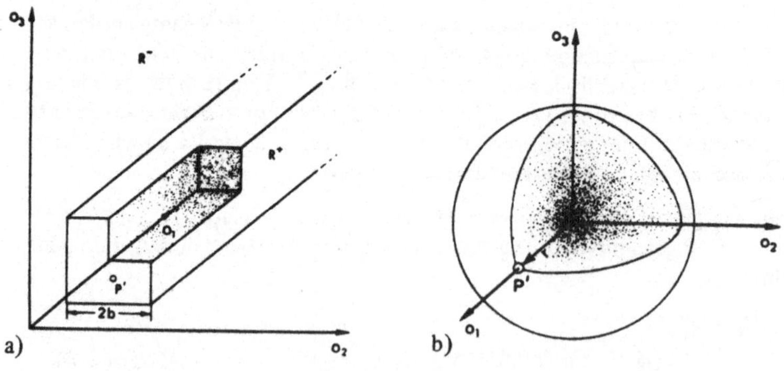

Abb. 3.21 Korridor- (a) und Kugelmodell (b) der Evolutionsstrategie (Naheres vgl. Text, nach Rechenberg (1978))

Rechenberg konnte für beide Modellfunktionen die Fortschrittsgeschwindigkeit ϕ berechnen. Dabei gehorchen die Komponenten des Zufallsvektors **z** einer $(0;\sigma)$-Normalverteilung. Wenn die Variablenzahl n groß ist, dann ergeben sich die asymptotischen Formeln:

Für das Korridormodell

$$\phi^* = \frac{s^*}{\sqrt{2\pi}}\, e^{-\frac{s^*}{\sqrt{2\pi}}} \quad \text{mit} \quad \phi^* = \frac{\phi_n}{b}, \quad s^* = \frac{\sigma_n}{b}$$

und für das Kugelmodell

$$\phi^* = \frac{s^*}{\sqrt{2\pi}} \left\{ e^{-\left(\frac{s^*}{\sqrt{8}}\right)^2} - \frac{\sqrt{\pi s^*}}{\sqrt{8}} \left[1 - \phi\left(\frac{s^*}{\sqrt{8}}\right)\right]\right\}$$

$$\text{mit } \phi^* = \frac{\phi\, n}{r}, \quad s^* = \frac{\sigma\, n}{r}.$$

Dabei ist ϕ das Gaußsche Fehlerintegral

$$\Phi(u) = \frac{2}{\sqrt{\pi}} \int_0^u e^{-z^2}\, dz.$$

Diese Formeln liefern zwei Aussagen:

1. Es existiert ein schärferes Maximum für die Fortschrittsgeschwindigkeit.
2. Es läßt sich die optimale Mutations-Streuweite O berechnen.

Abb. 3.22 illustriert den Verlauf des universellen Fortschrittsparameters ϕ^* als Funktion des universellen Schrittweitenparameters S*. Das schmale Band der für die Evolution effektiven Schrittweiten wird als „Fortschrittsfenster der Evolution" bezeichnet. Seine Existenz besagt:

„Evolution durch Mutation und Selektion tritt nur in einem sehr schmalen Mutationsschrittweiten-Bereich auf, die Richtung der Mutation muß dem Zufall überlassen werden, die Mutationssprungweite muß jedoch gezielt sein".

Es ist also festzustellen, daß zum Optimierungsprozeß der Evolution notwendigerweise auch die Optimierung der Mutationsrate gehört. Weiterhin ist die Größe der optimalen Mutationsstreuwerte σ wichtig. Das Maximum der Fortschrittsgeschwindigkeit beim Korridormodell erhält man für

$$\sigma_{opt} = \frac{\sqrt{8\pi b}}{n}$$

und beim Kugelmodell für

$$\sigma_{opt} = \frac{1.224\, r}{n}.$$

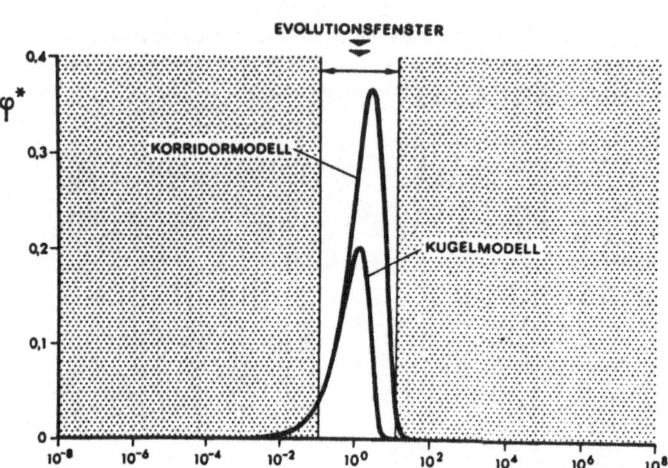

Abb. 3.22 Verlauf des universellen Fortschrittsparameters ϕ^+ als Funktion des universellen Schrittweitenparameters S^+ (nach Rechenberg (1978))

Die Evolution verliert sich nun nicht im multivariablen Raum der nahezu unendlich vielen Möglichkeiten, sondern sie diffundiert gleichsam auf einer Linie zum Qualitätsdichte-Maximum. Das ergibt sich aus folgendem: Es sei n wesentlich größer als 1. Die Gesamtschrittlänge γ einer Mutation im Variablenraum ist dann

$$\gamma = \sigma \cdot \sqrt{n} \quad (5)$$

Mit wachsender Variablenzahl n muß γ proportional mit 1/n abnehmen, damit das Evolutionsfenster nicht verlassen wird. Die Sprungweite der Mutation wird also sehr klein gegenüber der Breite 2 b des Korridormodelles bzw. dem Radius r des Kugelmodelles. Im Variablenraum findet die Höherentwicklung demnach in einem sehr dünnen Schlauch statt, und die Bahn, die die Evolutionsstrategie einschlägt, entspricht dabei dem Gradientenweg.

3.4.3 Algorithmen der Evolutionsstrategien

Die bisher diskutierte, zweigliedrige Evolutionsstrategie stellt ein stark idealisiertes Schema dar. Zur Abbildung der Algorithmen höherer Nachahmungsformen der biologischen Evolution benutzt Rechenberg symbolische Kartenspiele. In Abb. 3.19 wurde ein solches Kartenspiel bereits demonstriert. Spielzeichen für die weiteren Betrachtungen sind in Abb. 3.23 zusammengestellt. Ihre Bedeutung ist folgende:

1. Spielzeichen „Variablen-Satz“: Auf der einzelnen Karte sind die Einstellwerte der biologischen bzw. technischen Variablen in quarternär codierten Nucleotid-Basentripletts bzw. in Dezimalzahlen aufgetragen.

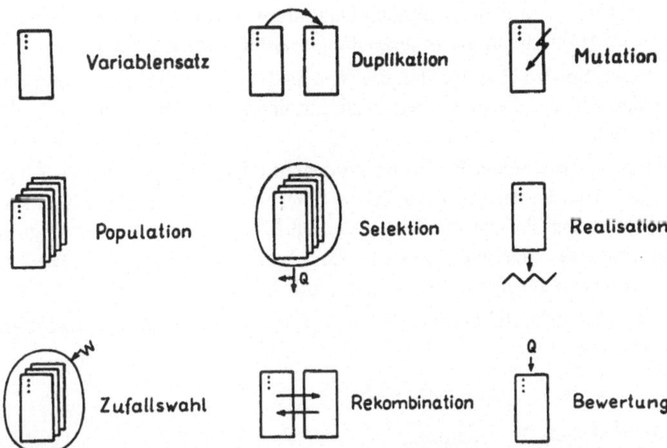

Abb. 3.23 Spielzeichen für Kartenmodelle der Evolutionsstrategie (nach Rechenberg (1978))

2. Spielzeichen „Population“: Der Kartensatz einer Generation enthält die Variabilität ihrer Individuen durch unterschiedliche Einstellwerte der Variablen auf der Einzelkarte.

3. Spielzeichen „Zufallswahl“: Hier werden nach gleichverteilten Wahrscheinlichkeiten Einzelkarten bzw. Populationen herausgegriffen.

4. Spielzeichen „Duplikation“: Hier wird die Information einer Karte bzw. einer Population auf eine zweite Karte bzw. auf einen zweiten Kartensatz kopiert.

5. Spielzeichen „Selektion“: Hier werden Karten selektiert, die einen höheren Qualitätswert Q aufweisen als der aus dem Prozeß herausfallende Rest (gleiches gilt für Populationen). Aus den Qualitäten Q der Individuen einer Population wird der Mittelwert $\bar{Q}$ gebildet.

6. Spielzeichen „Rekombination“: Es werden die variablen Werte der Karten bzw. die Individuen mehrerer Populationen vermischt. Die Variablen sind gekennzeichnet, und für den Aufbau einer Nachkommenkarte muß jede Variablen-Nummer genau einmal aus der Mischungsurne gezogen werden. Bei der Individuenmischung von Populationen wird so oft eine Karte gezogen, bis eine Population mit der ursprünglichen Anzahl wieder hergestellt ist. Mischungsregeln sind mathematisch einfach zu fassen.

7. Spielzeichen „Mutation“: Die variablen Werte eines Satzes werden mit normal verteilter Wahrscheinlichkeitsdichte geändert. Dabei können sämtliche oder aber auch nur einige, variable Nummern herausgewürfelt werden, die dann eine Zufallsänderung erfahren.

8. Spielzeichen „Realisation“: Die auf den Karten als Information aufgetragenen Einstellzustände der Objektvariablen werden realisiert (z.B. Einstellung einer Gelenkplatte).

9. Spielzeichen „Bewertung“: Die aus der neuen Einstellung der Objektvariablen

sich ergebenden und zu messenden Qualitäten Q werden auf den Karten vermerkt. (Hilfsoperation, die in der biologischen Realität nicht auftritt.)

Mit diesen Spielzeichen werden die verschiedenen Formen von Evolutionsstrategien aufgebaut. Einige dieser Strategien sind in den Darstellungen von Abb. 3.24 und 3.25 aufgeführt.

Alle hier beschriebenen Evolutionsstrategien tragen die gemeinsame Kurzbezeichnung μ λ. Hier bedeutet μ die Zahl der Eltern und λ die Zahl der Nachkommen in einer Generation. Das Pluszeichen bedeutet, daß Eltern und Nachkommen zusammen in die Selektionsurne eingebracht werden. Sind die Eltern nicht in die Auslese mit einbezogen, dann wird das Kommazeichen gewählt.

Alle in diesem Kapitel beschriebenen Evolutionsstrategien lassen sich unter der Kurzbezeichnung

$$[\mu'/\rho' \overset{+}{,} \lambda' (\mu/\rho \overset{+}{,} \lambda)] - \mathrm{ES}$$

zusammenfassen. Es bedeuten:

μ' = Zahl der Elternpopulationen

λ' = Zahl der Nachkommenpopulationen

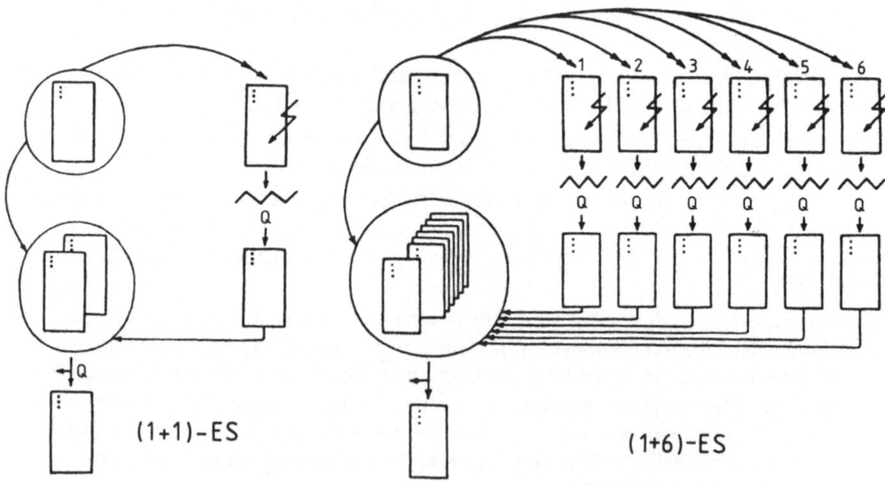

Abb. 3.24 (1 + 1)-gliedrige Evolutionsstrategie: Der Variablensatz eines Elters wird dupliziert. Das erhaltene Duplikat wird mutiert, realisiert und bewertet. Dann gelangen Elter und Nachkomme in eine Selektionsurne, aus der die qualitätsbeste Datenkarte ausgelesen und zum Elter der nachfolgenden Generation erklärt wird

Abb. 3.25 (1 + 6)-gliedrige Evolutionsstrategie: Der Variablensatz eines Elters wird sechs mal dupliziert. Die mutierten und nach der Realisation bewerteten Kartenduplikate gelangen zusammen mit der Elternkarte in die Selektionsurne. Die beste Datenkarte wird ausgelesen und zum Elter der nachfolgenden Generation erklärt

ρ' = Mischungszahl für Populationen

μ = Zahl der Elternindividuen

λ = Zahl der Nachkommenindividuen

ρ = Mischungszahl für Individuen

Man kann mit Hilfe von Digital-Rechenanlagen die Adaptationseigenschaft jeder der aufgeführten Evolutionsstrategien testen. Nach Rechenberg würde die Krönung der Theorie durch die Entwicklung einer allgemein gültigen Formel für die Fortschrittsgeschwindigkeit ϕ der $[\mu'/\rho' \overset{+}{,} \lambda' (\mu/\rho \overset{+}{,} \lambda)]$-gliedrigen Evolutionsstrategie im n-dimensionalen Variablen-Raum erreicht werden. Dies ist jedoch aus vielen Gründen sehr schwierig. Immerhin ist es speziell für das Qualitäts-Dichtefeld des Kugelmodells gelungen, Formeln für die Fortschrittsgeschwindigkeit ϕ der in Abb. 3.24 u. 3.25 dargestellten Evolutionsstrategien abzuleiten. Auf die recht umfangreiche Ableitung der Formel für die Fortschrittsgeschwindigkeit der (1,)-gliedrigen Evolutionsstrategie muß hier verzichtet werden. Für den Fall sehr vieler Variabler ($n \gg 1$) ergibt sich die Näherungslösung:

$$\phi^*_{1,\lambda} = s^* \, \Psi^{-1} \left(\sqrt[\lambda]{1/2} \right) - \frac{1}{2} \, s^{*2} \quad \text{mit} \quad \phi^* + \frac{\phi n}{r}, \quad s^* = \frac{\sigma n}{r}.$$

Dabei bedeutet Ψ^{-1} die Umkehrfunktion des in der Statistik gebräuchlichen Fehlerintegrals:

$$\Psi = \frac{1}{\sqrt{2\pi}} \int_{-\infty}^{x} e^{-t^2/2} \, dt .$$

Trägt man diese Funktion in das Diagramm Abb. 3.22 ein, dann zeigt der Vergleich mit den bereits bezeichneten Kurven einen sehr ähnlichen Verlauf (für positive ϕ-Werte). D.h. also, daß auch die (1,)-gliedrige Evolutionsstrategie das typische Fensterverhalten besitzt.

Kernpunkt der Darwinschen Evolution ist danach derjenige Mechanismus, der dafür sorgt, daß die Mutation genau die richtige Größe hat. Rechenberg hat auch hierfür einen Evolutionsalgorithmus mit Schrittweiten-Mutationen abgeleitet (vgl. Originalliteratur). Aus Raumgründen kann auf diese Algorithmen nicht näher eingegangen werden.

In Abschn. 9.4.2.4 wird die Anwendung der Rechenbergschen Evolutionsstrategie bei der Optimierung der Reizparameter eines in der Medizin eingesetzten Rezeptormodelles demonstriert.

Abschließend sei auf die bionisch-methodische Bedeutung der Rechenbergschen Theorie hingewiesen. Tab. 8 zeigt, mit welchen Evolutionsstrategien bislang technische Probleme in den verschiedenen Bereichen der Technologie behandelt und Funktions- bzw. Strukturoptimierungen erfolgreich durchgeführt werden konnten. Allein diese Auflistung der Lösung technischer Probleme mit Hilfe der Evolutionsstrategie zeigt, daß die biologische Evolution nicht ein unökonomisch verschwenderisches Zufallsspiel der Natur ist, sondern eine Strategie benutzt, die einem scharfsinnigen, mathematischen Optimierungsverfahren noch weit überlegen ist.

Tab. 8 Bionische Anwendung der Evolutionsstrategie zur Optimierung technischer Systeme

Strategie-Typ	Technischer Bereich	Optimierungsproblem
$(1, \lambda)$-ES	Lüfungstechnik	Strömungsgünstigste Kanalumlenkbögen, Leitschaufelanordnungen, Mengenverzweigungssysteme
$(1, \lambda)$-ES	Ventilatortechnik	Optimale Schaufelprofilform
(1+1)-ES	Baukonstruktionstechnik	Gewichtsminimale Fachwerke, Festigkeitsgünstigste Schalenform
(1+1)-ES	Reglungstechnik	Optimierung elektronischer und pneumatischer Regler
$(1, \lambda)$-ES	Getriebetechnik	Optimierung der Synthese eines Viergelenkgetriebes
$(1, \lambda)$-ES u. (μ, λ)-ES	Galvanische Technik	Optimale Rezeptur für galvanische Bäder
(1+1)-ES	Biomedizinische Technik	Optimale Steuerung einer Armprothese, Strömungsgünstigste Gestaltung eines Ventrikelmodells, Reizparameter-Optimierung von Nervenschrittmachersystemen
(μ, λ)-ES	Bauplanung	Entwurf kostengünstiger Rohrleitungsnetze für regionale und städtische Wasserversorgungssysteme

Weiterführende Literatur

Eigen, M., Schuster, P.: The Hypercycle. – A principle of natural selforganisation. Berlin–Heidelberg–New York: Springer 1979

Höfler, A.: Formoptimierung von Leichtbaufachwerken durch Einsatz einer Evolutionsstrategie. Diss. Tech. Univ. Berlin, D 83, (1976)

Körner, W. et al.: Optimierung der Geometrie quer angeströmter Rohrrippen hinsichtlich des Wärmeübergangs. Verfahrenstechnik 7 (1973) 109–113

Kuhn, H.: Evolultion: Modell der Selbstorganisation und präbiotischen Evolution; In: Hoppe, W. et al. (Hrsg.): Biophysik. Berlin–Heidelberg–New York: Springer 1977, 662–688

Mayr, E.: Evolution und die Vielfalt des Lebens. Berlin–Heidelberg–New York: Springer 1979

Muth, C.: Einführung in die Evolutionsstrategie. Regelungstechnik **30** (1982) 297–303

Rechenberg, I.: Vorschlag für einen automatischen Experimentator. Humanismus u. Technik **16** (1972) 138–147

Rechenberg, I.: Evolutionsstrategie – Optimierung technischer Systeme nach Prinzipien der biologischen Evolution. Stuttgart: Frommann-Holzboog 1973

Rechenberg, I.: Bionik, Evolution und Optimierung. Naturwiss. Rundschau **26** (1973) 465–472

Rechenberg, I.: Evolutions-Strategien. Med. Informatik und Statistik **8** (1978) 84–114

Schuster, P.: Vom Makromolekül zur primitiven Zelle, die Entstehung biologischer Funktionen. In: Hoppe, W. et al. (Hrsg.): Biophysik. Berlin–Heidelberg–New York: Springer 1977, 688–705

Schwefel, H.P.: Evolutionsstrategie und numerische Optimierung. Basel–Stuttgart: Birkhäuser ISR 26 (1977)

Schwefel, H.P.: Numerische Optimierung von Computermodellen mittels Evolutionsstrategie. Basel–Stuttgart: Birkhäuser 1977

4 Allgemeine Bioenergetik – Energetobionik

Die Bionik hat im Bereich der Energiewirtschaft und der Energietechnologie besonders wichtige Beiträge zu leisten. Gleichzeitig sind hier bionische Ansätze zur Problemlösung besonders schwierig. Diese Schwierigkeiten liegen in der Diskrepanz zwischen den Randbedingungen des Energiehaushaltes der Biosphäre und den Randbedingungen der Energiewirtschaft der technischen Welt.

Biologische Systeme sind derart in Nahrungsketten und -netze integriert, daß daraus ein „optimales" Gefüge von Regelung, Steuerung und Arbeitsverbund resultiert. Durch Recycling und Verbundsysteme bedingt, entstehen keine wesentlichen Energie- und Substanzverluste. Nettomäßig betrachtet, funktioniert das globale System des biologischen Energiehaushaltes mit sehr gutem „Wirkungsgrad" und (immer in Relation zur Technik gesehen) mit sehr geringen Verlusten an freier Energie. Organismen sind keine Wärmekraftmaschinen, der Carnotsche Begriff des durch Temperaturdifferenz definierten Wirkungsgrades läßt sich hier nicht anwenden. Der biologische Organismus setzt die chemische Energie des Nährstoffmoleküls unter Umgehung der Wärmebildung direkt in Arbeit um. Die Übertragung der chemischen Energie auf ein energie-ärmeres System kann man sich als mechanisches Modell sinnfällig machen: Zwei mechanische Federn haben unterschiedliche Spannung. Bei der Kopplung beider Federn miteinander wird die Energie der höher gespannten Feder auf die niedergespannte Feder übertragen: Der Spannungsausgleich würde praktisch ohne Verlust an freier Energie ablaufen, wenn Reibungsverluste vollkommen vermieden werden könnten. Dies ist selbstverständlich eine idealisierte Annahme.

Betrachtet man nun die energetischen Entwicklungen in der Biosphäre quasi „historisch", dann wird deutlich, daß der Mensch durch die von ihm zum Objekt gemachte Technik sehr bald aus dem energetischen Netzgefüge der durch Evolution stabilisierten „Nahrungsketten" heraustritt: Der Mensch schafft sich „technische Sklaven", die durch Energieentnahme aus der Umwelt „ernährt" werden müssen und die – außerhalb des natürlichen Nahrungskettensystems – materielle und energetische „Abfälle" liefern, Abfälle, die in solcher Art durch die Biosphäre nicht erzeugt werden und auch nicht wieder vollständig „aufbereitet" werden können.

Illustriert wird dieses durch ein von Knapp angegebenes Schema (vgl. Tab. 9). Hierbei wird deutlich, daß sich die Entwicklung vom primitiven zum technischen Menschen derart vollzog, daß der tägliche Gesamtenergiebedarf von ca. 2000 kcal pro Tag und Mensch auf 230 000 kcal/d.m. angestiegen ist. Der Mensch hält sich in der technischen Welt etwa 100 „technische Sklaven".

Die Bevölkerung auf der Erde steigt an, die Technik schreitet weiter voran, die Anzahl der globalen „technischen Sklaven" nimmt zu, und der Energieentzug aus der Umwelt zur „Ernährung" der „technischen Sklaven" steigt weiter. Gleichzeitig wächst aber

Tab. 9 Energieverbrauch pro Kopf in verschiedenen Entwicklungsstufen (nach Knapp (1977))

		kcal/d.m.	J/d.m.
Primitiver Mensch	kein Feuer vor 1 000 000 Jahren	2 000	8 402
Jäger	mehr Essen, Feuer zum Heizen und Kochen vor 100 000 Jahren in Europa	5 000	21 005
Ackerbauer	einfache Bepflanzung und Haustiere 5 000 v.Chr.	12 000	50 412
Ackerbauer	fortgeschritten mit Wasserkraft, bessere Heizung, Tiertransport in NW Europa um 1400	26 000	109 426
Industriemensch	mit Dampfmaschine in England um 1875	70 000	294 070
Technischer Mensch	Elektrizität, Auto, Flugzeuge Luxusgesellschaft in USA um 1970	230 000 entspricht 100 techn. Sklaven	966 230

auch die durch die technischen Sklaven abgegebene Abfallmenge, die durch autogene Mechanismen der natürlichen Umwelt nicht mehr aufbereitet werden kann.

Der Ausstieg des technischen Menschen aus der energetischen und stofflichen Bilanz seiner Umwelt zeigt schließlich noch Rückwirkungen auf eben diese Biosphäre: Langfristig wird die Bilanz der Sonnen-Einstrahlung und der Wärmeabstrahlung durch den Anstieg des CO_2-Gehaltes der Atmosphäre beeinflußt. Langfristig wird die (unter anderem CO_2-aufbereitende) Biomasse reduziert bzw. in der Entwicklung durch die nicht aufbereitbaren Abfälle der (bisherigen und heutigen) technischen Sklaven gehemmt (durch Vergiftung der Biotope). Die Artenvielfalt wird durch alle Maßnahmen bisheriger, industrieller Nahrungsproduktion eingeschränkt. Damit wird die Regulation und die steady-state-Einstellung innerhalb des globalen Nahrungsketten-Netzes der Biosphäre gestört, die von einer Artenvielfalt selbst abhängig ist.

Ohne hier weiter auf die oben erwähnten Diskrepanzen zwischen den Randbedingungen technischer Energiewirtschaft und biologischer Energiehaushalte einzugehen, ist die Frage zu stellen:

Welche Prinzipien und Prototypen biologischer Energiequellen, Energiespeicher, Energieträger und Energieverwertungsmechanismen sind für die bionische Anwendung, d.h. für technische Problemlösungen, interessant? (Interessant für den heute möglichen Technologietransfer aus dem biologischen in den technischen Raum.)

Vor einer systematischen Behandlung dieser Fragen ist es nützlich, den Energiedurchsatz der Biosphäre aus technisch-ökonomischer Sicht zu betrachten. Das soll in zwei Ebenen geschehen:

(1) Speicherbeladung und Speicherentladung fossiler Energieträger

(2) Technisch-wirtschaftliches Wachstum und Anstieg des Energieverbrauches durch die technische Welt.

4.1 Bilanzbetrachtung zu den fossilen Energiequellen

Biologische Umwandlungssysteme arbeiten auf der Basis der Photosynthese mit Hilfe des Sonnenlichts. Abschätzungen ergeben, daß jährlich ca. 10^{11} t Kohlenstoff durch die Biosphäre fixiert und in Form chemischer Energie gespeichert und umgewandelt werden. Ein Teil der gespeicherten Energie wird zur Aufrechterhaltung der Lebensfunktionen benötigt. Der Rest, hier als Nettoprimärproduktion bezeichnet, wird über die Nahrungskette durch andere Organismen genutzt. Die in der Biomasse gebundene Energie wird in den Umwandlungsschritten der Nahrungskette von den Konsumenten unter hohen Verlusten weiterverwendet. Jeder Konsument kann nur etwa ein Zehntel der fixierten Energie der Biomasse durch die Nahrungsaufnahme in höherwertige organische Verbindungen umwandeln. Andererseits werden niederwertige Verbindungen, Ausscheidungen und abgestorbene Organismen durch die Vernetzungssysteme der Nahrungsketten-Systeme bis hin zu den Mikroorganismen weiter umgesetzt.

Es soll hier auf die Angabe von zahlenmäßigen Werten verzichtet werden. Der Leser wird bei Durchsicht gutachterlicher Berechnungen zu diesem Problem, je nach Quelle der Daten und Einbindung der Gutachter in die jeweiligen Interessengefüge, sehr unterschiedliche Angaben finden. (Es sei an die konträr ausbalancierten Gutachteraussagen anläßlich der Befragung des Landes Niedersachsen zum Wiederaufbereitungsproblem erinnert!) Auf der anderen Seite ist jede Abschätzung auch bereits aus methodischen Gründen sehr schwierig. Wenn dennoch einige wenige quantitative Werte angegeben werden, möge der Leser diese mit Vorbehalt zur Kenntnis nehmen.

Es wurde z.B. für die Energiebilanz eines Steppensees errechnet, daß etwa 10 % der auf den Seegrund abgesunkenen Substanzen abgestorbener Pflanzen und Tiere nicht durch Bakterien und Protozoen verbraucht werden. Man könnte diese Kalkulation „modellmäßig“ für die Entstehung fossiler Energielager (Kohle, Erdgas und -öl) über Jahrmillionenzeiträume heranziehen. Dabei ist der „Steppensee“ ein durchaus insuffizientes Modell. Denn es muß berücksichtigt werden, daß nicht nur die Photosynthese bei der historischen Betrachtung der Evolution als Primärenergiequelle zu betrachten ist. Neuere Befunde – in Konsequenz der modernen Genetik – geben Anlaß zu der Vermutung, daß in den Anfangsphasen der Evolution z.B. die sogenannten Archae-Bakterien einen wesentlichen Anteil an fossilen Ablagerungen gehabt haben können.

Archae-Bakterien können ohne Zufuhr von Sonnenenergie und organisch-chemischer Substanz auskommen. So können bekanntlich die verwandten Gruppen von Thermoproteus mit Hilfe der Bildungsenergie von Schwefelwasserstoff autotroph leben: Sie decken ihren Kohlenstoffbedarf aus CO_2 unter Bildung von H_2S aus H_2 und S. Überschlagsmäßig gerechnet, werden heute etwa $0.1 \cdot 10^9$ kWh aus dem globalen Energiedurchsatz der Biosphäre an Netto-Primärproduktion gespeichert. Vereinfacht kann man wie folgt bilanzieren:

(1) Die „Speicher-Füllung“ mit biologisch-organisch gebundener Energie und

(2) die „Speicher-Entleerung“ durch Ausbeute der über Jahrmillionen gespeicherten fossilen Energieträger sind in ein Verhältnis zu setzen.

Wenn man zugrunde legt, daß im Jahre 1970 die technische Welt fossile Energie von etwa $55 \cdot 10^{12}$ kWh verbraucht hat, dann läßt sich folgende „Modell"-Rechnung sinnfällig machen: 1 „Quantum Energie" tropft in den globalen Speicher fossiler Energie, und gleichzeitig werden etwa 500 000 „Quanten Energie" abgezapft. Der Speicher wird also mit außerordentlich hoher Rate entleert. Man hat jedoch abgeschätzt, daß Steinkohlenvorräte weltweit noch den Energiebedarf der nächsten 200 Jahre decken können. Aus Objektivitätsgründen sollten jedoch diese 200 Jahre zu den Jahrmillionen der „Speicherfüllung" in ein Verhältnis gesetzt werden. (Ein über Tage hinweg gefüllter Speicher wird innerhalb einer Sekunde entleert.)

Auch eine andere Sicht ist möglich: Die gesamte Trockenmasse aller derzeit lebenden Pflanzen wird auf $1.85 \cdot 10^{12}$ t geschätzt, der Vorrat an fossilen Brennstoffen auf 10^{13} t. Daraus ergibt sich, daß die fossilen Energieträger nur etwa die 10fache Menge der Energie der heutigen Biomasse in sich gespeichert haben.

4.2 Energiewirtschaftliche Bilanzierung und Bionik

Die Aufgaben der Bionik liegen im energietechnischen Bereich auf zwei verschiedenen Ebenen:

(1) Bemühungen zur Entwicklung alternativer und regenerativer Energiequellen

(2) Bemühungen um energetisch-technische Verbundsysteme mit dem Ziel, den rationellen Umgang (sparsamer Verbrauch) mit Energie zu einer Energiequelle zu gestalten. Hierzu gehören auch jene Maßnahmen, die durch baulich-strukturelle Veränderungen den Verlust an Heiz- und Prozeßwärme eindämmen.

Die Schaffung geeigneter Verbundsysteme hat gleichzeitig das Ziel, die Einwirkungen von Emission und Immissionsprodukten (CO_2, H_2S, Stickstoffverbindungen) auf die Umwelt zu reduzieren und diese Produkte selbst als Ressourcen der Technik für Produktionsprozesse zu nutzen.

Wie weiter unten dargestellt, finden sich in der belebten Welt hierzu vielfältige „Vorbilder".

5 Spezielle Energetobionik

Aus der in den vorangehenden Abschnitten geschilderten Problematik können bestimmte Konsequenzen und Leitwerte für bionisch-technische Bemühungen erhoben werden:

(1) Leitwert Versorgung: Bei Fortschreibung bisheriger, energie-technischer und -wirtschaftlicher Entwicklungen ist ein steigender Energiebedarf bei hohen Kostenentwicklungen abzusehen. Bionisch-technische Bemühungen können zu gesicherten und kostenmäßig gleichbleibenden Entwicklungen führen.

(2) Leitwert Sicherheit: Bei Fortschreibung bisheriger Entwicklungen wird die Störanfälligkeit komplexer und zentralisierter Industriestrukturen zunehmen. Umweltschäden sind schon heute nicht mehr zu bewältigen. Ressourcen werden erschöpft. Bionisch-technische Bemühungen können zu Sicherheit, Reduktion der Umweltschäden und zu regenerativen Energiequellen führen.

(3) Leitwert Aktionsfreiheit und -wirksamkeit: Bei Fortschreibung bisheriger Entwicklungen ergeben sich zunehmend Importabhängigkeit, Entwicklung technischer Mammutstrukturen und ineffiziente Nutzung. Bionisch-technische Bemühungen können zur Unabhängigkeit von Importen führen und gleichzeitig dezentrale (über Verbundsysteme), sichere und lokal angepaßte Energiequellen und -verbrauchsquellen schaffen (Sonne, Wind, Wasser, Geothermen, Abfallaufbereitung).

(4) Wandlungsfähigkeit: Bei Fortschreibung bisheriger Entwicklungen ist eine den modernen, technischen Fortschritten und dem damit veränderten Bedarf angepaßte Wandlung von Energieerzeugung und -nutzung nur schwer und unter hohen Kosten (Investitionen und Mammutanlagen haben sich noch nicht amortisiert) möglich. Bionisch-technische Bemühungen können solche Anpassungskosten mindern und Technologietransferraten erhöhen.

5.1 Energiequellen und Energietechnik lebender und technischer Systeme

Die Gegenüberstellung biologischer und technischer Prinzipien der Energiequellen und ihrer Nutzung soll hier in kurzen Zusammenfassungen aufzeigen, welche bionischen Auswertungsmöglichkeiten bestehen. Ausführliche, biochemische und bioenergetische Betrachtungen und Beispiele für bionische Nutzungsergebnisse können aus Raumgründen nicht aufgeführt werden und sind der weiterführenden Literatur zu entnehmen.

5.1.1 Struktur der biologischen Energieversorgung

Im Gegensatz zur Technik besteht in Biosystemen ein mehr oder weniger geschlossener Kreislauf der Energieträger (organische Kohlenstoffverbindungen). Ferner wird das einheitliche Trägerprinzip potentieller, chemischer Energie in Form der energiereichen Phosphate (z.B. Adenosintriphosphat = ATP) zur Lieferung chemischer, mechanischer, elektrischer und osmotischer Arbeit sowie für biochemische „Prozeßwärme-Erzeugung" genutzt. Diese Energiewandler arbeiten isotherm, dezentral am jeweiligen Verbrauchsort und nutzen Verlustenergien durch Kopplung („Prozeßwärme") und Vernetzung sowie Recycling weiter aus.

5.1.1.1 Erzeugung und Verbrauch der Primärenergie

Die autotrophen Pflanzen sind ein Primärenergieerzeuger der biologischen Nahrungskette. Sie setzen unter Nutzung der Sonnenstrahlungsenergie anorganische Verbindungen (Salze, H_2O und CO_2) in organische Substanz um. Andere Primärenergieerzeuger, wenn auch nicht vergleichbar quantitativer Bedeutung, sind photosynthetisierende (z.B. Bakteriorhodopsin) und chemosynthetisierende Bakterien (z.B. Oxidation von H_2S).
Diese autotrophen Systeme versorgen über die Nahrungskette die heterotrophen Systeme, z.B. der Tierwelt, mit energiereichen, organischen Stoffwechselsubstraten. Letztere liefern bei ihrem Umsatz Strukturelemente für tierische Zellen und Energie für die funktionelle Leistung (z.B. ATP).
In der Technik existieren lediglich Systeme, die sich mit den ausschließlich primärenergieverbrauchenden, zoologischen Organismen vergleichen lassen (sieht man von den noch gering entwickelten oder geringgradig an der Energieversorgung beteiligten Systemen der direkten und indirekten Sonnenenergienutzung ab).

5.1.1.2 Kreislauf der Energieträger

Die Verbindung zwischen den autotrophen und heterotrophen Systemen wurde oben erwähnt: Die Tierwelt bezieht Kohlenstoffverbindungen aus der Pflanzenwelt. Nach Abbau dieser Primärenergieträger gelangt der Kohlenstoff als CO_2 in die Atmosphäre (Atmung) und steht dort zum erneuten Aufbau pflanzlicher Substanz zur Verfügung. Sauerstoff fällt als Nebenprodukt der Photosynthesereaktion an. Er wird von der Tierwelt für den oxidativen Stoffwechsel benötigt. Es besteht somit ein nahezu geschlossenes System, welches den Energieträger Kohlenstoff im Kreislauf mit Energie be- und entlädt.
Bei technischen Prozessen handelt es sich zur Zeit überwiegend um offene Systeme, bei denen z.B. Abwärme oder Emissionen an die Umwelt abgeführt werden.

5.1.1.3 Einheitliches, biologisches Energieträger-System

Sowohl bei den autotrophen als auch bei den heterotrophen Systemen ist die Energiespeicherung nach einheitlichem Prinzip organisiert. Energieträger ist das Adenosintriphosphat (ATP). Es wird von autotrophen Systemen im Verlauf der Photosynthese und bei heterotrophen Systemen zusammen mit dem Abbau von Kohlenwasserstoffen synthetisiert. Dieser Energieträger wird dezentral jeweils im Ausmaß des Bedarfs synthetisiert und verbraucht. Er läßt sich als chemischer Energieträger speichern. so daß bei dezentralem Ausfall des Stoffwechsels über einige Zeit eine Reserveenergiekapazität besteht.

5.1.1.4 Isotherme Arbeitsweise biologischer Energiewandler

Die lebende Zelle kann als Wärmekraftmaschine keine Arbeit leisten, da zwischen den einzelnen Teilen einer Zelle und zwischen verschiedenen Zellen selbst keine bedeutenden Temperaturdifferenzen bestehen. Lebende Systeme arbeiten deshalb isotherm, sie nützen die Gibbssche freie Energie chemischer Verbindungen aus. Das Arbeitsmaximum ist jeweils abhängig von der Vorrichtung, die für die Energiewandlung vorhanden ist. Der Wirkungsgrad ist dabei außerordentlich hoch. Er läßt sich mit dem technischer Brennstoffzellen und galvanischer Elemente vergleichen. Bei letzteren fließen jedoch Elektronen, während in der Biologie elektrische Ströme ohne direkte Elektronenleitung durch Ladungsträgertransport (unter ATP-Abbau) erzeugt werden.

5.1.1.5 Dezentrale Energiewandlung in Organismen

Die chemische Energie des einheitlichen Energieträgers ATP wird in komplexen Mechanismen biologischer Systeme direkt am Verbrauchsort in die benötigte Energieform umgewandelt (z.B. mechanische Arbeit: Muskel; elektrische Arbeit: Elektroplaques bestimmter Fische; osmotische Arbeit: Niere; oder Umwandlung in Strahlungsenergie: Lumineszenz).

Im Gegensatz zur Technik gibt es im biologischen System kein Monopol zentraler Kraftwerke und auch kein Monopol zentraler „Antriebsmaschinen“, die die Hauptaggregate Herz, Lunge usw. über entsprechende Transmissionseinrichtungen antreiben. Biologische Systeme produzieren oder transportieren daher niemals punktweise große Energiedichten. Der Ausfall eines Knotenpunktes kann über Nebenwege kompensiert werden.

5.1.1.6 Nutzung der Verlustenergie

Betrachtet man die Nahrungskette des Meeres ausschließlich unter dem Gesichtspunkt des Selbstzwecks, dann erscheint die globale Energieausnutzung auf den ersten Blick uneffektiv, da hier ein Wirkungsgrad von nur 10 % pro Glied existiert. (10000 kg Algen bieten z.B. die Grundlage für 1000 kg Zooplankton. Zooplankton wird in 100 kg Hering umgewandelt, die Masse dieser Tiere wiederum in 10 kg Makrelen, die endlich als 1 kg Thunfisch enden. 1 kg Thunfisch wird vom Menschen in 100 g Körpersubstanz umgewandelt.)

Es liegt nahe, menschliche Nahrung möglichst effektiv aus den ersten Gliedern der Nahrungsketten zu gewinnen (vgl. Abschn. 10, Ökobionik und Biotechnik). Objektiv müssen aber die einzelnen Glieder der Nahrungskette als „elementare Einzelbetriebe“ betrachtet werden. So ist vom Fisch Muskelarbeit über weite Strecken aufzuwenden, um Nahrung aufnehmen zu können. Gleichzeitig ist an den Energieaufwand zum Schutz vor der feindlichen Umwelt und der Sicherung der Nachkommenschaft zu denken. In technischen Anlagen werden ähnliche Leistungen als „Nutzarbeit“ auftreten. Hier sind sie in der Bilanz nicht enthalten.

Dennoch arbeiten die Glieder der Nahrungskette höchst effektiv, wenn man berücksichtigt, daß im Gegensatz zur Technik der Energieverbrauch hochgradig rational erfolgt: Tiere hätten z.B. einen wesentlich hoheren Energieverbrauch, wenn sie die Reibungswärme mit aufwendigen Kühlaggregaten beseitigen und gleichzeitig die Körpertemperatur durch Zusatzheizung erhalten müßten. Hier wird eine Minimierung des Energiebedarfs, z.B. durch die Prinzipien der Kraft-Wärme-Kopplung und der Wärmetauscher, gewährleistet (vgl. weiter unten). Außerdem wird in der belebten Welt Energie- und Stofftransport kaum in separaten Leitungssystemen geleistet. In der Technik sind dagegen aufwendige Netze für die Versorgung mit Strom, Gas, Wasser, Materialien sowie für die Abfuhr von Abwasser und Müll notwendig. Dies wird im Tierreich durch ein einheitliches System der Blutbahn geleistet. In der belebten Welt ist das Prinzip der Kopplung im Gegensatz zur Technik sehr hoch evolutioniert: Z.B. gekoppelte, chemische Reaktionen bei der Primärenergieumwandlung, Symbiose verschiedenster Pflanzen- und Tiergemeinschaften oder Gesamtökologie der Natur.

5.1.2 Energiespeicherung

Energiespeicher sind in der Technik als technisch-physikalische Anlagen zu verstehen, die in der Lage sind, Energie aufzunehmen, zu speichern und damit eine zeitliche, aber auch örtliche Verschiebung im Energiefluß durchzuführen und wieder abzugeben. Man unterscheidet zwischen Spitzenlastspeichern für momentan notwendige, große Leistungsdichten und Langzeitspeichern für die Ausnutzung periodisch anfallender Energie (z.B. Sonnenenergie im Tag-Nacht- und Jahreszeitenrhythmus). Ferner lassen sich primäre Energiespeicher definieren, welche Schwankungen des Angebotes zeitlich ausgleichen. Die Speichergüte ist eine Funktion der Speicherkapazität, des Raumbedarfs, der Lade- und Entladezeiten usw. Der Speicherwirkungsgrad ist ein gemeinsames Kriterium aller Speichertypen: der Quotient aus der Energie, die dem Speicher zugeführt werden muß und der Energie, die dem Speicher entnommen werden kann. Der Speicherwirkungsgrad hängt von den Umwandlungsverlusten (zugeführte Energie wird im Speicher in eine andere Energieform umgewandelt) und von den Speicherdauerverlusten ab. (Wärmespeicher sind stark zeit- und temperaturabhängig.) Vor allem die Kriterien der spezifischen Speicherkapazität (Energie/Gewichtseinheit) und der zeitabhängigen Verluste (Energieverluste/Zeiteinheit) sind in Biosystemen von ausschlaggebender Bedeutung. Deshalb haben sich in der Evolution chemische Energiespeicher als vorteilhaft erwiesen: Speicherung von Energie in chemischen Verbindungen gewährleistet einen leichten Transport der Speichermasse und eine leichte Lagerung.

5.1.2.1 Chemische Energiespeicher

Die Evolution hat für die chemische Energiespeicherung biologischer Systeme eine Vielzahl verschiedener chemischer Verbindungen und verflochtener Reaktionszyklen entwickelt. Die jeweils verwendete Speichermasse wird vom Einsatzbereich, d.h. von den spezifischen Anforderungen, bestimmt. Vergleicht man z.B. Depotfett und Glukose als „Flugtreibstoff", dann zeigt Depotfett insofern Vorteile, als hier in einem Gramm Substanz eine spezifische Energie steckt, die etwa doppelt so hoch ist wie die der Kohlehydrate. Neben der relativ geringen, absoluten Energiedichte der Kohlehydrate besteht ein weiterer Nachteil darin, daß sie als Reservestoffe oft nur in wassergelöstem Zustand speicherbar sind. Depotfett ist dagegen praktisch wasserfrei. Aufgrund ihrer optimalen spezifischen Speicherkapazität sind Fettdepots im Tierreich die am meisten verwendeten Speicherformen.

Der Rubinkehlkolibri legt beim Vogelzug mindestens 800 km zurück. Vor dem Zug speichern diese Tiere bis zu 50 % ihres Körpergewichts (ca. 2 g) Fettvorräte. Der 18-Stunden-Flug über 500 km benötigt also einen Fettvorrat von 2 g. Dabei werden die Flügel als Triebwerk 3.24 millionenmal auf- und abgeschlagen. Der Kreislauf und die Atemsysteme laufen auf Höchsttouren.

Bei Warmblütern hat das unter der Haut abgelagerte Fett gleichzeitig eine energetisch wichtige Funktion als Isolator gegen Wärmeverluste.

Die spezifische Speicherkapazität biologischer Fette liegt knapp über den Werten für konventionelle Kraftstoffe.

5.1.2.2 Glykogen als Energiespeicher

Glukose gelangt über den Magen-Darm-Trakt und die Blutbahn zum Lebergewebe verschiedener Tierarten. Dort werden Glukosemoleküle polymerisiert, d.h. hunderttausend Glukoseeinheiten bilden schwerlösliche Leberstärke: Glykogen. Die Hauptglykogendepots befinden sich jedoch nicht in der Leber, sondern in den Muskeln, d.h. dezentral und direkt am Verbrauchsort und lassen sich schneller aktivieren als die Fettreserven, die über die Blutbahn zum Verbrauchsort antransportiert werden müssen. Die Wirkungsgrade aller Abbauprozesse zur Energiegewinnung in Form des Energieträgers ATP liegen im Bereich von etwa 40 %.

Bei außergewöhnlicher Belastung werden die Reservestoffe des Muskels aktiviert (technischer Vergleich: Zuschaltung eines zusätzlichen Stromlieferanten im elektrischen Verbundnetz). Dabei ergeben sich unvermeidbare „Schaltzeiten“ für die Abbaureaktion. Diese Zeitspanne wird auch in der Natur durch „Notstromaggregate“ überbrückt.

5.1.2.3 Kreatinphosphat-Speicher zum Einsatz bei erhöhter Beanspruchung

Neben dem Muskel-ATP gibt es ein weiteres, energiereiches Phosphat: das Kreatin-Phosphat (KTP-KDP-System). Beim Muskel ist ATP die eigentliche, energieliefernde Substanz, der kleine Vorrat dieser Verbindung in der Zelle muß permanent sehr rasch nachgefüllt werden. Dies geschieht aus der aeroben bzw. anaeroben Glykolyse.

5.1.2.4 Milchsäuregärung als Puffer für kurzzeitige Höchstbelastungen

Das Produkt der Glykolyse, die Brenztraubensäure, wird in Gegenwart von Sauerstoff zu CO_2 und H_2O endabgebaut. In Abwesenheit von Sauerstoff, d.h. bei hochgradiger, momentaner Belastung, z.B. des Skelettmuskelsystems, endet die Glykolyse bei der Brenztraubensäure, die schließlich zur Milchsäure umgewandelt wird. Bei dieser Milchsäuregärung werden nur 7 % der Gesamtenergie aus der Glukose gezogen (Gesamtglykolyse ca. 40 %). Die relativ ineffektive Milchsäuregärung gewährleistet jedoch, daß z.B. die Muskulatur auch bei vollständiger Abwesenheit oder beträchtlichem Mangel von Sauerstoff noch aktiv sein kann, wenn auch nur mit sehr viel geringeren Wirkungsgraden. (Die anfallende Milchsäure wird entweder in der Leber wieder zu Glykogen aufgebaut: biochemisches Recycling oder direkt von Organsystemen mit permanenter Arbeitsleistung (Herz, Zwerchfellmuskel und Niere) genutzt.)

5.1.2.5 ATP als Kurzzeitspeicher

Der Mensch setzt bei mittlerer Arbeitsbelastung als Erwachsener pro Tag etwa 82 kg ATP um (das entspricht ungefähr seinem Körpergewicht). Allerdings ist im Körper jeweils nur eine Gesamtmenge von 34 g ATP momentan verfügbar. Daraus errechnet sich eine Lebensdauer von 36 Sekunden für ein ATP-Molekül, d.h. es wird pro Tag 2412mal umgesetzt. Das ATP steht für jede Form der innerhalb einer Zelle zu verrichtenden Arbeit zur Verfügung (osmotische Arbeit an der Zellmembran, chemische Synthesearbeit im endoplasmatischen Retikulum, mechanische Arbeit durch kontraktile Filamente). Damit ist es mit dem einheitlichen Energieträger eines Haushaltes in Industriestaaten, dem elektrischen Strom, zu vergleichen. Allerdings mit einem Strom, der dezentral im jeweiligen Haushalt erzeugt wird und der die dabei entstehende Abwärme (Kraft-Wärme-Kopplung) wiederum dem Haushalt zur Verfügung stellt.

5.1.3 Biologische Methoden der Wärmespeicherung

Lebende Systeme passen entweder ihren Stoffwechsel der Umgebungstemperatur an (Poikilothermie) oder sie richten Wärmeproduktion und Wärmeabgabe an die Umwelt so ein, daß ständig eine optimale Korpertemperatur erhalten bleibt: Homoiothermie. Der Wohn- und Industriebereich des technischen Menschen ist am ehesten mit der homoiothermen Tierwelt zu vergleichen. Die Evolution hat bei diesen Arten geeignete Strukturen und Mechanismen entwickelt, die eine Temperaturkonstanz bei geringstmöglichem Energieaufwand gewährleistet: Ausbildung von Isolationsschichten, Ausbildung von Wärmetauschanlagen, thermische Zonung, spezifische Stoffwechseleinrichtungen zur Wärmeproduktion.

Die Unterhautschicht des tierischen Körpers ist zumeist als Fettdepot aufgebaut und wirkt aufgrund ihrer geringen Wärmeleitfähigkeit als Wärmeisolation. Vor der kalten Jahreszeit wird diese Schicht durch vermehrte Aufnahme von Fetten angereichert.

Die Mechanismen der tierischen Thermoregulation sind komplexer Natur und müssen an anderer Stelle nachgelesen werden. Am Wärmeübergang sind im allgemeinen die Vorgänge der Wärmeleitung, der Konvektion und der Strahlung beteiligt. Physikalisch ist die übergehende Wärmemenge Q durch den Ansatz

$$Q = -a \cdot A \cdot t \cdot \Delta T$$

zu berechnen. (Dabei ist Q die übertragene Wärmemenge in Joule, A die Fläche in m^2, t die Zeit in Sekunden und a die Wärmeübergangszahl Joule pro m^2 und Sekunden und Grad Kelvin. ΔT ist die Temperaturdifferenz zwischen Körper und Umgebung.)

Nicht nur durch eine geeignete Isolation, sondern auch durch weitere Mechanismen, die den Wärmetransport steuern, bewirkt der Warmblüterorganismus einen möglichst geringen Wärmeverlust bei tiefer Umgebungstemperatur und eine höhere Wärmeabgabe bei hoher Umgebungstemperatur. Im Gegensatz zur Technik werden dabei Meßfühler benutzt, die in sogenannte Kalt- und Warmrezeptoren zu unterteilen sind. Die Kennlinien dieser Rezeptoren durchlaufen in unterschiedlichen Temperaturbereichen jeweils eine Maximumkurve und sind nicht, wie solche der Technik, linear.

Warmblüter können sich durch folgende Mechanismen gegen eine zu starke Abkühlung schützen:

(1) Erhöhte Wärmeproduktion: Durch gesteigerte Sauerstoffaufnahme, erhöhten Stoffwechselumsatz und motorische Bewegung wird Wärme erzeugt und die bei höherem Temperaturgefälle stärkere Wärmeabgabe durch eine erhöhte Wärmeproduktion ausgeglichen. Gleichzeitig wird jedoch durch Umschaltung der Hautdurchblutung der Wärmeabtransport aus dem Körperzentrum in die Körperperipherie gedrosselt.

(2) Gegenstromprinzip und Wärmeaustauscher: In Kaltwasserregionen lebende Tiere (z.B. der Walfisch, die Möwe usw.) haben ihr Blutgefäßsystem nach dem Prinzip des Gegenstromwärmeaustausches organisiert (vgl. Abschn. 7.1.5.2 und Abb. 5.1); Flossen und Beine dieser Tierart sind thermisch mangelhaft isoliert, da dies die Beweglichkeit zu stark hemmen würde. Sie würden damit unerwünschte Wärmebrücken darstellen, wenn nicht das Arterien- und Venensystem so angeordnet wäre, daß das vom Herzen kommende, arterielle Blut vor dem Einstrom in die peripheren Gliedmaßen seine Wärme an das aus der Peripherie kommende, venöse Blut abgeben würde. Dadurch verringert sich entsprechend die Wärmeabgabe dieser Glieder nach außen. (So kann die Bluttemperatur im Fuß der Möwe bei niedriger Außemtemperatur auf fast 0 °C absinken.) Der vom Blut getragene Sauerstofftransport durch Hämoglobin ist dabei so angepaßt, daß bei niederer Temperatur die Sauerstoffabgabe stark reduziert, die -aufnahme jedoch erhöht ist (vgl. auch

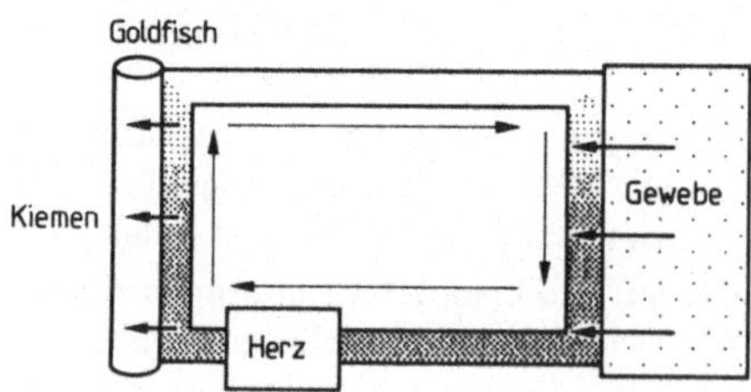

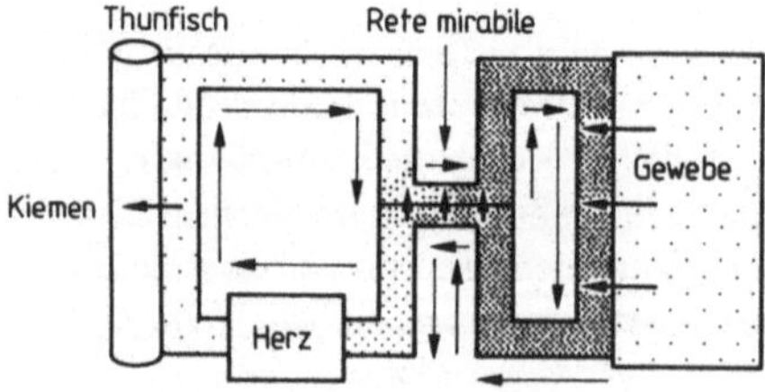

Abb. 5.1
Wärmetauscherprinzipien in den Blutkreisläufen von Goldfisch (oben) und Thunfisch (unten). Beim Thunfisch gibt das aus der Muskulatur und dem stoffwechselnden Gewebe kommende Blut seine Wärme an das in der Kiemenstrombahn abgekühlte Blut, bevor es über das Herz zu den Kiemen gelangt

Kiemendurchblutung über Wärmetauscher bei Fischen in Abschn. 7.1.5.2). Andere Fische in den südpolaren Gewässern haben sich dem Kaltwasserleben angepaßt, sie leben ohne rote Blutkörperchen und transportieren den Sauerstoff in gelöster Form in der zirkulierenden Flüssigkeit ihrer Adern. (Löslichkeit des Sauerstoffs in Wasser ist bei niedriger Temperatur größer als in Wärme.) Solche Fische tolerieren Temperaturen bis zum Gefrierpunkt des Seewassers (- 1.8°), ohne zu gefrieren. Dies wird durch im Blut zirkulierende Glykoproteine (Hybridmoleküle) gewährleistet, die quasi als „Gefrierschutz" wirken.

(3) Wärmeverlustdämmung durch Zonung und Klimatisierung: Viele in Großbauten lebende Insekten haben ihre Bauten so eingerichtet, daß durch eine entsprechende „Zonung" zu den verschiedenen Jahreszeiten relativ konstante Temperaturen im Bau eingehalten werden können. So dienen die Nadelkonstruktionen des Waldameisenbaus je nach Bedarf als Regendach, zum Absorbieren oder Abschirmen von Sonnenstrahlung, als Ventilationsanlage zum Durchlüften des Gängesystems oder als Wärmeisolator nach dem Thermosflaschenprinzip. Regulativ öffnen, erweitern oder sperrren die Tiere einzelne Luftschächte, Zirkulationsschleifen oder Luftsammelblasen. Im Frühjahr wird der Bau dadurch erwärmt, daß Arbeitsameisen sich über etwa zwei Stunden an der Oberfläche des Baues in der Sonne aufhalten, ihren Körper mit Wärme auftanken und einen Teil dieser Körperwärme anschließend im Inneren des Baues wieder abgeben (konvektiver Wärmetransport).

5.1.4 Biologische Speicher mechanischer Energie

Biologische Systeme können mechanische Energie zum einen in elastischen Materialien speichern, zum anderen die Zugspannung in den Wasserkapillaren bestimmter Pflanzen nutzen.

(1) Elastische Materialien (z.B. Resilin): Auf die Struktur und die Eigenschaften dieser Substanz wird an anderer Stelle (Abschn. 6.1.1) ausführlicher eingegangen. Es handelt sich um eine Proteinverbindung, die als dreidimensionales Netzwerk dem Idealmodell eines Elastomers sehr nahe kommt. Solche Proteine befinden sich in der Gelenknähe und können dort ein Viertel bis ein Drittel der Bewegungsenergie speichern (vgl. Abb. 5.2).

Die physikalischen Eigenschaften solcher mechanischen Energiespeicher sind wie folgt zu charakterisieren:

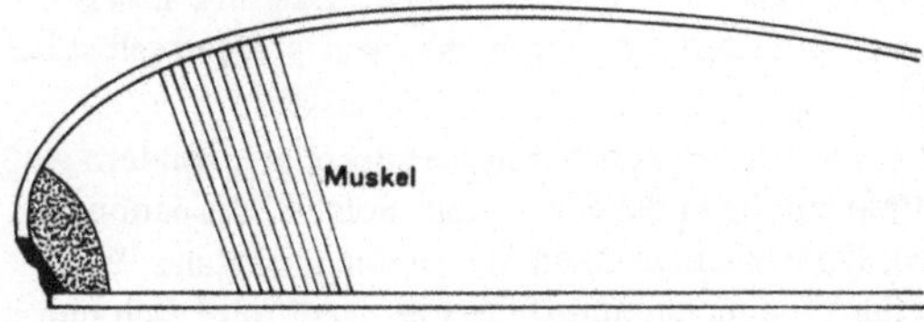

Abb. 5.2 Resilinpolster im Schalengelenk von Muscheln als Energiespeicher

(a) Die Deformationsfähigkeit erreicht bei der dreifachen Ausgangslänge ihre Grenze,

(b) Die Zug-Bruchspannung liegt bei 400 N/cm^2

(c) Kriecherscheinungen treten nicht auf. So kann z.B. eine Heuschreckensehne monatelang unter konstanter Belastung auf die doppelte Ausgangslänge gedehnt werden und springt nach Entfernung des Belastungsgewichtes sofort und ohne Längenänderung auf ihre Ausgangslänge zurück.

(d) Die Relaxationszeit liegt im Bereich von Millisekunden,

(e) Dämpfungsverluste sind – wie bei technischen Federn – bei geringen Frequenzen gleich null und steigen mit der Deformationsgeschwindigkeit,

(f) Der elastische Wirkungsgrad ist als Quotient aus kinetischer Energie (Rückholphase) und hineingesteckter Energie (Auslenkung) definiert. Für das Resilin der Flügelscharniere wurde ein Wirkungsgrad von 97 % bei 20 Hz berechnet. Resilin besitzt somit eine geringere Dämpfung als alle anderen bekannten Elastomere.

(2) Nutzung von Zugspannungen in den wasserführenden Kapillarstrukturen der Pflanzen: Für den Wassertransport benutzen die Pflanzen, prinzipiell betrachtet, jeweils große Mengen parallel geschalteter Kapillaren mit Maximaldurchmessern bis zu 0.5 mm. Wie unter Abschn. 5.2.4 angegeben, bauen die Pflanzen in den wasserführenden Kompartimenten unter Aufwendung von Stoffwechselenergie (ATP) osmotisch wirksame Konzentrationsgradienten auf. Das betrifft sowohl Kompartimente im Wurzelbereich als auch im Blattbereich.

In den einzelnen Abschnitten des Wurzelgewebes von europäischen Feuchtbodenpflanzen wird dadurch das jeweilige „Wasserpotential" niedriger, d.h. die relativen osmotischen Partialdrucke für H_2O nehmen ab, diejenigen für „Salze" nehmen zu. Von den Wurzelhaaren mit – 70 Pa sinkt das Wasserpotential z.B. in der Rindenschicht bis auf – 300 Pa ab. Damit ist die treibende Kraft für den Wassereintransport gegeben. Salzpflanzen in der Wüste müssen, um dem Salzboden das dort „festgehaltene" Wasser entziehen zu können, besonders hohe Saugkräfte (z.B. – 15 kPa) entwickeln.

Von den Pflanzenblättern wird Wasser an den Oberflächenstrukturen durch Verdunstung abgegeben. Aufgrund der oben geschilderten und anderer, noch nicht im einzelnen aufgeklärter Mechanismen herrscht in den Leitungsstrukturen des Holzteiles, bedingt durch die Wasserabgabe in den Blättern, eine „Saugspannung". Solange das Wasser in den mikroskopischen Leitungsgefäßen als Flüssigkeitssäule nicht abreißt, muß es nachströmen. Für diese dünnen Wasserfäden wurden Kohäsionsspannungen von 30 bis 40 kPa gemessen bzw. berechnet. Das sind außerordentlich hohe Spannungen, die ein Zerreißen der dünnen Wasserfäden selbst bei höchsten Pflanzen verhindern.

Es besteht also nicht nur ein Unterdruck gegenüber der Atmosphäre, sondern ein negativer Druck, d.h. eine Zugspannung in der Flüssigkeit. Solche Zugspannungen (bis – 40 kPa) in Flüssigkeiten kennzeichnen einen metastabilen Zustand. Wird eine kleine Dampfblase eingeführt, dann verdampft die Flüssigkeit plötzlich und in außerordentlich kurzer Zeit, was in einzelnen Kapillaren eines Baumstammes auftreten kann. Immer verbleiben aber genügend andere Kapillaren zum Flüssigkeitstransport. (Die explosionsartigen Kräfte bei plötzlich indizierter Verdampfung des Kapillarwassers werden z.B. vom Laugfarn zum Fortschleudern der Sporen benützt.) Zugspannungen in Flüssigkeiten wurden offensichtlich bislang in der Technik nie genützt. In der unbelebten Natur läßt sich dieses Prinzip der Freisetzung von Energiemengen aus gespeicherter Energie beim Geysir beobachten. Man interpretiert das so: Das tief unter der Erde liegende Wasserreservoir wird vulkanisch erhitzt und steht gleichzeitig unter hohem, hydrostatischem Druck des langen Verbindungskanals zur Erdoberfläche. Wenn sich erste Dampfblasen bei Erreichung des Siedepunktes bilden, dann wird der hydrostatische Druck der Wassersäule vermindert (Gas ist kompressibel, die Säule sinkt in ihrer Länge etwas ab), die Flüssigkeit kommt insgesamt rasch zum Sieden, es wird ein labiler Zustand erreicht, und die gespeicherte Wärmeenergie wird explosionsartig abgegeben.

5.1.5 Biologische Speicher elektrischer Energie

Biosysteme besitzen keine nennenswerten Speicher für elektrische Energie. Die schwachen, elektrischen Ströme, die in zoologischen Organismen zur Informationsübertragung sowie für Angriffs- und Navigationszwecke (Zitteraal, vgl. auch Abschn. 7.1.2) benötigt werden, erzeugen die Zellen unter Verbrauch chemischer Energie durch Ionentrennung.

5.2 Energieumwandlung

Der Verbrauch von Primärenergieträgern in der Technik hängt in sehr großem Maße von der Effizienz der Umwandlungsmechanismen ab. Technische Energie, die überwiegend in Form von gespeicherter, chemischer Energie fossiler Energieträger zur Verfügung steht, wird meist zentral in eine leicht transportable und verteilbare Form gebracht, die den Vorteil der einfachen Wandelbarkeit in eine möglichst große Zahl verschiedener Nutzungsformen bietet. Beispiele dafür sind: (a) die Versorgung mit elektrischem Strom, (b) die meist betriebsinterne Wasserdampf- oder Druckluftversorgung, (c) die Lieferung von Heizgas, Benzin und Heizöl. Beim Verbraucher findet meist ebenfalls ein Umwandlungsvorgang zur Leistung mechanischer, chemischer oder anderer Arbeit statt. Die technische Energiewandlung hat einen zumeist sehr schlechten Wirkungsgrad, der aus den Energieflußbildern von Industriestaaten ersichtlich wird. Rund 50 % der Primärenergie gehen bei den Energiewandlungs- und Verbrauchssystemen verloren.

5.2.1 Umwandlung in chemische Energie

Tierische und pflanzliche Zellen decken den Energiebedarf für sämtliche Arbeitsleistungen aus einem einheitlichen Energieträgersystem, dem ATP-ADP-System. Energie, die beim Verbrauch von ATP frei wird, ist die freie Energie der Hydrolyse. Die Reaktionsgleichung lautet:

$$ATP^{4-} + 4H_2O = ADP^{3-} + HPO_4^{2-} + 7H$$

Die Hydrolysereaktion von ATP ergibt unter Standardbedingungen eine Änderung der freien Energie von $\Delta G^0 = -29{,}4$ kJ/mol. Unter physiologischen Bedingungen in der lebenden Zelle kann die freie Energie der Hydrolyse des ATP bis zu 50,4 kJ/mol erreichen. Eine größere Energiemenge muß aufgewendet werden, um aus ADP und organischem Phosphat ATP zu synthetisieren. Stehen in einer energiespendenden Reaktion beispielsweise 42kJ zur Verfügung, so werden 27,4 kJ für die Synthese von ATP verbraucht. Die restlichen 12,6 kJ gehen verloren. Energieportionen von weniger als 29,4 kJ reichen nicht aus, um 1 mol ATP zu synthetisieren, sie können nicht gespeichert werden und sind deshalb die Ursache für Umwandlungsverluste.

Die Wirkungsgrade für die Speicherung der Nährstoffenergie in ATP liegen im Bereich von ca. 40 %. Somit gehen etwa 60 % des Energiegehaltes der Ausgangsstoffe (z.B. der Kohlehydrate) als Umwandlungsverluste beim Laden des „Speichers" ATP verloren. Der Nährstoffabbau findet in den strukturierten Organellen der Zelle, den sogenannten Mitochondrien, statt. Pflanzliche Zellen besitzen neben diesen Strukturen des Nährstoffabbaues auch noch die sogenannten Chloroplasten. Sie sind der Ausgangspunkt für den Nahrungskreislauf der Biosphäre. Sie nutzen die energiereiche Strahlung der Sonne aus, um aus der Verbindung CO_2 + Wasser die organischen Kohlehydrate zu synthetisieren. Diese Verbindungen dienen der Pflanze selbst und der gesamten Tierwelt als Energiequelle. In den oben erwähnten Mitochondrien werden diese Stoffe abgebaut und ATP-Speicher aufgeladen. Bei der Photosynthese liefert das sogenannte Photosystem I Protonen und Elektronen für die Aufbaureaktion, und das Photosystem II arbeitet als ATP-Lieferant für die Aufbaureaktion. Der Gesamtkomplex von Reaktionen an Thylakoid-Membranen der Pflanzenzelle wird Primärreaktion genannt (= helle Reaktion). Zweiter Reaktionsort ist der Raum zwischen den Membranausstülpungen. Hier befindet sich eine große Zahl verschiedener Enzyme, die dem Aufbau von Glukose aus den Produkten der Primärreaktion und dem CO_2 der Luft dienen. Diese Aufbaureaktion für Glukose wird Sekundärreaktion (Dunkelreaktion) genannt.

Der Wirkungsgrad der Primärreaktion liegt bei etwa 37 %, der der Sekundärreaktion beträgt ca. 36 %. Man muß jedoch berücksichtigen, daß die Pflanze theoretisch nur 20 % der eingestrahlten Sonnenenergie nützen kann, weil 30 % der Strahlung durch die Atmosphäre reflektiert, 25 % in der Atmosphäre absorbiert und von den verbleibenden 45 % nur etwa die Hälfte in jenem Spektralbereich liegt, der photosynthetisch nutzbar ist. Im Mittel werden auf der Erdoberfläche 0.024 % der eingestrahlten Sonnenenergie photosynthetisch genützt.

5.2.2 Umwandlung in Wärmeenergie – biologische Vorgänge der Wärmeerzeugung

Im allgemeinen nutzen biologische Organismen die Verlustwärme aller Umwandlungsprozesse zur Wärmeproduktion. Bei Warmblütern wird dabei die für die Stoffwechselprozesse optimale Temperatur enzymatischer Aktivität unter Zuhilfenahme komplexer Regelsysteme gehalten. So werden z.B. 60 % der im Fett enthaltenen Energie als Umwandlungsverlust in Form von Wärme frei. Auch bei der Umwandlung von chemischer und mechanischer Energie im Muskel treten Verluste auf, die Wärmeenergie freisetzen. Allerdings besitzen Winterschläfer spezielle Fettdepots (braunes Fett), bei denen die Stoffwechselumsetzung auch bei kritischen Temperaturen ausschließlich zur Wärmeproduktion herangezogen wird. Wechselwarme Insekten, z.B. Ameisen, überwintern in Klumpen von je etwa 100 000 Exemplaren ca. 1 m unter dem Erdboden. Honigbienen überleben kalte Nächte im Freien, indem sich ein Schwarm in Form einer Traube an einen Baum hängt. Bei Außentemperaturen von ca. 4 °C wird im Inneren des Schwarmes eine konstante Temperatur von ca. 35 °C aufrecht erhalten. Die gemessene CO_2-Konzentration in der Umgebung des Schwarmes läßt darauf schließen, daß die Temperatur durch Regulierung der Stoffwechselaktivität konstant gehalten wird.

5.2.3 Biologische Energiewandlung in Licht

In der technischen Welt hat die Energiebilanz für technische Lichtquellen eine außerordentlich hohe Verlustrate, wenn man bedenkt, daß bereits der elektrische Strom mit etwa 60 % Verlust produziert werden muß. Bei einer Strahlungsausbeute von 9 % im sichtbaren Bereich für eine 100-W-Glühlampe bleiben keine 4 % der Primärenergie, die wirklich als Licht genutzt werden können.

Lebende Systeme zeigen das Phänomen der „Chemilumineszenz". Solche Organismen sind sowohl auf dem Land als auch im Wasser verbreitet. Als Hauptgruppen sind Leuchtkäfer und Larven bekannt, des weiteren Leuchtbakterien und Hohltiere, die das Meeresleuchten erzeugen. Leuchtbakterien findet man auf faulendem Fisch und faulendem Holz. Die stärkste Leuchtfähigkeit haben große, tropische Schnellkäfer der Gattung Pyrophorus. Leuchtstoffe des lebenden Organismus sind organische Verbindungen und werden Luciferine genannt. Wichtigstes Katalysatorenzym ist die Luciferase. Die Reaktion benötigt Sauerstoff und als Co-Faktoren Magnesiumionen (amerikanischer Leuchtkäfer Photinus pyralis). Zur Energielieferung dient wiederum ATP. Bei der Oxidation von Luciferin entsteht Wasser und oxidiertes Luciferin. Bei Meereshohltieren wie Quallen, Polypen und Korallen findet man Systeme, bei denen das Luciferin in Form eines Peroxids an ein Protein gebunden ist. Dabei läuft die Reaktion ohne Sauerstoffzufuhr ab und wird durch Calciumionen ausgelöst. Diese Verbindungen werden Photoproteine genannt.

Leuchtbakterien besitzen ebenfalls kein eigentliches Luciferin, sondern nur die beiden Co-Faktoren Dihydroflavinmononukleotid und ein geradkettiges Aldehyd mit 10 bis 18 C-Atomen.

Die ausgestrahlten Wellen liegen durchweg im Bereich des sichtbaren Lichtes. Bei Photinus pyralis beträgt die Wellenlänge 565 nm (gelb-grün), bei anderen Leuchtkäfern auch 550 bis 575 nm (grün bis gelb-grün). Bei Zunahme des Säuregrades und Temperaturerhöhung verändert sich die Wellenlänge bis auf 614 nm (tiefrot). Der Muschelkrebs

Cypridina hilgendorfii produziert blaues Licht mit einer Wellenlänge von 465 nm. Leuchtbakterien haben ihre Emissionsmaxima im Bereich von 475 nm (blau) bis 520 nm (grün). Die Federkoralle Renilla reniformis emittiert blau-grünes Licht, und der Polychaeten-Gliederwurm sendet grünes Licht aus. Insgesamt liegen sie damit in einem Bereich von 465 bis 614 nm.

Die Wirkungsgrade für die Umwandlung chemischer Energie in Licht sind im biologischen Bereich außerordentlich hoch. So wird für den Leuchtkäfer eine Quantenausbeute von 0.996 angegeben. Das entspricht 88 % Lichtausbeute, bezogen auf den Luciferinverbrauch.

Synthetisch gewonnene Leuchtstoffe, wie z.B. das Luminol, haben dagegen nur eine Quantenausbeute von 2 %. Neue Chemilumineszenzsysteme (Oxalsäureester mit Wasserstoffperoxid) erreichen jedoch heute eine Quantenausbeute von etwa 23 %.

Während Tiere ihre Leuchtorgane ein- und ausschalten können (Lichtsignal der männlichen und weiblichen Leuchtkäfer als Anlockmechanismus), wird bei der technischen Chemilumineszenz ein solcher An- und Abschaltmechanismus noch nicht beherrscht. Die Ein-Ausschaltfunktion bei Tieren wird offenbar durch Nervenimpulse ausgelöst. Man nimmt an, daß der für das Aus- und Einschalten benutzte Mechanismus auf einer durch Pyrophosphat ausgelösten, intermittierenden Aufhebung der Luciferase-Hemmung beruht (Bildung eines Oxi-Luciferin-AMP-Enzym-Komplexes).

5.2.4 Biologische Wandler zur Erzeugung mechanischer Energie

Die Umwandlung biochemischer Energie in Bewegungsenergie der Mechanik kann durch Muskelorgane oder einzelne, kontraktile Filamente erfolgen. Weiterhin wird im Pflanzenreich die Osmose zum Wassertransport verwendet (vgl. oben). Schließlich gibt es den Mechanismus der Umwandlung chemischer Energie in Druckenergie bei bestimmten Insekten z.B. Bombardierkäfern (vgl. Abschn. 5.2.5).

(1) Muskel: Beim Muskel schieben sich kettenförmige Eiweißfilamente ineinander und bewirken eine Verkürzung der Gesamtlänge. Einzelfilamente bilden Seitenbrücken aus, die sich vorübergehend bei Energielieferung durch ATP mit den Nachbarfilamenten fest verbinden. Dabei wird ATP zu ADP umgesetzt. Die Seitenbrücken verändern ihre Konfiguration und knicken ein, lösen sich dann wieder, finden einen neuen Haftpunkt und knicken wiederum ein. Dieser Mechanismus ist bildhaft mit Greif- und Zugbewegungen einer Vielzahl von Armen verglichen worden, die jeweils vom zentralen Filament ausgehen, die Nachbarfilamente ergreifen und sich an diesen Strukturen weiterziehen.

Im molekularen Bereich ist für die jeweils momentane Anhaftung der Seitenbrükken an den Nachbarfilamenten vorher ein Hemmfaktor zu beseitigen, der durch Calciumionen abgeschaltet wird. Ausgelöst wird die Muskelkontraktion durch eine Ionenbewegung durch die Membran, bei Depolarisation der Membran durch Aktionspotentiale. Calcium wird dabei aus dem Extrazellulärraum bzw. aus intrazellulären Speichern entlang seinem Konzentrationsgradienten in das Muskelzellplasma passiv transportiert. Nach Abklingen der Aktionspotentiale werden die Calciumionen durch biochemisch-energetisch gespeisten, aktiven Transport aus dem Muskelzellplasma in die Speicher zurücktransportiert. Der Sperrmechanismus tritt wieder in Funktion, Seitenbrücken finden keine Haftpunkte mehr, der Muskel erschlafft.

Muskelwirkungsgrade werden an isolierten Muskeln gemessen; sie sind proportional zur geleisteten Arbeit und umgekehrt proportional zur für diese Arbeit insgesamt erforderlichen Energie. Es werden zumeist Wirkungsgrade von 0.3 angegeben. Berücksichtigt man jedoch die mit der unter Belastung bei Muskelanspannung einhergehende Dehnung der Muskelstrukturen, dann entfällt auf diese ein Teil der insgesamt gemessenen Energiemenge. Deshalb gibt es Berechnungen, die den mechanischen Wirkungsgrad bei 1 ansetzen. Da der Energiebetrag, der für die Dehnung verbraucht wird, weder als gespeicherte, potentielle Energie, noch als Verlustwärme gefunden wird, gibt es Mutmaßungen im Hinblick auf eine mechanochemische Kopplung. Dabei wird vermutet, daß die mechanische Energie der Dehnbarkeit als chemische Energie bei der Synthese neuen Muskelmaterials wieder auftaucht und die Arbeitshypertrophie (Vergrößerung des Muskelvolumens infolge kontinuierlicher Arbeitsleistung) erklärt. Der Muskel würde danach bei steigender Beanspruchung seine Arbeitsfähigkeit erhöhen. Als Argument für diese Spekulation gilt die medizinische Erfahrung, daß auch bei Muskeln mit degenerierten Nerven physische Übungen (Spannung und Dehnung) Erfolg haben, d.h. die Synthese von Muskelmaterial anregen.

(2) Pflanzen als osmotische Wasserpumpen: Der osmotische Druck ist als Druckdifferenz definiert, die dadurch entsteht, daß zwei Lösungen mit verschiedenen Konzentrationen einer Komponente über eine nur für das Lösungsmittel durchlässige Membran in Kontakt gebracht werden. Das stoffliche Ungleichgewicht bewirkt ein mechanisches Ungleichgewicht zwischen den beiden, durch die Membran getrennten, Systemen. Zellmembranen können unter Aufwendung von Stoffwechselenergie Ionen oder Moleküle gegen das thermodynamische Gleichgewicht in das Zellinnere transportieren. Aus der entstehenden Konzentrationsdifferenz resultiert ein osmotischer Druck, der bei Pflanzen zum Safttransport genutzt wird. Es wurde bereits erwähnt, daß Pflanzen als Saugpumpen arbeiten, indem sie unter Energieaufwand Konzentrationsdifferenzen an den Zellmembranen schaffen.

Für den aktiven Transport werden Wirkungsgrade von 27 % bis 54 % angegeben. Die Förderleistung osmotischer Pflanzenpumpen ist beachtlich. Wie bereits erwähnt, können in den Kapillaren von Bäumen negative Drücke bis zu 10^4 kPa auftreten.

Da sich die Evolution der Photosynthese im Wasser vollzog, ergab sich beim Übergang zu den Landpflanzen das Problem des großen Wasserverlustes während der CO_2-Aufnahme. H_2O wird dabei zur Bildung organischer Festsubstanz benötigt. Gleichzeitig verdunstet ein großer Teil des Wassers (Transpiration). Ein kompliziertes Regelungssystem kann dabei nicht verhindern, daß 80 % der von den Pflanzen aufgenommenen Sonnenenergie durch die Wasserverdunstung verlorengeht. Zur Produktion von 1 kg Weizen wird z.B. eine Tonne Wasser benötigt. Landpflanzen arbeiten deshalb weit entfernt vom energetischen Optimum.

5.2.5 Umwandlung biochemischer Energie in Druckenergie

Bestimmte Insekten (Bombardierkäfer der Gattung Brachynus) besitzen ein bewegliches Hinterleibsende, in das ein paar kompliziert gebaute Drüsen mit Sammelblase und Explosionskammer einmünden. Ein Sekretgemisch aus Wasserstoffperoxid, Hydrochinon und Toluhydrochinon wird durch Enzymbeimischung gezündet. Bei der raschen Zersetzung des Wasserstoffperoxids wird Sauerstoff frei, der die Hydrochinone oxidiert. Dabei entstehen Momentantemperaturen um 100 °C, so daß die beteiligten Stoffe in Gasform mit einem leichten, aber hörbaren Knall zerstäubt werden. Der Bombardierkäfer benutzt dieses Analogon zum modernen Prinzip der Raketenbrennkammer als Abwehrmechanismus.

5.3 Bioenergetik als bionisches Vorbild für technische Problemlösungen

Da in den nachfolgenden Abschnitten auf einige bioenergetische Mechanismen nochmals eingegangen wird, erübrigt sich hier eine breitere Darstellung. An anderer Stelle (Abschn. 5.1 und 5.2) sind die biologischen und technischen Prinzipien der Energiespeicherung und der Energieumwandlung ausführlich vergleichend behandelt.

Im Hinblick auf eine prinzipanaloge Betrachtung bioenergetischer Prinzipien ist jedoch folgendes festzustellen:

1. Im Gegensatz zur technischen Welt gilt für die Biosphäre das „Gesetz von der Erhaltung des Energiezustandes eines Tieres, einer Pflanze, eines Ökosystems". Nur jene Systeme überleben, die zur Erlangung von Energie weniger Energie aufwenden als zur Energieproduktion verbraucht wird.

2. Quelle für die Primärenergieerzeugung in der Biosphäre ist das Sonnenlicht. Diese Quelle wird von der technischen Welt nur zu einem Bruchteil genutzt.

3. Die Biosphäre benutzt einen einheitlichen, chemischen Energieträger, der sich leicht speichern, transportieren und mit hohem Wirkungsgrad isotherm umsetzen läßt. Technische Systeme benutzen diverse Energieträger, die sich durch einen außerordentlich ungünstigen Speicherwirkungsgrad, hohe Verlustraten beim Transport und durch ungünstige Umwandlungswirkungsgrade auszeichnen.

4. Die Biosphäre produziert unter Nutzung des Sonnenlichts Primärenergie nicht nur zur vitalen Ausnutzung, sondern sie lagert darüber hinaus seit Jahrmillionen Primärenergieträger in Form fossiler Brennstoffe ab. Die technische Welt ist überwiegend auf die Ausnutzung der fossilen Brennstoffe angewiesen, die sehr bald erschöpft sein werden.

5. Die Biosphäre befindet sich im homöostatisch geregelten Gleichgewicht generativer, energetischer Zyklen. In der technischen Welt sind Regenerationsprozesse weitgehend ungenutzt.

6. Die Biosphäre nährt sich aus Negentropie und produziert Negentropie im Überschuß. Die technische Welt produziert Entropie und droht, die produzierten Negentropievorräte der Biosphäre – ohne einen Anschluß an regenerative Zyklen – zu vernichten.

Welche Konsequenzen ergeben sich für die bionische Behandlung energetischer Probleme in der Technik? Diese Frage kann an dieser Stelle nur allgemein behandelt werden: Erst in den letzten Jahren wurde festgestellt, daß selbst tropische Regenwälder in ihrer Existenz auf äußerst komplexe und fein abgestimmte Regenerationszyklen angewiesen sind. Die mineralischen Bodeneigenschaften des Regenwaldgrundes sind äußerst ungünstig. Sobald größere Regenwaldflächen vernichtet werden, ist die Wiederaufforstung fast unmöglich. Der Grund liegt darin, daß die äußerst komplexen, zyklischen Vernetzungen dieser Ökosysteme ähnlich zerstört sind wie die Funktionsbeziehungen eines tierischen Organismus nach tödlicher Verletzung.

Ein eindrucksvolles Beispiel für abgestimmte und verletzte Einzelmechanismen gibt die Abhängigkeit des Zusammenlebens von pflanzlichen und tierischen Systemen im Epiphyten:

In besonders ungünstigen Lagen teilweise zerstörter Regenwälder existieren Pflanzensysteme auf abgestorbenen Bäumen, deren Stengel und Blattwerk aus großen Knollen entspringen. Diese Knollen sind in sich gekammert, und man findet nach dem Aufschneiden innerhalb der Kammern einen humusähnlichen Belag. In den Knollen der Pflanzenkammern leben Ameisen. Sie leben jedoch hier nicht parasitär, sondern liefern im Gegenteil durch den ständigen Antransport von Humus in die Kammer hinein und durch die Ausscheidung ihrer Exkremente die Nahrungsgrundlage für die Pflanze. Die Pflanze besitzt damit ein tierisches Antransportsystem für Mineral- und Stickstoffsysteme; die energetische Speisung über das Sonnenlicht, CO_2 und Wasser allein würde für ihre Existenz nicht ausreichen.

Im technischen Bereich gibt es einige modellmäßige Ansätze zu energetischer Autarkie:

Bei der Beheizung von Wohnraum wird heute bekanntlich noch mit großen Verlusten gearbeitet. Etwa 2/3 der Heizenergie geht an die Außenluft verloren. Die bisherige Technologie trägt damit in größeren Städten, abgesehen vom Energieverlust und der Abgasproduktion, auch zu den smogerzeugenden Inversionslagen bei. Durch Beachtung moderner, bauphysikalischer Gesetze (Vorlagen gibt es im Tierreich: Zonungs- und Isolierungsmaßnahmen) läßt sich die Wärmeenergie bei entsprechender Berechnung und Anordnung der Bauelemente wesentlich besser nutzen. Bei bionischer Klimatisierung kann bis zu 60 % des Brennstoffes eingespart werden. Häuser erwärmen sich im Winter um durchschnittlich 12 °C gegenüber der Außentemperatur, im Sommer kühlen sie sich um 5 bis 10 °C ab. Die Abstrahlung und der nächtliche Temperaturabfall lassen sich zur Abkühlung, die Sonneneinstrahlung zur Erwärmung, der Temperaturunterschied einzelner Gebäudeabschnitte und die damit zusammenhängenden Luftdruckunterschiede zur Lüftung auch bei Windstille benutzen. Kombiniert man solche, die Umwelt sinnvoll einbeziehenden und bis zu 60 % an Heiz- und Kühlenergie sparenden, bautechnischen Überlegungen mit energieliefernden „Sonnendächern" der neuen Solartechnologie, dann liefern sie zwischen 50 und 85 % der Heizenergie. Koppelt man diese wiederum mit einem zusätzlichen Windgenerator und verarbeitet noch in einer hauseigenen Recycling-Anlage die organischen Abfälle durch moderne Biotechnologien, d.h. mit Algen und Bakterien, zu Heizgas, Sauerstoff und Humus, dann erhält man noch einmal bis zu 40 % Energie und Rohstoff zurück. Gewinnt man noch über Wärmepumpen und Wärmeaustauscher durch energetisches Recycling Wärme aus den Brauchabwässern zurück, dann kann allein diese Kombination für alle Zeit und noch dazu kostenlos als voller Ersatz der Haushalts- und Heizenergie dienen. Gleichzeitig würde dies aber auch bedeuten: Keine Fernzuleitung, keine Abhängigkeit von Krisen, von Stromausfällen und Preisschwankungen. Das bekannteste, existierende „Alternativhaus" dieser Art ist die berühmte „Arche" auf Prince Edward Island im nördlichen Kanada, das selbst unter extremen Klimabedingungen ständig zu einhundert Prozent autark ist. Gleiches gilt für das Lingby-Haus in Dänemark.

Autarkieprinzipien nach quasi bionischem Vorbild regenerativer Energie- und Nahrungskettenzyklen wurden in einem anderen technischen Bereich, der Weltraumtechnik, ebenfalls exemplarisch realisiert. Die regenerative Wiederaufbereitung von wäßrigen und festen, menschlichen Abfallprodukten mit Hilfe solarer Energie und organischer Kulturen in Raumkapseln geben ein Beispiel.

Angesichts der Vielzahl technischer Ansätze, die die Bionik bietet, fragt man sich, was die Energiewirtschaft abhält, sich mit gezielten Investitionen und Subventionen den Technologien der regenerativen und der Solarenergie verstärkt zuzuwenden. Im Gegensatz zur evolutionären Entwicklungsstrategie wird technisch-wirtschaftliches Denken von Monopolstreben und zentralistischen Prinzipien beherrscht. Das jeweils fachspezifische Kompetenzbewußtsein läßt derzeit noch keine interdisziplinäre Konstruktion vernetzter, gekoppelter und durch optimiertes Recycling gekennzeichneter Strukturen zu. Auch historische Gegebenheiten der Industrieansiedlungen bilden z.Zt. ein Hindernis für energiesparende und damit indirekt „produzierende" Kopplung unterschiedlicher Produktionsanlagen. So wäre es naheliegend, Kraftwerke, chemische Werke und Nahrungs- oder Futtermittel produzierende Anlagen im Verbund zusammenzufassen. Damit könnte die Abwärme des einen Komplexes zur Prozeß- oder Nutzwärmequelle der anderen werden. Abwässer und Abgase könnten durch nahegelegene, biotechnische Anlagen zur Bakterienzucht, durch Gewächshausplantagen und Schwefel- bzw. Metall-utilisierende und -konzentrierende Bakterien weiter ausgenutzt und im Sinne eines Recyclingsystems wieder aufbereitet werden.

Weiterführende Literatur

Bertsch, A.: In Trockenheit und Kälte – Anpassung an extreme Lebensbedingungen. Ravensburg: Otto Maier 1975

Boeger, P.: Photosynthese in globaler Sicht. Naturwiss. Rundschau 28 (1975) 429–435

Buvet, R. et al. (eds.): Living Systems as Energy Converters. New York: Elsevier Publishing Co. 1977

Daly, H.: On Thinking About Future Energy Requirements. Baton Rouge: Dept. of Economics, Lousiana State University 1976

Gabor, D.; Colombo, U.: Beyond the age of waste. Science, technology and the management of natural resources, energy, materials, food. A report to the Club of Rome. Stuttgart: DVA 1975

Grumm, H.: Die Energieversorgung der Menschheit, Quellen und Wirkungen. Verh. Deutsch. Naturforsch. u. Ärzte, 107. Versamml. (1972)

Kalhammer, F.R.: Energiespeicherung. Spektrum der Wissenschaft 2 (1980) 49–57

de Luca, M.; McElroy, W.D. (eds.): Bioluminescence and Chemiluminescence. New York–London–Toronto: Academic Press 1981

Mez, L.: Anmerkungen zur gegenwärtigen Energiepolitik und Energieforschungspolitk. Analysen + Prognosen **59** (1978) 18–22

Nachtigall, W.: Nutzung von Umweltkräften und Lebewesen. In: Nachtigall, W.: Biostrategie. Hamburg: Hoffmann & Campe 1983

Ruthner, O.: Energiekette Sonne–Pflanze, Mensch–Tier im Recycling im Rahmen eines kontinuierlichen Pflanzenbaus. Wien 1978; zit. in: Nachtigall, W.: Biostrategie. Hamburg: Hoffmann & Campe 1983

Schumacher, E.: Photochemische Umwandlung und Speicherung von Sonnenenergie. Chimica **32** (1978) 193–211

Somiya, H.: Biolumineszenz und Lichtsinn bei Tiefseefischen. Experientia **33** (1977) 906–909

Tributsch, H.: Parametric Energy Conversion. – A possible universal approach to bioenergetics in biological structures. J. theor. Biol. **52** (1975) 17–42

Zahner, R.: Biologische Abbauvorgänge in Bodensedimenten von Seen. Wasser- und Abwasserforschung **4** (1968) 1–5

6 Struktur-Bionik

Aus den Kleinstrukturen der Einzeller entwickelte die Evolution die „Großstrukturen“ vielzelliger Organismen in Tier- und Pflanzenreich. Die „arbeitsteilige“ Funktion der Organe bestimmte dabei auch die zweckmäßige, strukturelle und räumliche Verbundkoppelung. Es wurden etwa folgende Prinzipien angewendet: kürzestmögliche Wegstrecken für Transport und Recycling der Stoffwechselsubstrate, optimaler Ursprung und Ansatz der Longitudinalmotoren (Muskelfasern) der Bewegungsfunktion im Stützskelett, hohe Festigkeit der Stütz- und Schutzeinrichtungen (Exo- und Endoskelette) bei minimalem Materialaufwand und optimaler Strukturkopplung verschiedener Stoffe, gleichzeitige Berücksichtigung von Bedürfnissen des Wärme- und Wasserhaushaltes bei der Anordnung und Ausformung der Gesamtstrukturen durch Zonung, aber auch durch jeweils angepaßte Volumenoberflächen-Relationen. (Hier können nur exemplarisch einige wenige Prinzipien genannt werden.) Auch im Bereich der biologischen Strukturen wurde also eine Optimierung stets der Gesamtfunktion und nicht die einzelner Elemente – wie das in der modernen, zentralistisch angelegten Technik der Fall ist – durch den Evolutionsprozeß verfolgt.

Im bionischen Schrifttum (vgl. weiterführende Literatur) nehmen die Prototypen und Protoprinzipien für Statik und strukturelle Dynamik (Gelenkverbindung, -ausgestaltung und -führung) einen besonders breiten Raum ein (vgl. vor allem Nachtigall). Darum und aus Platzgründen können in diesem Band die wichtigsten Prinzipien nur kurz gestreift werden.

6.1 Grundeigenschaften der Biostrukturen

Biostrukturen unterscheiden sich hinsichtlich Formgebung und Funktion von technischen Systemen durch folgende Grundeigenschaften:

(1) Bei technischen Bauten werden Formgebung und Struktur überwiegend von statischen, architektonischen und Raumfunktionsprinzipien bestimmt.

(2) Bei biologischen Systemen sind Struktur und Funktion, Statik und Dynamik untrennbar miteinander verknüpft.

In biologischen Systemen sind die im Verbund wirkenden Funktionen trotz funktionaler Strukturspezifität hochgradig integriert. Das bedeutet im einzelnen:

(a) Form und Struktur gewährleisten gleichzeitig Energietransport und Austausch.

(b) Form und Struktur gewährleisten Licht- und Wärmeaufnahme, Wärmenutzung und Wärmeaustausch.

(c) Form und Struktur gewährleisten eine permanente Aufnahme und Abgabe von Substanzen und Gasen und Bauelementersatz bei Formerhaltung.

Bei bionischer Nutzung biologischer Vorlagen werden sicherlich nicht alle diese Forderungen erfüllt sein müssen. (So z.B. nicht bei dem Entwurf von Hallenabdeckungen, denen die statischen und räumlichen Prinzipien des Blattes der Victoria amazonica als Vorbild dienten.)

Bei komplexen Gebäude- und Stadtstrukturen sind jedoch ähnliche Aufgaben zu berücksichtigen. Bislang wird Sonnenenergie nutzlos von Dach-, Straßen- und Platzoberflächen absorbiert. Industrielle Emissionen zerstören technische und lebende Systeme, sie werden im städtischen Raum nicht mehr durch Pflanzen und Biozyklen abgefangen. Als bionische Vorlage für allgemeine Stadtplanungen bieten sich die (mikroskopischen) Thylakoidstrukturen des Pflanzenreiches an (vgl. Abb. 6.1). Diese überwiegend

Abb. 6.1
Thylakoidstruktur der Pflanzenzelle (nach Tributsch (1980))

der Photosynthese dienenden Mikrostrukturen bestehen aus flachen Membransäcken mit Querverbindungen zwischen den oft geldrollenartig gelagerten Elementen. Sie ermöglichen: (a) optimale Lichtausnutzung, (b) optimale Kontaktfläche zur Außenwelt, (c) kürzeste Transportdistanzen zwischen den Elementen.

In bionischer Analogie hierzu konnten ähnliche Stadtbauten geschaffen werden, bei denen die optimal großen Oberflächen der Häuser und die Überbauungen der Straßen und Plätze für Baumbewuchs, Garten- und Parkanlagen zu nutzen sind. Die Innenräume einer solchen, architektonischen Thylakoidstadt stehen mit ausreichendem Volumen für Wohn-, Fertigungs- und Verkehrsanlagen zur Verfügung. In diesen Terrassenstädten wäre das Licht für Grünland und Gewächshausanlagen besser zu nutzen als auf den Flächen konventionellen Landbaues. Kohlendioxidemissionen technischer Anlagen und ihre Abwärme würden sinnvoll zu einer höheren, landwirtschaftlichen Produktivität und Generationenfolge beitragen.

6.2 Bionik der Formgestaltung und Formästhetik

Biosysteme haben im Unterschied zur technischen Architektur für „künstlerische Formentwicklungen" keinen Freiraum. Dennoch trifft man gerade hier auf besonders schöne, harmonische und vom Künstler kaum nachzuahmende Formen und Farben.

Doch liegt dieser Natur-Schönheit ausschließlich die Evolution zugrunde. Das gilt auch für die manchmal äußerst bizarren Formen und Farben im Tier- und Pflanzenreich. Generell dienen sie jeweils der (sexuellen) Attraktion, der Abschreckung oder Verteidigung und der Tarnung.

Im Hinblick auf die Entwicklung des modernen Industrie-stylings lassen sich bionische Analogien ziehen: Die künstlerisch-technische Formbildung z.B. im Automobilbau spielt eine wichtige Rolle als „attraktions"- und verkaufsförderndes „Reizmuster". Und auch hier entdeckt man, daß z.B. die aerodynamisch günstigste Form häufig gleichzeitig die schönste ist.

6.3 Materielle und funktionelle Eigenschaften der Form- und Strukturelemente

Bionische Anregungen für technische Problemlösungen sind sowohl dem Mikrostruktur-(Material) als auch dem Makrostrukturbereich der organismischen Welt zu entnehmen, wiewohl beide funktional voneinander abhängig und deshalb nicht systematisch abzugrenzen sind.

Die Randbedingungen der jeweils bestimmenden Evolutionsstrategien sind bei organismischen Strukturentwicklungen um viele Größenordnungen komplexer als solche, die bei technischen Konstruktionen z.Zt. definiert werden. Das muß bei Behandlung strukturbionischer Fragen nach den schematischen Prinzipien von Abschn. 1.3.2 (sowie 2.2) besonders beachtet werden. Viele Randbedingungen der organismischen Welt wurden von Technik und Architektur bislang nicht als wesentlich angesehen.

Die Einsicht in Probleme der Erschöpfbarkeit materieller und energetischer Ressourcen und der Umweltzerstörung führen erst jetzt zu einer Abkehr von entwicklungshemmenden, technischen „Normen" und konservierten Normvorstellungen. Die Ausweitung der „Randbedingungen" selbst (im Hinblick auf Material- und Energieersparnis, Umweltverträglichkeit und „angepaßter Technologie") ist dabei per se ein bionischer Ansatz.

6.3.1 Material-Bionik

Drei Materialarten sind bionisch besonders interessant:

(a) Hochpolymere Materialien,
(b) zusammengesetzte Materialien und
(c) kontraktile Materialien.

6.3.1.1 Polymere

Strukturen im Tier- und Pflanzenreich sind im Prinzip aus Proteinen und Polysacchariden aufgebaut. Ihre mechanischen Eigenschaften hängen eher von der Anordnung der Moleküle zueinander als von der chemischen Natur der Untereinheiten ab. Abb. 6.2 zeigt drei verschiedene Polymertypen mit ihren mikrostrukturellen Veränderungen bei Streckung.

Amorphe Molekulaggregate (A) besitzen keine Kreuzverbindungen, sind voneinander getrennt und gleiten bei Streckung nebeneinander her. Sie lassen sich praktisch unbegrenzt weit dehnen, kehren aber nach Aufhebung der Dehnungskräfte nicht mehr in ihre ursprüngliche Form zurück. Sie haben eine hohe Viskositat und sind damit flüssige oder plastische Substanzen. Die Einlagerung von fädigen Elementen in eine sonst homogene Substanz ist mitbestimmend für die Viskositat des Materials. Der viskose Widerstand wird von der Geschwindigkeit der Deformation bestimmt. Hier sind bionische Probleme in der Hydraulik und der Lagerung bzw. Abdichtung und Schmierung angesprochen.

Polymere mit Kreuzverbindungen (B), z.B. Latex, gehoren zu den in der biomedizinischen Technik besonders wichtigen Materialien. Durch Vulkanisation werden zwischen den Molekülen Sulfatbrücken hergestellt, die sie zu einem dreidimensionalen Netzwerk umbilden. Bei Dehnung gleiten die Moleküle nicht mehr nebeneinander her, sondern werden in gleicher Richtung gestreckt. Bei tiefer Temperatur sind solche Materialien glashart, bei normaler Temperatur stark dehnbar und elastisch.

Als bionische Vorlage für hochelastische Materialien sind das Abductin und das Resilin besonders interessant. Das Abductin findet sich blockförmig an der inneren Gelenk-

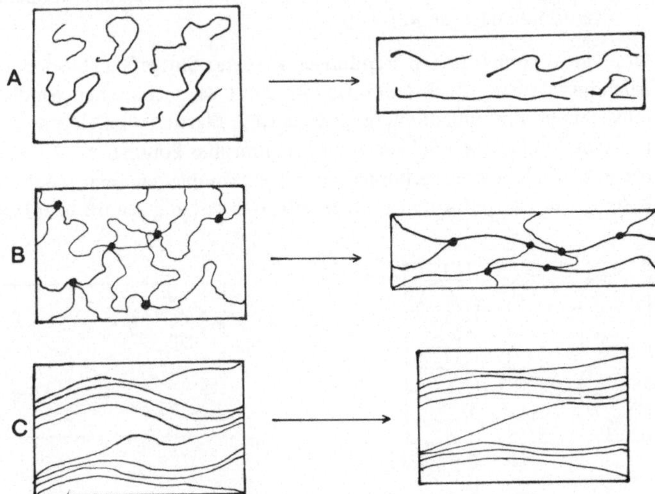

Abb. 6.2 Polymertypen mit ihren mikrostrukturellen Veränderungen bei Streckung: A Amorphe Molekülaggregate, B Polymere mit Kreuzverbindungen, C Langkettige Aggregate

seite von Muschelschalen (vgl. Abb. 5.2). Es wirkt hier wie eine Kompressionsfeder: Die Muschelschale wird durch die elastischen Rückstellkräfte des Abductins geöffnet, wenn der Schließmuskel entspannt wird. (Es wird also nur für den Schließvorgang Energie benötigt. Die kontraktilen Elemente des Muskels werden nach der Verkürzung durch feste Seitenbrücken „gesperrt". Es wird zur Aufrechterhaltung der Verkürzung – im Gegensatz zur tonischen Haltemuskulatur – keine weitere biochemische Energie benötigt.) Das Resilin, ein weiteres Proteinmaschenwerk mit Kreuzverbindungen, ist im Brustkorb von Fluginsekten zu lokalisieren. Durch periodische Muskelbewegungen wird der Brustkorb deformiert. Dadurch werden die dort fixierten Insektenflügel bewegt. Nach ähnlichem Prinzip wie bei Öffnung der Muschelschale durch die elastische Rückstellkraft des Abductins wirkt hier Resilin als sehr effektiver Speicher für Bewegungsenergie. Beim Floh wird durch Muskelarbeit das in den Hinterbeinen befindliche Resilin zusammengepreßt und speichert die potentielle Energie für den Absprung, die durch Lösung von Arretierungsmechanismen der Beine plötzlich freigesetzt wird. Analoge Mechanismen werden beim Heuschreckensprung und in der Pflanzenwelt zum Katapultieren von Samenkapseln benützt. Die Eigenschaften des Resilins sind durch technische Kunstprodukte bislang nicht erreicht:

(1) Resilin kann eine Dehnung auf dreifache Länge tagelang mit gleicher Spannung aufrechterhalten.

(2) Nach seiner Entspannung verkürzt sich Resilin auf die ursprüngliche Länge.

(3) Die Beziehung zwischen aufgebrachter Dehnungsenergie und Rückstellenergie gibt den Prozentsatz der wiedergewonnenen Energie als „Resilience" an. Nach dieser in der Technik üblichen Angabe beträgt beim Heuschreckenresilin der Wert etwa 97 % (gemessen bei einer Deformations- und Entlastungsfrequenz von 50 Hz), bei Kautschuk dagegen nur 91 %.

Das Elastin kommt in den Wandungen größerer Blutgefäße, besonders der Aorta, vor. Auch hier wirken „Rückstellkräfte" im Sinne des technischen Windkesselprinzips beim pulsierenden Blutumlauf energetisch günstig. Elastin ist im Gegensatz zu den bisher genannten, biologischen Substanzen kein amorphes Polymer mit Kreuzverbindungen; es besteht aus globulären, gekoppelten Proteinkomplexen. Seine Globuli gehen bei Streckung von der Kugelform in Formen mit ovalem Längsschnitt über (vgl. Abb. 6.3), in

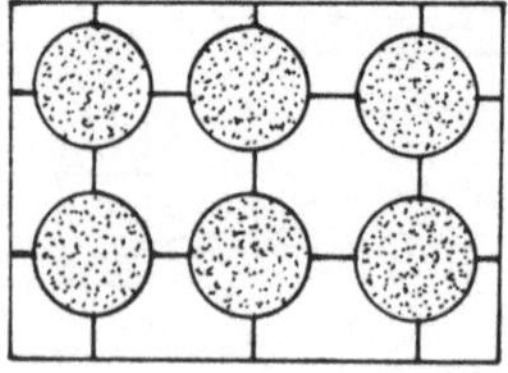

A

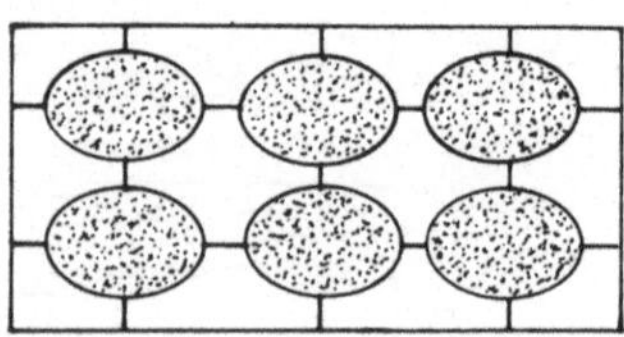

B

Abb. 6.3 Elastin. Schematische Darstellung der gekoppelten globulären Proteinkomplexe. A vor Streckung, B nach Streckung

ihren Zwischenräumen liegt Wasser. Bei Streckung vergrößern sich die Oberflächen, und die Oberflächenspannung wirkt der Streckung entgegen; sie bewirkt bei Entlastung eine Rückkehr in die Kugelform. (Physikalische Betrachtungen und Meßmethoden an elastischen Materialien finden sich bei Kamke, D.; Walcher, W.: Physik für Mediziner.)
Für die elastischen Rückstellkräfte der Blutadern gibt es in bezug auf das Körpergewicht verschiedener Tierarten allometrische Beziehungen (vgl. Abschn. 2.4.3). Für die Elastizität der Aorta gilt die Beziehung:

$$\text{Elastizität} = 8.4 \cdot 10^8\ W^{-1.19} \quad (W = \text{Korpergewicht})$$

Die wenigen, hier genannten Beispiele für plastische und elastische Materialien zeigen, welche Bedeutung biologische Vorlagen für bionische Problemlösungen zum Beispiel im Bereich der Polymer-Chemie für künstlichen Organersatz haben. Hier kommt es darauf an, daß die Oberflächen solcher Kunststoffe gewebs- und blutverträglich sind. Es dürfen bei Kunststoffen zum Blutgefäßersatz oder zur Herstellung von künstlichen Herzklappen und Membranen des mechanischen Herzersatzes nur solche Substanzen verwendet werden, die weder eine Blutgerinnung auslösen, noch zu schnell Ermudungserscheinungen (Risse) zeigen. Eine Abwehr der Gerinnungsauslösung wurde z.T. dadurch erreicht, daß gerinnungshemmende Substanzen in den Kunststoff inkorporiert wurden.

6.3.1.2 Aktive Spannungsentwicklung natürlicher Polymere unter Temperatur- und Salzeinwirkung

Wird ein Gummiband gedehnt, d.h. seine Moleküle werden ausgerichtet, dann ist das ein thermodynamisch relativ unwahrscheinlicher Zustand, die Entropie nimmt ab, und es wird Wärme aufgenommen. Bei Entdehnung wird Wärme abgegeben. Über eine geeignete Anordnung von Umlenkrollen kann man Gummi in ein thermisch isoliertes Gefäß einbringen und dort spannen, sodann wird das Gummiband außerhalb des Gefäßes wieder entspannt. Damit wird Wärme dem Gefäß entzogen und an die Außenwelt abgegeben: Ein Kühlschrankprinzip. Umgekehrt kann durch Wärmezufuhr auf der einen und Wärmeabzug auf der anderen Seite dieses Umlenksystems dadurch mechanische Arbeit erzeugt werden, daß sich Spannung und Entspannung auf die Umlenkrollen übertragen und das Band in Umlauf bringen, solange die Temperaturdifferenz aufrechterhalten wird.
Ein ähnlicher, wesentlich stärkerer Effekt kann mit Kabeln aus einer Nickel-Titanlegierung erzielt werden (Nitinol®). Man bezeichnet solche Materialien als „Gedächtnislegierungen“ (shape memory). Diese Materialien sind bei Temperaturen um 20 °C plastisch verformbar und behalten die Verformung bei. Bringt man sie in etwas höhere Temperaturen (z.B. 60 °C), dann entwickeln sie elastische Rückstellkräfte und kehren in die ursprüngliche Form zurück. Der Wirkungsgrad solcher thermo-mechanischen Kraftmaschinen ist mit 7 bis 10 % sehr gering. Denkt man aber an die „kostenlose“ Energiequelle der die Umwelt belastenden, gewaltigen Abwärmemengen der Industrie, dann wären solche Maschinen in ihrer Doppelfunktion als Energiequellen für mechanische Arbeit und „Abwärmeaufnehmer“ doch interessant.

Gegen eine wirtschaftliche Ausnützung dieses auch quasi bionischen Effekts sprechen die üblichen Argumente: keine Zentralisierung möglich, geringe Drehzahl, lange Amortisationsdauer, hohe Materialkosten.

Collagen, eine weitere, biologische Substanz anderer Elastizität (Dehnungsgrenze bei 10 bis 20 %), findet sich in Haut, Gelenkbändern und in vielen Pflanzenfasern. Hier sind die Molekülketten ausgerichtet und so angeordnet, daß beim Strecken die Abstände zwischen den Molekülen vergrößert werden. Ultramikroskopisch zeigen diese Fasern

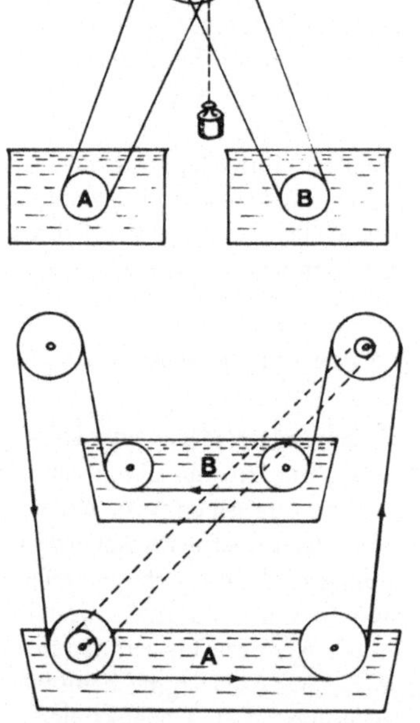

Abb. 6.4 Prinzip zur mechanischen Krafterzeugung (Dehnung und Verkürzung von Collagenfäden bei Salzaufnahme und Auswaschen der Salzlösung)

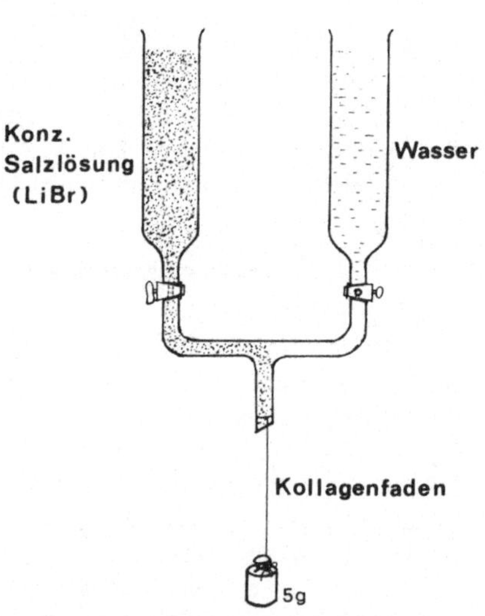

Abb. 6.5 Hubleistung von Collagenfaden bei Salzaufnahme und Auswaschen der Salzlösung

(auch die Seide gehört dazu) feine, helixartig angeordnete Fibrillen. Taucht man diese Fasern nach chemischer Vorbehandlung – in der Chirurgie werden sie als catgut (Nahtmaterial) benützt – in Lithiumbromidlösung ein, dann ziehen sie sich rasch zusammen und können das 1000fache des eigenen Gewichts anheben. Auch hier bietet sich ein bionisch verwertbares Prinzip zu mechanischer Krafterzeugung an (die Fasern entspannen sich reversibel nach Auswaschen der Salze in Wasser). Solche Anordnungen zeigen Abb. 6.4 und 6.5 schematisch.

6.3.2 Bionik der zusammengesetzten Materialien

Das Holz, die äußeren Schalen (Kutikula) der Insekten und Stachelstrukturen von Meerestieren (Seeigel) geben einige Beispiele für sogenannte „Verbundwerkstoffe“, die von der Evolution optimiert wurden. Diese Materialkombinationen und eine unübersehbar große Anzahl weiterer, biologischer Prototypen bieten immer noch ein weites Feld für systematische Anwendungsanalysen (vgl. weiterführende Literatur insbesondere bei Nachtigall).

Diese Materialien bestehen im Prinzip aus Fasern, kristallinen Längsstrukturen und helixartigen Elementen, die in unterschiedlicher Dichte in andere Substanzen eingebettet sind.

Die Insektenkutikula enthalt Schichten parallel angeordneter Chitinfasern. In jeder Schicht sind die Fasern anders ausgerichtet. Die Zwischenräume sind mit Protein ausgefüllt. Hier findet man somit ein Vorbild für Sperrholzverleimungen.

Eine Vielzahl künstlicher Verbundmaterialien sind ähnlich wie Holz und Kutikula aufgebaut. Das Fiberglas besteht z.B. aus feinen Glasfasern, die in plastisches Kunstharz eingegossen sind. Dieses technische Verbundmaterial mit seiner hohen Festigkeit findet bekanntlich im modernen Karosseriebau, in der Flugzeug- und in der Raumfahrtindustrie weite Verwendung. Alle natürlichen Vorbilder sind im Hinblick auf Materialeinsparung, Gewichtsreduzierung und Festigkeit sicherlich noch nicht genügend analysiert worden.

Verbundmaterial aus Zellulose- oder Chitinfasern, die in andere Substanz eingebettet sind, ist bruchfester als Platten oder Stäbe aus den jeweiligen Grundmaterialien.

6.3.2.1 Stabilisierende Eigenschaften biologischer und technischer Verbundmaterialien

Festes Material bricht häufig weit unterhalb seiner theoretisch berechneten Stärke. Ursache hierfür sind kleine Oberflächenschäden, die den Ausgangspunkt fur Riß-Entstehung geben:

In Abb. 6.6 ist eine mit einer Nut versehene Stange dargestellt, die in ihrer Gesamtlänge unter Spannung steht. Dünne, gleichmäßig ausgebreitete Linien zeigen gleichmäßige Verteilung der Spannungsbelastung. An der Einkerbung sind die Linien rund und

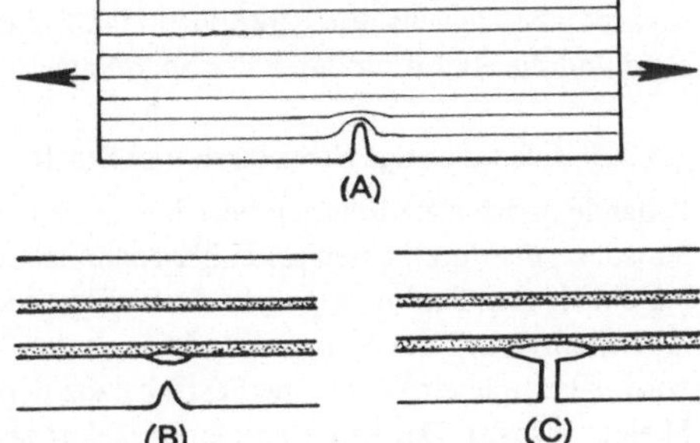

Abb. 6.6
Ausbreitung von Bruch- und Riß-Linien in homogenem (A) und in Verbundmaterialien (B, C)

besonders dicht gelagert. Hier ist die Spannungsbelastung sehr hoch, sie kann ein Mehrfaches desjenigen Wertes betragen, der im übrigen Materialbereich vorliegt. Deshalb wird hier – man denke an die mit Diament vorgeritzte Glasscheibe – die Bruchlinie auftreten (A in Abb. 6.6). Bei biologischen und technischen Verbundmaterialien wird die Ausbreitung der Risse durch die eingebetteten Strukturen behindert (B und C in Abb. 6.6). Der Riß erreicht z.B. die Grenze der eingebetteten Faser, aber sein weiterer Verlauf wird hier blockiert.

6.3.2.2 Sandwich-Strukturen

Konstruktionen, bei denen zwei dünne Oberflächenbeschichtungen durch mehr oder weniger leicht gebaute Stützschichten miteinander verbunden sind, werden als „Sandwichstruktur" bezeichnet. Besonders im Pflanzenreich (z.B. Meerestang) finden sich solche bionischen Vorlagen für die Leichtbautechnik. Biegsame Oberflächen werden in diesem Verbund zu mechanischen Einheiten, die stabil und gegen örtliche Brüche, Knicke und Verformungen besonders stabil sind (vgl. Abb. 6.7 oben). Das locker gebaute Füllmaterial überträgt mechanische Kräfte und verteilt sie gleichmäßig über große Bereiche der Außenoberfläche. In der Technik werden solche Prinzipien für Leichtbauelemente wie z.B. Wellpappen, Sperrholz und Türblätter und im Flugzeugbau angewendet. Hier wird der Profilkörper der Tragflächen häufig mit bienenwabenförmigen Stützstrukturen aus Metallblech oder Kunststoff und Holz ausgefüllt.

Im biologischen Bereich finden sich Sandwich-Strukturen überall dort, wo bei leichter Bauweise hohe, mechanische Belastungen zu ertragen sind (Wandungen der Grashalme, Schäfte der Federhaare, Schmetterlingspuppen und Kalkstrukturen kleinster Meerestiere). Einen Spezialfall von Sandwichelementen bilden die gewichtssparenden Röhrenknochen der Vögel (Abb. 6.7). Ihre Wandungen sind hohl und durch Füllstrukturen verstärkt. Das gemeinsame Prinzip aller dieser Konstruktionen ist es, die zerstörenden Wirkungen großer Kräfte dadurch abzufangen, daß diese sich in viele, kleine Teilkräfte auffächern, verteilen und sich weitmöglichst gegenseitig aufheben. Das Beispiel der Knochenstruktur illustriert besonders anschaulich das sogenannte „Minimum-Maximum-Prinzip": Ein Maximum an Leistung ist durch ein Minimum des eingesetzten Materials zu gewährleisten. In Längsschnitten von Oberschenkelhalsknochen (welche Culman die Anregung zur Konstruktion hochbelastbarer Krantürme und -ausleger gaben) ist zu erkennen, wie die Knochenbälkchen überwiegend der Zug- und Druckbeanspruchung zu genügen haben. Die Massenverteilung der Spongiosa ist den Belastungseinwirkungen jeweils direkt proportional. Die Hauptrichtungslinien der Knochenbälkchen und die Richtungslinien der Spannungstrajektorien stimmen prinzipiell überein.

6.3.2.3 Schaumartige Strukturen und Stoffe

Lebende, marine Radiolarien bestehen aus einer kleinen Menge protoplasmatischer Substanz, die durch einen seifenblasenähnlichen Schaum von Zellen umgeben ist. Wie bei unbelebten Seifenblasen und Seifenfilmen sammelt sich Flüssigkeit innerhalb der Zwischenflächen des Schaumes primär an den Verzweigungen. Aus dieser Flüssigkeit wird in komplexer Weise eine Festsubstanz deponiert, die schließlich das spezifische Skelett aufbaut. Das tote Radiolarienskelett zeigt deutlich die Verzweigungen der

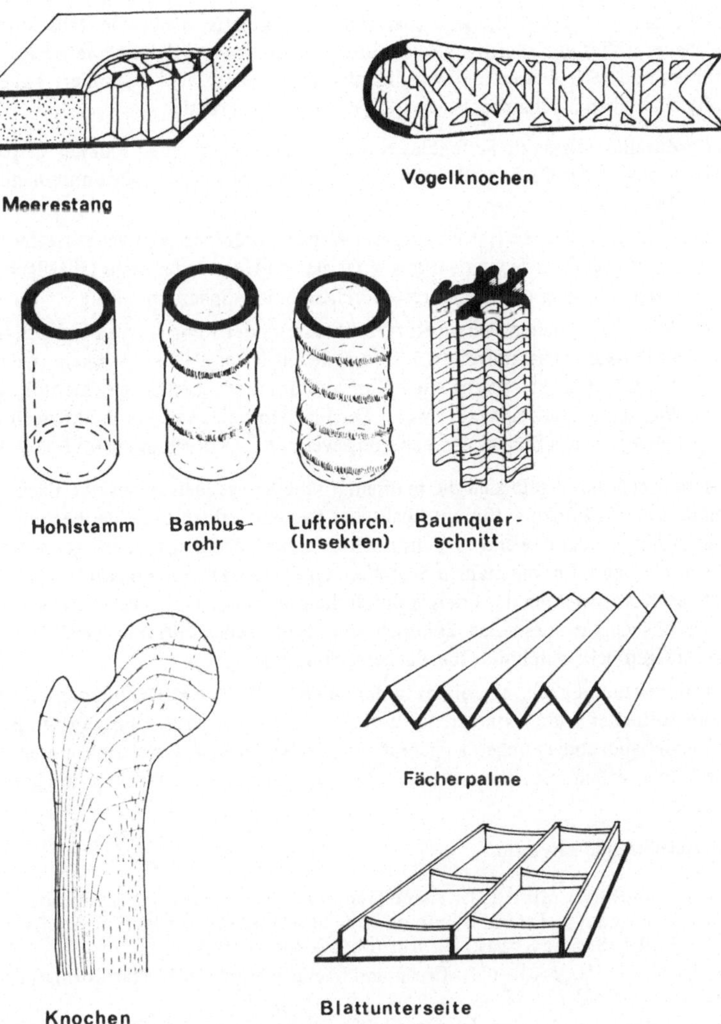

Abb. 6.7 Verschiedene Beispiele für biologische Strukturen (nach Tributsch (1980))

Schaumstruktur, ihre Kurvenabschnitte und Scheitelpunkte. Solche Formen entstehen also nicht primär, um ein optimal festes Stützskelett zu bilden. Sie ergeben sich vielmehr zwanglos aus physikalischen Prinzipien der Minimalisierung der Oberflächenenergie blasiger Strukturen. Die optimale Stützfunktion ist dann nur das Resultat dieser physikalischen Prozesse. (Solche Kausalitäts- oder Konditionalitätsbedingungen werden bei der Analyse der Formevolutionsmechanismen häufig nicht vermutet!)

Die Frage nach den Bildungsmechanismen der Skelettstruktur von Radiolarien ist erst in neuerer Zeit durch die exakte, mathematische Analyse der Geometrie von Seifenfilmen und Seifenblasen besser zu beantworten. Vereinfacht formuliert, liegen dem physikalischen Mechanismus folgende Prinzipien zugrunde.

(1) Zusammengesetzte Seifenblasen oder -filme, die auf einen Rahmen gespannt sind, bestehen aus flachen oder glattkurvigen Oberflächen, die glatt miteinander verbunden sind.

(2) Diese Oberflächen treffen auf zwei Wegen zusammen: Entweder treffen sich exakt drei Oberflächen entlang einer glatten Kurve oder sechs Oberflächen (zusammen mit vier Kurven) treffen sich an einem Scheitelpunkt.

(3) Wenn Oberflächen sich an Kurven berühren oder wenn Kurven und Oberflächen an Punkten zusammenlaufen, so tun sie das unter gleichen Winkeln. Wenn z.B. drei Oberflächen entlang einer Kurve zusammenstoßen, so geschieht dieses unter Winkeln von jeweils 120°. Wenn vier Flächen sich an einem Punkt treffen, so bilden sie jeweils Winkel von näherungsweise 90° (Kurven in einem Punkt = 109°).

Diese drei Grundregeln sind die mathematische Konsequenz eines oberflächenminimalisierenden Prinzips: Ein physikalisches System verbleibt in einer bestimmten Konfiguration nur dann, wenn es nicht noch zu einer Konfiguration mit geringerer Energie wechseln kann. Für die dünnen Schichten einer flussigen Schaumstruktur sind die relativen Komponenten der Energie durch die potentielle Gravitationsenergie, die Kompressionsenergie eines jeden Volumens eingeschlossener Luft und die Oberflächenenergie (ausgedrückt durch die Oberflächenspannung) gegeben.

Es sollte nun möglich sein, dieses in der belebten Welt (z.B. Radiolarien) zur Herstellung optimaler Stütz-Strukturen genutzte Prinzip auch für den Entwurf großer Hallen- oder Gebäudeabdeckungen zu gebrauchen. Solche Konstruktionen könnten mathematisch-theoretisch mit Hilfe elektronischer Rechenanlagen entwickelt und gezeichnet werden.

Weiterführende Literatur

Achenbach, M.; Müller, J.: Shape Memory as a thermally activated process. Proc. Plasticity Today – Intern. Symp. on current trends and results in plasticity. Udine 27.–30.9.1983. Sawczuk, A.; Bianchi, G. (eds.) 1985

Achenbach, M.; Müller, J.: Creep and Yield in Martensitic Transformations. Ing.–Arch. **53** (1983) 73–83

Achenbach, M.; Müller, J.: A model for shape memory. J. de Physique **12** (Suppl.) (1982) 163–167

Bühler, P.: Sandwichstrukturen der Schädelkapsel verschiedener Vögel. Mitt. Inst. f. Leichte Flächentragwerke. Univ. Stuttgart (IL) **4** (1972) 40–41

Helmcke, J.-G.: Gedanken bei der Betrachtung von Diatomeenschalen im elektronenmikroskopischen Bild. Forsch. u. Fortschr. **40** (1966) 8–14

Helmcke, J.-G.; Otto, F.: Lebende und technische Konstruktionen. Bemerkung zu Schalen und Raumtragwerken in Natur und Technik. d b **11** (1962) 856–862

Hertel, H.: Struktur – Form – Bewegung. Mainz: Krausskopf 1963

Kamke, D.; Walcher, W.: Physik für Mediziner. Stuttgart: B.G. Teubner 1982

Lade, R.: Der Einsatz von porösem Polyaethylen als Knochenersatz. Biotechn. Umschau 2 (1978) 196–199

Müller, J.: Nitinol – ein Metall mit Gedächtnis. Naturwiss. 71 (1984) 507–514

Otto, F.: Minimalkonstruktionen und Ästhetik. In: Bubner, E. et al.: Minimalkonstruktionen. Köln: Müller 1977

Prüßner, P.: Aluminiumoxidkeramik als Knochenersatzwerkstoff. Biotechn. Umschau 2 (1978) 192–195

Sawyer, P.N. et al.: The development of polymeric cardiovascular collagen prostheses. Artificial Organs 1 (1977) 83–91

Tributsch, H.: Wie das Leben leben lernte. dtv-Sachbuch 1980

6.3.3 Multifunktionale bionische Architekturprinzipien

Die Beheizung und Klimatisierung von Wohn- und Fertigungsgebauden ist für die Technik von jeher ein wichtiges Problem gewesen. Schon in den Bauten früher, menschlicher Kulturen findet man Konstruktionsmerkmale, die durch die empirisch-technische Methode einer Versuchs- und Irrtums-„Evolution“ entstanden sein können. Sie sind sicherlich auch dann bionischen Prinzipien – vielleicht unbewußt – durch Naturbeobachtungen entwickelt worden (weiterführende Literatur bei R. Stein). Erwähnt seien hier nur die strohgedeckten Bauten europäischer und afrikanischer Kulturen mit ihren hervorragenden Isolations- und Klimatisierungseigenschaften. Die schmalen Häuser der Karibik mit Öffnungen für und Ausrichtung auf den Wind, die Lößhäuser Chinas und Tunesiens mit dem Schutz des Erdreiches gegen Wärme und Kälte, die Kuppelbauten der Eskimos mit ausgeklügelten Zonungs- und Entlüftungssystemen sowie der energetischen Ausnnutzung der Körperwärme von Hund und Mensch und viele andere, frühkulturelle Konstruktionen können noch heute als „humanbiologisch-bionische“ Vorbilder dienen. Sie können Vorbilder insbesondere deshalb sein, weil durch die arbeitsteilig bedingte „Zersiedlung“ moderner Städte alte Probleme unter neuen Randbedingungen gelost werden müssen.

6.3.3.1 Termitenbauten als Beispiel für bionische Klimatisierungs- und Beheizungsprobleme

Die Kompaß-Termiten Australiens richten ihre schmalen, fünf Meter hohen und drei Meter langen Bauten in Nord-Südrichtung aus. Dadurch strahlt die Sonne jeweils am Morgen und am Abend nur eine der vertikalen Flächen an. Am Mittag beheizt die Sonne nur ein schmales Bauprofil. Der hohe Sauerstoffbedarf der Millionen Termitenexemplare (sie leben mit Pilzen zusammen, die ihnen als Nahrung dienen) wird durch ventilations- und klimatechnische Einrichtungen gleichzeitig befriedigt: Die Bauten enthalten senkrechte Kühlrippen. In den Brutkammern und Pilz-Farmen wird O_2 verbraucht und gleichzeitig die Luft erwärmt. Sie steigt durch kaminartige Züge in höher gelegene Räume, wird über die Kühlrippen geleitet und sinkt als kältere Luft durch feine Kanäle in die Warmbereiche des Baues zurück. Durch die poröse Außenhaut wird bei diesen Luftzirkulationen gleichzeitig O_2 aufgenommen und CO_2 abgegeben (vgl. Abb. 6.8). Andere Termitenarten benutzen das Bernoulli-Prinzip (vgl. Kamke, D.; Walcher, W.: Physik für Mediziner) zur Be- und Entlüftung: Infolge des Bernoulli-

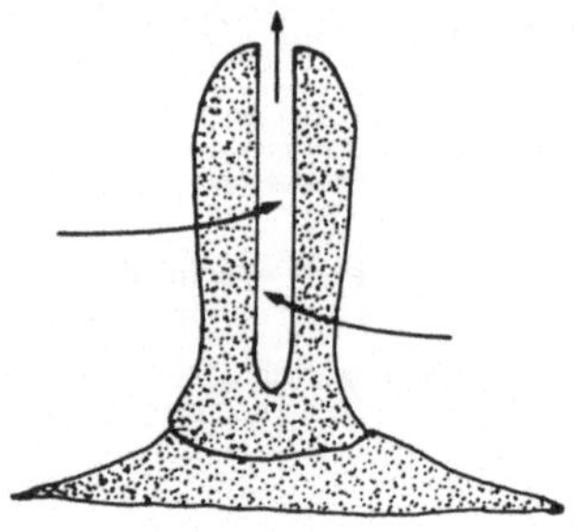

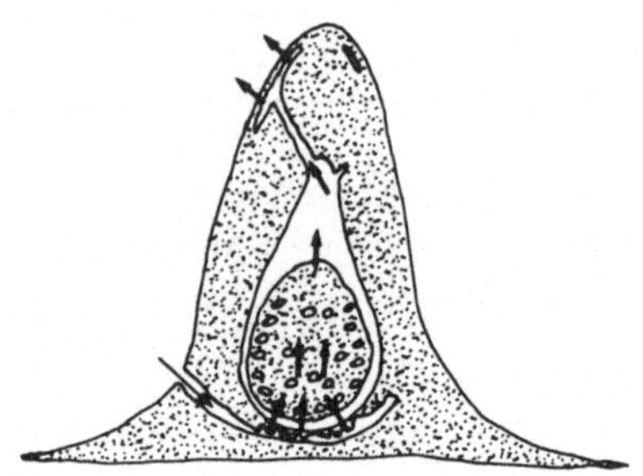

Abb. 6.8 Schematische Schnitte durch Thermitenbauten (nach Tributsch (1980))

Prinzips entsteht an der porösen Spitze des Baues ein kleinerer, statischer Druck als im Inneren des Baues. Deshalb wird das verbrauchte Gasgemisch nach außen transportiert.

Energielieferant für diese Typen der Klimatisierung ist sowohl die endogene Wärmebildung als auch die exogen wirksame Windkraft. Es handelt sich um Prinzipien, die bei menschlichen Hochbauten durchaus das kostenträchtige Ventilatoren- und Kühlmaschinensystem ablösen könnten.

Das Bernoulli-Prinzip wird bei einer Vielzahl tierischer und pflanzlicher Systeme benützt. Nachfolgend werden dazu Einzelbeispiele gegeben.

6.3.3.2 Klimatisierte Wohnhöhle des Präriehundes

Die Erdbauten des Präriehundes sind mit zwei Ausgängen versehen: Der eine führt in ein spitzes, die Erdoberfläche überragendes Kegelhaus. Der zweite Ausgang mündet in einer flachen Mulde.

Die Windbewegung wirkt auf diese unterschiedlich hoch gelegenen Öffnungen und erzeugt nach dem Bernoulli-Prinzip einen Sog, der die Luft aus dem turmartig herausragenden Ausgang zieht.

Allgemein betrachtet nimmt der Druck einer waagerechten Luft- oder Flüssigkeitsströmung ab, sobald ihre Geschwindigkeit steigt. Die Energie solcher Systeme bleibt dabei konstant. Strömt z.B. eine Flüssigkeit durch ein horizontales Rohr unterschiedlichen Querschnittes, dann erhöht sich die Geschwindigkeit in den Engpässen. Hier übt die Flüssigkeit gleichzeitig einen geringeren Druck auf die Rohrwände aus. Ableitungen aus diesem Prinzip erklären gleichzeitig den Auftrieb an Tragflächen von Vögeln und Flugzeugen.

Diese Gesetzmäßigkeiten gelten sowohl für Makro- als auch für Mikrosysteme.

6.3.3.3 Bernoulli-Prinzip beim Gasaustausch und bei Filtrationsprozessen der Pflanzen und Tiere

Die multifunktionale Strukturbildung als bionische Vorlage spielt auch für Stoffwechselleistungen eine wichtige Rolle. Wie oben bereits gezeigt, wird externe Strömungsenergie für endogene Leistungen ausgenützt. In Abb. 6.9 ist der Querschnitt durch das Blatt einer Wasserpflanze dargestellt. Der Gasaustausch wird dadurch erleichtert, daß die Poren an der dem Wind zugewandten Seite der Blätter höheren Luftströmungsge-

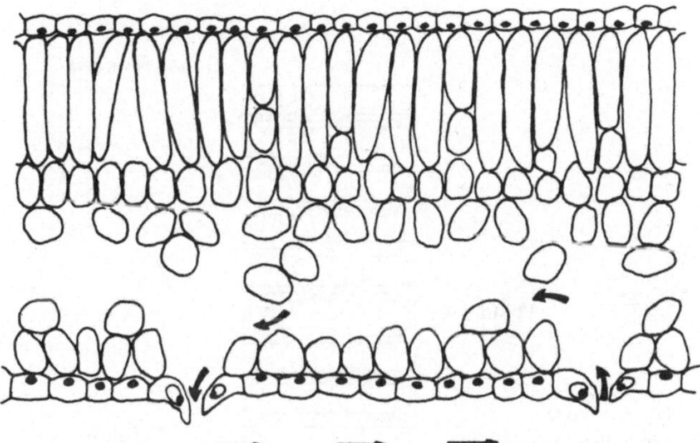

Abb. 6.9 Querschnittschema durch das Blatt der Wasserpflanze (nach Vogel (1978))

schwindigkeiten ausgesetzt sind als diejenigen der Blattmitte. Deshalb tritt Luft in der Blattmitte ein und an den Rändern wieder aus. Auch Schwämme benützen dieses Prinzip zur Steigerung der Filtrationsleistung und Einsparung körpereigener Energie. Die Schlüssellochschnecke besitzt an der Spitze ihrer kegelförmigen Schale eine Öffnung („Schlüsselloch"). Im bewegten Wasser wird nach dem Bernoulli-Prinzip Wasser vom unteren Rand des Gehäuses durch das Tier hindurch zur oberen Öffnung gedrückt. Auch Bracchiopoden nützen durch entsprechende Formbildungen dieses Prinzip aus.

6.3.3.4 Beispiel für die technisch-bionische Ausnützung des Bernoulli-Prinzips in einem Windkraft-Generatorsystem

Betrachtet man zusammenfassend alle bisher beschriebenen, biologischen Prinzipien der energetischen Verwertung von Luftbewegungen in Kopplung mit entsprechenden Raumstrukturen zur Sonnenwärmeabsorption und Abwärmenutzung, dann läßt sich nach diesen bionischen Vorbildern ein multifunktionales Bauwerk folgender Art entwickeln (vgl. Abb. 6.10):

(1) Innerhalb der Basis des Bauwerkes wird Wärme gebildet und abgegeben; entweder geschieht dies im Zusammenhang mit der Müllverbrennung oder mit sonstigen Abwärme verursachenden, technischen Einrichtungen (Prozeß- oder Brauchwasserwärme, Abwärme von Kühlanlagen, Abwärme aus Tierhaltungen etc.).

(2) Um diese Wärmemengen gleichmäßig über längere Zeiträume (bei periodischen Wärmeabgaben z.B.) nutzen zu können, werden sie durch mineralische oder chemische Wärmespeicher geführt. Diese Wärmespeicher sind an den Oberflächen geschwärzt und transparent überdacht und können so tagsüber Sonnenwärme aufnehmen.

(3) Abwärme und Wärme aus den Wärmespeichern temperiert die an der Erdoberfläche eintretende Luft des Bauwerkes, die warme Luft steigt auf und wird gleich-

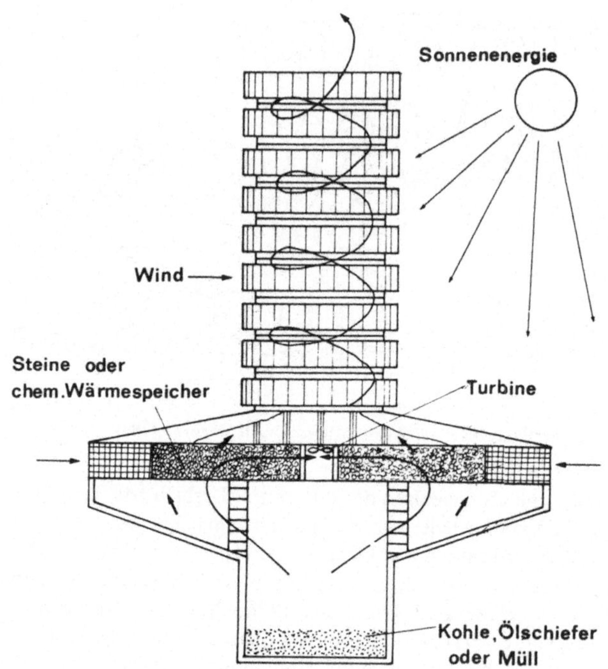

Abb. 6.10 Beispiel für die technisch-bionische Ausnützung des Bernoulli-Prinzips in einem Windkraft-Generatorsystem (nach Vogel (1978))

zeitig bei Windbewegungen nach dem Bernoulli-Prinzip von der Gebäudespitze her abgesaugt. Der dadurch innerhalb des Gebäudes vertikal verlaufende Luftstrom wird über eine Windturbine z.B. zum Antrieb von Generatoren oder mit hoherem Wirkungsgrad zum direkten mechanischen Antrieb sonstiger Maschinen (Mühlen, Wärmepumpen etc.) genützt.

Sehr hohe Luftstromgeschwindigkeiten ließen sich theoretisch dadurch erzeugen, daß (nach dem Vorbild des Präriehund-Baues) Luft aus Gebirgstälern über horizontale Tunnel zu einem vertikalen Tunnel geführt wird, der von der (warmen) Basis eines Gebirges zur Gebirgsspitze führt.

Weiterführende Literatur

Frisch, K.v.; Frisch, O.v.: Tiere als Baumeister. Frankfurt–Berlin–Wien: Ullstein 1974

Oplatka, A.: Mechanochemische Modellsysteme. Chemie in unserer Zeit 7 (1973) 90–96

Schmidt-Nielsen, K.: Klimatechnik im Tierreich. Spektrum d. Wissensch. (1981) Juli 62–69

Vogel, S.: Lebewesen nützen Strömungen. Spektrum d. Wissensch. (1978) Juli 78–86

Vogel, S.: Organisms that capture currents. Scientific American **239** (1978) 108–117

Vogel, S. et al.: Windinduced ventilation of the burrow of the prairie dog. J. Comp. Physiol. **85** (1973) 1–14

6.4 Stadtplanung mit multifunktionalen Strukturen und passiven Klimatisierungs- und Temperierungseinrichtungen

Der bionische Entwurf multifunktionaler Bauwerke und Siedlungskomplexe wurde bereits in Abschn. 6.1 dieses Bandes angesprochen. Die weiterführende Literatur gibt überdies Hinweise auf explizit ausgearbeitete Planungen (z.B. Landsberg: Metutopia, die klimagesteuerte Stadt). Aus Platzgrunden kann daher in diesem Abschnitt auf weitere Einzelbeispiele solcher sehr komplexen Anlagen nicht eingegangen werden. Auf einen wohl sehr theoretischen, aber gleichwohl bedeutungsvollen Aspekt sei jedoch hingewiesen: Multifunktionale Strukturen nach bionischem Vorbild, mit Klima-Zonung, Anlagendezentralisierung, Recycling, biotechnischer Nahrungs- und Futtermittelproduktion im Verbund mit Abgas-, Abwasser- und Abwärmenutzung, optimierter Sonnen- und Windenergieausnutzung etc. sind hochkomplexe Systeme. Bekanntlich ist die Wirkung, der Nutzen oder die energetische Effizienz und schließlich die zu erzielende Lebensqualität für den Menschen bei solchen, vernetzten Systemen nicht der Summe ihrer Eigenschaften und Vorteile proportional zu setzen. Wie bei jedem System ist auch hier das Resultat mehr als die Summe der Resultate der Systemelemente. Es wäre sicherlich lohnend und auch praktisch wirtschaftlich uberzeugend, wenn man Modellberechnungen zur „Nettoeffizienz" solcher – nach bionischen Gesichtspunkten entworfenen – Großstrukturen anfertigen wurde. Diese „Wirtschaftlichkeitsvergleiche" zwischen traditionellen Bauplanungen und den multifunktional vermaschten Bausystemen dürften auf den heute zur Verfügung stehenden Großrechenanlagen ohne große Schwierigkeiten durchführbar sein. Das damit gewonnene Zahlenmaterial wurde wirtschaftlichen und staatlichen Entscheidungsinstanzen sicher eher einen Anstoß zur „bionischen Wende" geben, als noch so gut illustrierte und mit emphatischem Engagement publizierte Modellentwürfe. Letztere werden zu rasch als utopistisch abqualifiziert, wenn auch zu Unrecht.

Weiterführende Literatur

Bahrdt, H.P.: Natürlichkeit und Unnatur des menschlichen Raums. Mitt. Inst. Leichte Flächentragwerke Univ. Stuttgart (IL) **27** (1980) 69–73

Baier, B.: Für ein defensives Bauen. Mitt. Inst. Leichte Flächentragwerke Univ. Stuttgart (IL) **27** (1980) 252–253

Burkhardt, B.: Natürliche Konstruktionen – Natürlich konstruieren. Mitt. Inst. Leichte Flächentragwerke Univ. Stuttgart (IL) **27** (1980) 127–128

Cobarg, C.C.: Sonnenkraft für Jedermann – Solarzellen, Sonnenkollektoren und Versuchsanleitungen. Stuttgart: Frech 1970

Doernach, R.: Über Biotektur-Systeme. Mitt. Inst. Leichte Flächentragwerke Univ. Stuttgart (IL) 27 (1980) 226–228

Gertis, K.: Klimagerechtes Bauen als Kosten–Nutzen–Problem. In: Bubner, E. et al. (Hrsg.): Minimalkonstruktionen. Köln: Müller 1977

Grallert, H.: Entwicklung eines modularen Sonnenheizungssystems. In: Matthöfer, H. (Hrsg.): Forschung Aktuell – Sonnenenergie. Frankfurt a.M.: Umschau Verl. 1976

Helmcke, J.-G.; Otto, F.: Lebende und technische Konstruktionen. Bemerkungen zu Schalen- und Raumtragwerken in Natur und Technik. d b **11** (1962) 856–862

Hennicke, J.: Membranen und Gitter, Bemerkungen über Leichtbaukonstruktionen. In: Bubner, E. et al (Hrsg.): Minimalkonstruktionen. Köln: Müller 1977

Höfler, A.: Formoptimierung von Leichtbaufachwerken durch Einsatz einer Evolutionsstrategie. Dr. Ing. Diss. Tech. Univ. Berlin (1976)

Panzram, H.: Metutopia – Eine klimagesteuerte Stadt. Naturwiss. Rundschau **28** (1975) 330–331

Schmidt-Nielsen, K.: Klimatechnik im Tierreich. Spektrum de. Wissensch. Juli (1981) 63–69

Urbanek, A.: Fünfzig Deutsche Sonnenhäuser. Gräfelfing: Sonnenenergie Verlagsgesellschaft 1980

7 Bionik organismischer Lebensvorgänge – physiologische Bionik

Die Physiologie des Tier- und Pflanzenreiches liefert der Bionik eine große Anzahl prinzipieller Anregungen zur Lösung technischer Probleme. Beispielhaft werden in den folgenden Abschnitten die Funktionsmechanismen des Transports, der Fortbewegung sowie des Substanz- und Wärmeaustausches besprochen.

7.1 Transportsysteme

Die Organismen benötigen Transporteinrichtungen

(1) für die Aufnahme, Verteilung und Abgabe von Substanzen, so z.B. für Wasser, Salze, Wirkstoffe und Stoffwechselverbindungen,

(2) für die Aufnahme, Verteilung und Abgabe von Gasen, z.B. bei der Atmung,

(3) für die Verteilung ionaler Ladungsträger, z.B. zur Erzeugung bioelektrischer Potentiale,

(4) für die Aufnahme, Verteilung und Abgabe von Wärmemengen.

Je nach Betrachtungsweise kann man Transportprozesse, die unidirektional, d.h. in einer Richtung ablaufen, von solchen unterscheiden, die bidirektional (in zwei Richtungen gleichzeitig) oder als Zirkulationssystem im Kreisverbund ablaufen.

Ferner ist der passive Transport (Strömungen entlang von Druck-, Substanzkonzentrations-, Potential-, Temperatur-Gradienten etc.) gegen den aktiven Transport (getragen von mechanischen Pumpen, wie Herz, Lymphgefäß, Lungenmechanik und von biochemischen „Pumpen" in Zellmembranen) abzugrenzen.

Bei Pflanzen überwiegen die Translationssysteme, bei Tieren die Rotations- oder Zirkulationssysteme.

Als bionische Prototypen werden in den folgenden Abschnitten die osmotische Translationsbewegung des Wassers und die Ionentransportvorgänge (Rotationssystem) exemplarisch dargestellt.

7.1.1 Osmotische Translationsbewegung des Wassers als bionische Vorlage zur hydrodynamischen Energieerzeugung

Treibende Kräfte für den Wassertransport in höheren Pflanzen sind: Wurzel-, Druck- und Transpirationssog. Die Wurzeln nehmen Wasser durch Osmose auf. Die treibende Kraft ist dabei die Konzentrationsdifferenz der Wassermoleküle. Diese Konzentrationsdifferenz wird dadurch aufrecht erhalten, daß über biochemisch angetriebene Membran-„Pumpen" Mineralsalze in das Xylem der Wurzeln transportiert werden. Die dadurch erhöhte Salzkonzentration gewährleistet den Wassereinstrom. In den Pflanzenblättern verdunstet Wasser und senkt somit die Wasserkonzentration in den Blattzellen; aus den Blattadern strömt Wasser osmotisch wieder in die Zellen ein. Insgesamt wird die Wassersäule im Xylem der Blattadern nachgezogen. Diese – tatsächlich wesentlich komplexeren – Prozesse gaben Anregung für eine bionische Ausnutzung der osmotischen Energie.

Osmotische Energie steht überall dort zur Verfügung, wo Süßwasser (aus Flüssen z.B.) in Salzwasser (Meerwasser) einmündet. So wurde errechnet, daß der dabei auftretende Energieumsatz einem Wasserfall der Höhe von 225 m entspricht (vgl. weiterführende Literatur: Norman) und daß ein osmotischer Energiekonverter mit einem Wirkungsgrad von 25 % arbeiten könnte.

Prinzipiell können folgende Berechnungen durchgeführt werden:

(1) Aus der Mischung eines Süßwasservolumens V_1 mit einem Salzwasservolumen V_2 (Konzentration C_2) resultiert eine Lösung $(V_1 + V_2)$ und eine Konzentration $C = C_2 \cdot V_2/(V_1 + V_2)$.

(2) Betrachtet man vereinfachend die osmotisch aktiven Teile als „Gas", dann befinden sich anfangs $N = C_2 V_2$ Mole der Partikel im Volumen V_2. Nach Mischung expandiert das Gas isotherm auf das Volumen $(V_1 + V_2)$ mit der Entropiezunahme

$$\Delta S = N \cdot R \cdot \ln(1 + V_1/V_2)$$

(3) Eine „Umkehr" der Expansion (isotherm) würde den Energiebetrag $W = T\,\Delta S$ freisetzen. (Normalerweise ist V_2 wesentlich größer als V_1).

(4) Salzwassermeere wirken als „unendlich großes Reservoir" einer konstanten Salzkonzentration. Deshalb wird

$$W = NRT\,(V_1/V_2) = RTC_2 \cdot V_1$$

(5) Ein Liter Süßwasser würde bei dem Zusammenfluß mit Salzwasser (Meerwasser hat eine osmotische Konzentration von ca. 1 osmol/ℓ) 22.4 ℓ/Atmosphären-Energie freisetzen. Ein Frischwasserzufluß von 1 m^3/s könnte somit 2.24 Megawatt Salinationskraft liefern.

Dieses sind natürlich nur theoretische Betrachtungen.

Salinationsenergie dieser Art kann in mechanische oder elektrische Energie umgesetzt werden. Die Proportionalitätskonstante $P_0 = RTC_2$ zwischen freigesetzter Energie und dem benutzten Wasservolumen ist in Druckeinheiten zu definieren, d.h. als der osmotische Druck des Meerwassers.

Abb. 7.1 stellt das technische Grundprinzip für einen osmotischen Converter dar. Welche Analogiebeziehungen bestehen nun im bionischen Sinne zwischen dem Wassertransport in der Pflanze und dieser technischen Anordnung?

(1) Membranen der Wurzelzellen sind technisch durch synthetische Membranen (z.B. solchen der Wasserentsalzungstechnik = umgekehrte Osmose) abgebildet.

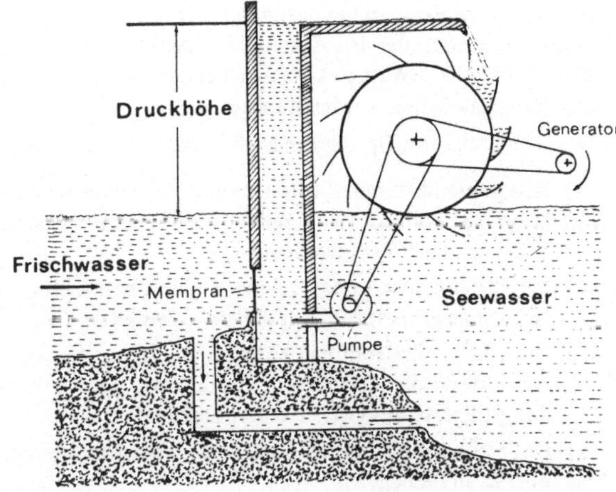

Abb. 7.1
Schema eines technischen, osmotischen Konverters: Süßwasser strömt durch die semipermeable Membran in den Seewasser enthaltenden Turm, das Volumen im Turm nimmt durch die entlang dem osmotischen Gradienten aufgenommene Süßwassermenge zu. Dadurch steigt die Wassersaule, fließt von der Höhe der Druckkammer auf ein Wasserrad und betreibt einen Generator (nach Norman (1974))

(2) Aktive Pumpen für den Mineralsalztransport in das Xylemsystem sind durch eine Pumpe dargestellt, die Meerwasser in einen osmotischen Druckraum transportiert.

(3) Wasserverdunstung in den Pflanzenblättern ist im Converter durch einen Überlauf ersetzt, der ein Wasserrad antreibt.

(4) Wassertransport durch die Pflanzensysteme ist Voraussetzung fur den pflanzlichen Stoffwechsel. Ein Teil der Stoffwechselenergie (z.B. ATP) wird für den aktiven Salztransport im Wurzelbereich verwendet. Im Converter wird ein Teil der über das Wasserrad gewonnenen Energie zum Antrieb der Meerwasserpumpe benützt.

Insgesamt findet man – wenn auch relativ entfernte – Analogieprinzipien. Wie aus der Abbildung bereits ersichtlich, funktioniert der Converter nach folgendem Prinzip:

Süß-(Fluß-)Wasser wird von Meerwasser durch semipermeable Membranen getrennt. Süßwasser strömt durch die Membranen in das Salzwasser-Kompartiment, treibende Kraft ist dabei der osmotische Gradient. Das Volumen des Süß-/Salz-Wassergemisches nimmt zu, damit steigt eine Wassersäule im Kompartiment bis zur Druckspitze P. Von der Höhe der Druckkammer (= Kompartiment) fließt das Gemisch auf ein Wasserrad und setzt dabei $PdV = RTC_2/dV$ Energie frei.

7.1.2 Ionaler Ladungsträgertransport durch Membranen als bionisches Prinzip einer Dialysebatterie

Die bioelektrischen Potentiale an Membranen der Organismen (z.B. Nerven- und Muskelzellen) werden durch ionalen Ladungsträgertransport gebildet. Dieses Prinzip ist in Abschn. 9 ausführlich dargestellt. Es läßt sich als bionische Vorlage zur technischen Erzeugung elektrischer Energie benutzen.

Im vorangehenden Abschnitt wurde bereits erwähnt, daß der Einstrom von Süßwasser in das Meer pro Kubikmeter und Sekunde theoretisch 2.25 Megawatt Leistung liefern könnte. Diese Berechnung bezog sich auf die osmotische Arbeit. Ebenfalls theoretisch wurde berechnet, daß bei Ansatz der Gesamtwasserführung aller Flußmündungen der Erde $2.43 \cdot 10^{12}$ Watt elektrischer Leistung durch Ausnützung der Süß-/Salz-Wassermischung gewonnen werden könnte.

Das technische Prinzip solcher Dialyse-Batterien ist in Abb. 7.2 wiedergegeben:

(1) Alternierend trennen Anionen- und Kationen-Austauschermembranen Räume (Kompartimente), die in Parallelschaltung abwechselnd von Süßwasser und Meerwasser durchströmt werden.

(2) Metallelektroden in den beiden Endkompartimenten werden an eine externe Last (R_L) angeschlossen, durch die ein elektrischer Gleichstrom fließt.

(3) Der Diffusionsstrom von Natrium durch jede Kationen-Austauschermembran und von Chloridionen durch jede Anionen-Austauschermembran erzeugt einen Ladungsträgerstrom zwischen den Elektroden.

(4) Das System funktioniert nach dem Prinzip einer umgekehrten, elektrolytischen Entsalzungsanlage.

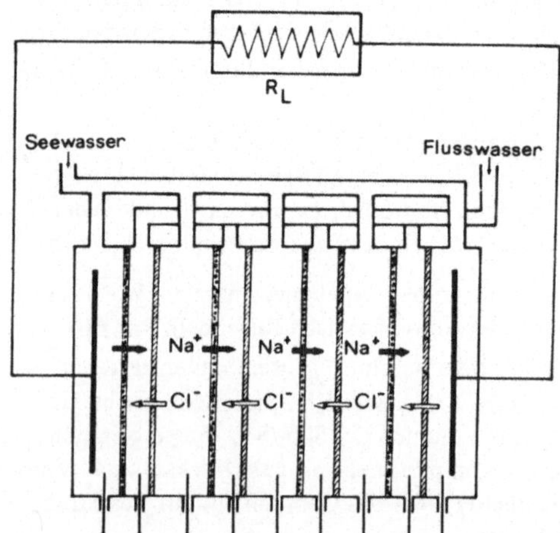

Abb. 7.2
Schema einer Süßwasser/Salzwasser-Batterie (nach Weinstein u. Leitz (1976))

Die Analogiebeziehungen zur biologischen Membran ergeben sich wie folgt: Natriumionen sind an der Außenseite der Membran hoch, an der Innenseite niedrig konzentriert. Der passive Na^+-Einstrom wird dadurch aufrecht erhalten, daß der Konzentrationsgradient durch permanenten, aktiven Na^+-Austransport über biochemische Ionen-Pumpen aufrecht erhalten wird. Am technischen System ist der passive Ionenstrom durch die Membran dadurch gewährleistet, daß permanent Süß- bzw. Salzwasser aus dem Fluß- bzw. Meerwasserreservoir an den Austauschermembranen vorbeigeleitet wird. Ein „aktiver“ Ionen-Rücktransport ist daher nicht notwendig, Energielieferant in einem solchen System ist letztendlich die Sonne, die zur Meerwasserverdunstung und somit zur Süßwasserbereitung ihre Wärmeenergie liefert.

In einfachstem Ansatz gelten für die Dialyse-Batterie die folgenden Annahmen:

(1) Die eingespeisten Lösungen bestehen aus einer NaCl-Lösung und Süßwasser (anstelle von Meer- und Flußwasser).

(2) Vernachlässigt werden bei der summarischen Betrachtung: der Wasserstrom durch die Membran und die Konzentrationspolarisation in Membranoberflächennähe.

(3) Wegen des relativ raschen Durchstroms durch die Kanäle verändern die eingespeisten Flüssigkeiten ihre Konzentration nur unwesentlich.

Besitzt ein solches System eine Anzahl von n Membranpaaren, dann entwickeln diese (im offenen Stromkreis) ein Potential, welches der Summe der einzelnen Membranpotentiale entspricht:

$$E_0 = 2n \frac{\alpha RT}{F} \ln\left(\frac{a_s}{a_f}\right) \tag{1}$$

Dabei ist: R = allgemeine Gas-Konstante, T = absulte Temperatur, F = Faraday-Konstante, die Indizes s und f entsprechen der NaCl-Aktivität in See- und Flußwasser, 0 bezeichnet die durchschnittliche Selektivität der Membranen.

Der Gesamtwiderstand der in Serie geschalteten Membranelemente ist R_g. Er entspricht der Summe der Serienwiderstände:

$$R_g = \frac{n}{A}(R_a + R_c + R_f + R_S) \tag{2}$$

Dabei ist A die stromdurchflossene Fläche jeder Membran. Die indizierten R sind Oberflächenwiderstände (Ohm · m^{-2}), a und c kennzeichnen die Anionen- und Kationen-Austauscher-Membranen.

Wenn die Längen h der Fluß- und Seewasserkompartimente größenordnungsmäßig gleich sind, dann wird R_s klein im Vergleich zu R_f. Der Gesamtwiderstand R_g wird dann

$$R_g \approx \frac{N}{A}\left(R_a + R_c + \frac{h_r}{G_r c_r}\right) \tag{3}$$

Dabei ist G_r die äquivalente Leitfähigkeit und c_r die Flußwasserkonzentration.

Die Leistung P des hier betrachteten Salzwasser-Batteriesystems ist nach Einsetzen der Werte aus Gl. (1) und (3):

$$P = I^2 R_L = \frac{(E_0)^2 R_L}{(R_G + R_L)^2} \tag{4}$$

(Maximale Leistung kann entnommen werden, wenn $R_G = R_L$ ist!)

Koppelt man – in Gebieten mit stärkerer Sonneneinstrahlung – das Batteriesystem mit einer Wärmeentsalzungsanlage, dann erhält man eine lokal-regenerative Anlage mit den folgenden Vorteilen:

(1) Durch Sonnenwärmedestillation wird aus dem Endprodukt der Batterieanlage, dem verdünnten Salzwasser, wieder Süß- und konzentriertes Salzwasser gewonnen. Beide Lösungen läßt man dann wieder zum Eingang der Batterie rezirkulieren.

(2) Das unter Wärmedestillation gewonnene, konzentriete Salzwasser hat eine höhere Temperatur als das abgedampfte und kondensierte Süßwasser: An den Membranen wird der Diffusionsprozeß durch Thermodiffusion beschleunigt.

Die optimalen Parameter solcher Batterien lassen sich mit Hilfe der Evolutionsstragie (vgl. Abschn. 3.4.2) ermitteln.

Eine biologische Vorlage für das Prinzip der Diffusionsbatterie sind die „elektrischen Organe" von Electrophorus electricus, einer Fischart des Amazonasbeckens. Spezialisierte Muskelanlagen mit ihren neuronalen Endplatten sind dabei so in Serie geschaltet, daß bei Membranerregung die Summe der Einzelaktionspotentiale von je 100 mV einen Spannungswert von mehreren 100 V erreicht.

7.1.3 Bionik des Festkörper- und Flüssigkeitstransportes in Röhren: Blutkreislauf

Der bioenergetisch notwendige Stoffaustausch bei Einzellern kann durch Diffusion erfolgen. So benötigt ein Sauerstoffmolekül eine Zeit von $5 \cdot 10^{-8}$ s, um die Dicke der Zellmembran (0.01 μm) zu durchdringen. Für die Versorgung einer Muskelzellschicht mit dem Durchmesser 10 μm wird bereits ein Zeitaufwand von $5 \cdot 10^{-2}$ s benötigt, und für die Durchdringung einer 1 cm dicken Gewebsschicht wären schließlich 14 Stunden notwendig. Diese Beispiele zeigen, daß mit der Größenzunahme der Vielzeller während der Evolution der Stoff- und Gastransport durch den Organismus nur mit besonders ausgebildeten Kreislaufsystemen zu leisten ist.

Im Tierreich sind drei Prinzipien der Stoffverteilung durch Kreislauf verwirklicht:
(a) Offene Kreisläufe: Haemolymphe wird durch Lückenräume des Coeloms getrieben.
(b) Geschlossener Blutkreislauf in spezialisierten Gefäßen. (c) Übergangsformen zwischen offenem und geschlossenem Kreislauf. Die aktiven Pumpmechanismen und die strukturelle Organisation dieser Kreislaufsysteme sind als bionische Vorlagen für technischen Stofftransport und für die biomedizinische Technik interessant.

Die allgemeine und die biomedizinische Technik suchen Problemlösungen zu den folgenden Fragen:

(1) Welche Pumpenformen und -prinzipien sind energetisch optimal?

(2) Wie müssen pendelstromfreie Ventile ausgestaltet sein?

(3) Wodurch lassen sich in Pumpen und an Ventilen energetisch nachteilige Turbulenzen vermeiden?

(4) Was gewährleistet den geringstmöglichen Stromungswiderstand in Röhrensystemen?

(5) Welche Aufgabelungswinkel und -strecken sind optimal in Röhrenverzweigungssystemen?

(Diese Aufzählung ist unvollständig und gibt nur Tendenzen wieder.) Welchen Beitrag können biologische Systeme zur bionischen Problemlösung in diesem Fragenkreis leisten?

7.1.3.1 Bionik der Antriebsmechanismen für Flüssigkeits- und Festkörpertransport in Röhrensystemen

Die peristaltische Kontraktion elastischer Röhrenabschnitte (Arterien und Venen) mit Ventileinrichtungen ist das einfachste Pumpprinzip im Tierreich. Die Peristaltik kann aktiv durch Muskelfasern in den Gefäßwänden (z.B. Aorta, Pfortadern, Nabelschnurgefäße, Flughautvenen der Fledermäuse) angetrieben werden. Sie kann aber auch passiv erfolgen, wenn z.B. die größeren Venen rhythmisch durch die Pulsation der in unmittelbarer Nähe gelegenen Arterien komprimiert werden. Venenklappen verhindern den Rückstrom.

Speziell entwickelte „Hohlmuskelanordnungen" leiten von der primitiven Blutgefäß-Wandmuskulatur zur biologischen Konstruktion des Herzens über. Das Säugetierherz ist z.B. als Vorbild für technische Drucksaugpumpen anzusehen: Bei der systolischen Herzkammerkontraktion wird die Ebene der zwischen Kammern und Vorhöfen gelegenen Ventile so verlagert, daß in den Vorhöfen das Blutvolumen für die nachfolgende Kammerfüllung angesaugt wird.

Die biomedizinische Technik fordert Konstruktionen für den mechanischen Ersatz des krankhaft veränderten natürlichen Herzens. Solche Bemühungen reichen vom vorübergehenden Ersatz der Pumpleistung (Assistsysteme) bis zum totalen Herzersatz durch mechanische Pumpeinrichtungen.

7.1.3.2 Bionik des künstlichen Herzens

Das in seiner Leistung versagende Herz kann durch zwei Prinzipien unterstützt oder total ersetzt werden:

(1) Vorübergehende Einführung von Hilfspumpen in die große Körperschlagader (= aortale Gegenpulsation).

(2) Vorübergehende oder permanente, chirurgische Totaleinpflanzung eines künstlichen, mechanischen Herzens.

Beide Maßnahmen werden sich natürlich (d.h. bionisch) weitmöglichst den physiologischen Bedingungen und Grundeigenschaften anpassen. Bionisches Vorbild der aortalen Gegenpulsation ist z.B. das kontraktile Blutgefäßsystem kleiner und einfacher Tierarten.

Bei der aortalen Gegenpulsation wird über die Arteria femoralis ein pneumatisch aufblasbarer Polyurethan-Ballonkatheter in den aufsteigenden Abschnitt der Brustaorta eingeführt. Durch das Signal des Elektrokardiogrammes (R-Zacke) jeweils gesteuert, füllt und entleert eine externe Pumpe den Ballon in der Aorta. Dadurch wird während der Diastole Blut verdrängt. Es strömt z.T. retrograd durch die Herzkranzgefäße, verbessert ihre Durchblutung und damit die Sauerstoffversorgung des erkrankten Herzmuskels. Durch die Ballonentleerung in der Systole wird der Aortendruck abgesenkt und damit das Herz entlastet. Es muß jetzt nur gegen einen geringen Druck anpumpen. (Daten: Ballonvolumen ca. 20 cm^3, Füllungs- und Entleerungszeiten ca. 100 bis 200 ms. Maximale (Ekg-gesteuerte) Pumpfrequenz 170 min^{-1}.)

Künstliche, mechanische Herzen werden heute so geformt, daß sie in den Raum passen, der sonst vom natürliche Herzen eingenommen wird. Ihre Leistungsstärke (ca. 2.5 Watt beim linken und 0.5 Watt beim rechten Herzen) muß den Gesamtkreislauf mit Blut versorgen (maximal etwa 30 Liter/min) und den jeweiligen Bedürfnissen angepaßt sein. Schlagfrequenz und Schlagvolumen müssen über ein komplexes System von Sensoren und elektronischen Regelschaltungen der vegetativen Gesamtsituation angepaßt werden können. Das Material der künstlichen Herzpumpe muß außerordentlich friktionssicher, d.h. haltbar sein, die beweglichen Membranen bzw. Pumpbestandteile werden mit etwa 40 Millionen Schlägen pro Jahr beansprucht. Schließlich müssen ausschließlich solche Substanzqualitäten und -oberflächen benützt werden, die nicht zur Hämolyse (Zerstörung der roten Blutzellen) bei der Blutumwälzung führen.

Der hydraulische Antrieb des Herzens mittels einer in einem Koffer extracorporal mitgeführten Pumpe bedingt wegen der relativ großen Schlauchdurchführungen durch die Haut erhebliche Unsicherheit (Infektionsgefahr) und Bewegungseinschränkung des Patienten.

Darum bemüht sich die biomedizinische Technik um implantierbare Antriebe. Ein moderner Energiewandler dieser Art liefert z.B. den hydraulischen Antrieb über eine kleine, elektrische Pumpe. (Größe und Gewicht einer Taschenlampenbatterie: Volumen 30 cm^3, Gewicht: 85 g). Durch Drehumkehr des zwischen zwei Statoren gelagerten Impellers wird die Hydraulikflüssigkeit (z.B. Silikonöl) zwischen dem rechten und linken Herzen hin- und hergepumpt. Die Stromzufuhr für den bürstenlosen Gleichstrommotor, der hydraulisch gelagert ist, erfolgt von einer außen am Körper zu tragenden Batterie über ein durch die Haut geführtes Kabel.

Alle Entwicklungsarbeiten am künstlichen Herzen sind noch im experimentellen Stadium. Es werden z.B. bei Kälbern schon Überlebensraten von über 300 Tagen erreicht.

Besonders problematisch bleibt die Entwicklung spezieller Verbundwerkstoffe zur internen Auskleidung der Pumpe, die so beschaffen sein soll, daß sich natürliche Endothelzellen ansiedeln und damit Blutgerinnungsprozesse verhindern.

Immerhin leisten mechanische Herzersatzpumpen bereits einen wichtigen Dienst, wenn diese Blutförderungseinrichtungen vorübergehend solchen Patienten angelegt werden konnen, die auf ein natürliches Herztransplantat warten müssen. In solchen Fällen wird dem linken Herzen die Pumpe parallel geschaltet. Es entsteht so eine Überbrückung zwischen linkem Vorhof und Aorta. Dieser „atrio-aortale Bypass“ ist zu dieser Zeit die am häufigsten benützte Methode. Das bionische Abbild der kontraktilen Blutgefäße ist die Gefäßpumpe ohne bewegliche Ventile: Sie besteht aus einem dem mittleren Herzschlagvolumen entsprechenden Zylinder, der mit einer Silikonkautschuk-Membran ausgekleidet ist. Diese Membran schließt an den Zylinderenden dicht ab und wird über Öffnungen in der Zylinderwand im Herzschlagrhythmus pulsierend (durch Einleitung von Gas in den Zwischenraum: Membran/Zylinderwand) aufgeblasen. Die Membran spannt sich und preßt den Zylinderinhalt nach einer Seite heraus. Die andere Zylinderseite wird während dieser Pumpenentleerungen durch eine reifenförmige Hohlraummembran geschlossen. Bei Pumpenfüllung wird die andere Zylinderseite durch einen analogen Mechanismus geschlossen. Dem elektronischen Regelungssystem dieser Einrichtung ist eine vermaschte Anordnung von Druckaufnehmern, O_2-Meß-Elektroden etc. übergeordnet. Damit werden die multimodalen Verschaltungen im Nervennetz der Kreislaufregulation simulierbar.

Alle hier angesprochenen Einrichtungen haben eine Vielzahl von Parametern. Um zu solchen Parameterkombinationen zu kommen, die einen „Bestwert" der Pumpenleistung gewähren, kann die in Abschn. 3.4 beschriebene, bionische Optimierungsstrategie eingesetzt werden. Bei der Entwicklung optimal geformter, künstlicher Ventrikel ist das geschehen: Es gelang, damit z.B. Flußbedingungen zu vermeiden, die eine Bildung sogenannter Totwasserzonen oder Zonen mit Scherkräften verursachen, in denen Blut haemolysiert wird oder gerinnen kann. Die Anwendung der Evolutionsstrategie führte hierbei zu Formgebungen, die mit konventionellen Methoden nicht erreicht worden sind. Dies mag ein Beispiel dafür sein, daß es in der Bionik nicht ausreicht, biologische Formgebungen phänomenologisch nachzuahmen; es muß vielmehr häufig der Weg nachvollzogen werden, auf dem diese Formgebungen entstanden sind: die trial-and-error-Methode der Evolution.

Weiterführende Literatur

Cooney, D.O.: Biomedical Engineering Principles. Transport Through Cell Membranes. Bd. 2. New York–Basel: Marcel Dekker 1976

Frömter, E.: Stofftransport durch biologische Membranen. In: Hoppe, W. et al. (Hrsg.): Biophysik. Berlin–Heidelberg–New York: Springer 1977, 328–360

Levenspiel, O.; Meyer, N.de· The Osmotic Pump. Science **183** (1974) 157–160

Manecke, G.: Membranakkumulator. Z. Physikal. Chemie **201** (1952) 1–15

Norman, R.S.: Water Salination – A Source of Energy. Science **186** (1974) 350–353

Pattle, R.E.: Production of Electric Power by Mixing Fresh and Salt Water in the Hydroelectric Pile. Nature **174** (1954) 660

Weinstein, J.N.; Leitz, F.B.: Electric Power from Differences in Salinity – The Dialytic Battery. Science **191** (1976) 557–559

7.1.4 Das Blutgefäßsystem als bionische Vorlage für die optimale Formgebung verzweigter Röhrentransportsysteme

Das Transportleitungssystem der Blutbahn wurde durch die Evolution in seinem morphologischen Aufbau und in der Verzweigungsstruktur jeder Einzelbahn optimiert. Der Zirkulationsapparat ist daher aus folgenden Gründen bionisch interessant:

(1) Nach diesem Vorbild können technische Probleme des Flüssigkeits- und Festkörperdurchsatzes beim Röhrentransport und bei der Planung verzweigter Rohren als Zulieferstation für eine Vielzahl von Verbraucherstationen gelöst werden.

(2) Biomedizinisch-technische Konstruktionen verzweigter Röhrensysteme bei Blut-Oxigenatoren, Herz-Lungenmaschinen und der künstlichen Niere können aus den Dimensionierungen natürlicher Blutgefäßsysteme wertvolle Anregungen erhalten.

(3) Die Biotechnik der Algen-, Bakterien- und Zellkulturen benötigt Speisungssysteme für Nährlösungen. Auch hier kann z.B. das natürliche Kreislaufsystem des Warm-

blüters Anregungen geben. Eine Berechnung: Wollte man ohne rezirkulierende Nährflüssigkeit alle Gewebe des menschlichen Körpers künstlich züchten, dann wären dazu etwa 200.000 Liter Inkubationsflüssigkeit notwendig. Im zirkulierenden System des Blutkreislaufs genügen dazu nur 5 Liter Blut!

Der bionische Entwurf eines verzweigten Röhrentransportsystems z.B. als Bestandteil eines Mehrkammer-Oxigenators (vgl. Abschn. 7.1.8.2) oder einer Salz-Wasser-Batterie (vgl. Abschn. 7.1.2) kann die folgenden, prinzipiellen Forderungen stellen:

(1) Das Strömungsmedium (korpuskuläre Aufschwemmung von Blutzellen, Flüssigkeiten) soll aus einer Stammleitung zu einer definierten Anzahl von Empfängern transportiert werden.

(2) Über das hierbei benützte, verzweigte Rohrleitungssystem soll eine gleiche Mengenaufteilung erreicht werden.

(3) Die Kostenfunktion $F = pQ + kV$ soll einen minimalen Wert haben (p = Druckverlust, Q = Mengenstrom, k = Gewichtsfaktor, V = Leitungsvolumen).

Bei dieser und ähnlichen, energetischen Optimierungsaufgaben stellen sich unter anderem zwei Fragen:

(a) Wie sind die Durchmesserabstufungen der Röhrenverzweigungen zu wählen?

(b) Welche Längen sollen die Röhrenabschnitte zwischen den Aufzweigungen haben?

Diese Fragen werden in den nachfolgenden Abschnitten am Beispiel des Blutgefäßsystems untersucht.

7.1.4.1 Optimierte Durchmesserabstufungen verzweigter Blutadern

Durch Ausmessungen erhält man empirisch Daten für die Blutgefäßaufzweigungen einer Blutstrombahn (vgl. Tab. 10): Diese Daten kann man, wie in Abb. 7.3 gezeigt, in ein Diagramm eintragen, um Gesetzmäßigkeiten sinnfällig zu machen.

Tab. 10 Anzahl und Durchmesser der arteriellen Strombahngefäße (Hund)

Gefäßart	Anzahl z_i	Durchmesser D_i (mm)
Aorta	1	10
große Arterien	40	3
Arterienäste	600	1
Arterienzweige	1800	0.6
Arteriolen	40 000 000	0.02
Kapillaren	1 200 000 000	0.008

Der Durchmesser der jeweiligen Gefäßart (von der Aorta bis zu den Kapillaren) wird als Funktion der Gesamtzahl dieser Gefäßart aufgetragen: $D_i = f(z_i)$. Aus dieser Auftragung ergibt sich das Gesetz:

$$D_{i+1} = D_i \sqrt[3]{1/2}$$

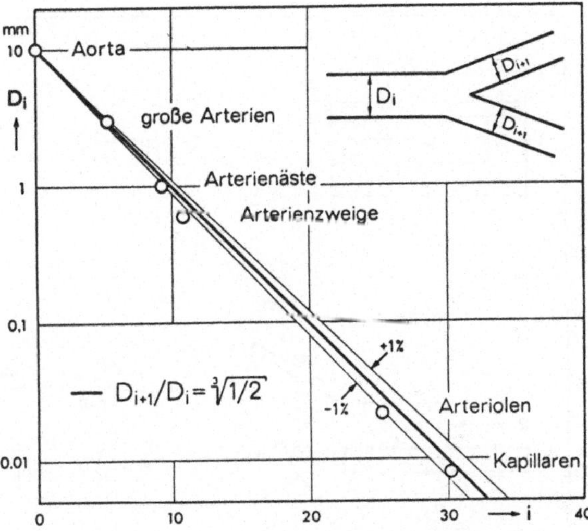

Abb. 7.3
Graphische Darstellung der Beziehungen zwischen Blutgefäßdurchmesser und Blutgefäßanzahl und ihre Gesetzmäßigkeit bei Gefäßverzweigungen

Die Durchmesserabnahme ist nun zu optimieren. Um die Aufgabenstellung zu verdeutlichen, betrachte man die beiden, verschiedenen Verzweigungssysteme A und B in Abb. 7.4. Es ist nun die Frage zu beantworten, welches der beiden Systeme im Hinblick auf einen minimalen Energieverbrauch der Durchströmungspumpe günstiger ist. Das oben empirisch-grafisch (Abb. 7.3) gewonnene Gesetz wird nachfolgend mathematisch untersucht.

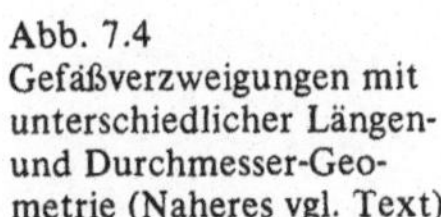

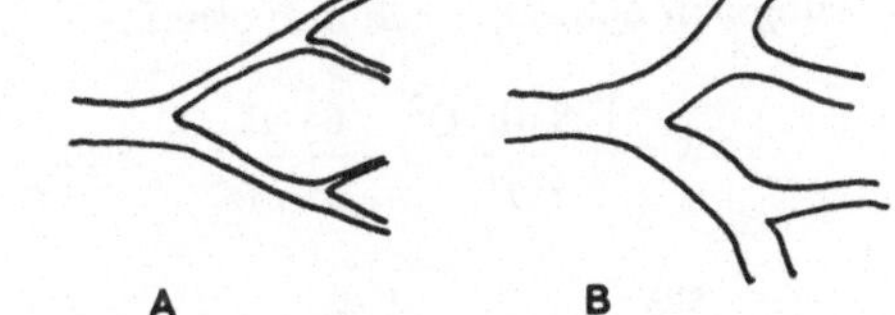

Abb. 7.4
Gefäßverzweigungen mit unterschiedlicher Längen- und Durchmesser-Geometrie (Naheres vgl. Text)

Hierzu addiert man die Pumpleistung des Herzens mit dem Energieaufwand für die Blutnachlieferung

$$W = W_{Herz} + W_{Blutnachlieferung}$$

Da das Herz die Blutvolumina gegen Widerstände (Reibungskräfte an der Gefäßwand etc.) treiben muß, betrachtet man hierzu einen kleinen Abschnitt des Blutgefäßes. Hier gilt – unter der Annahme laminarer Strömung – das Gesetz von Hagen-Poiseuille (vgl. Abb. 7.5). In dieser Abbildung wird gezeigt, daß sich dieses Gesetz auch auf binäre Verzweigungen anwenden läßt und daß auch das im Verzweigungsstück enthaltene Blutvolumen in die Berechnung einbezogen wird. Fur die Zielfunktion ergibt sich dann:

$$W = W_{ges} \cdot Q + kV \rightarrow \text{Minimum}$$

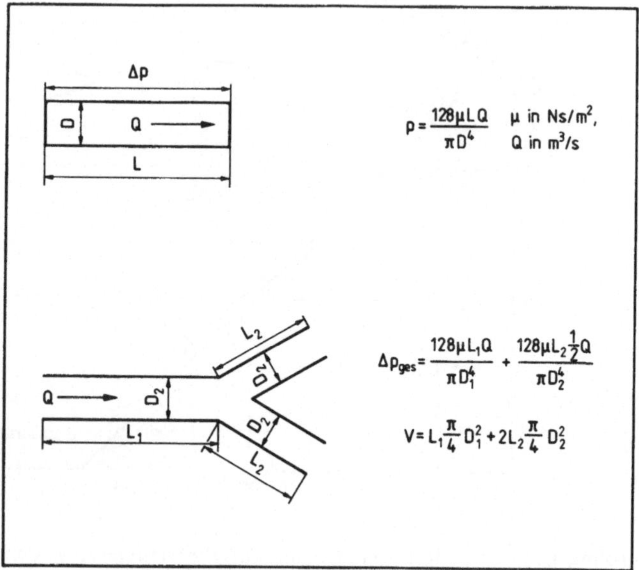

Abb. 7.5 Anwendung des Gesetzes von Hagen-Poiseuille auf binare Röhrenverzweigungen

Dies gilt unter der Annahme, daß die Blutnachlieferungsenergie dem Blutvolumen V proportional ist. Der Proportionalitätsfaktor k legt dabei das Verhältnis fest, in welchem die beiden Energiekosten zueinander stehen. Unter Berücksichtigung der Gleichungen in Abb. 7.5 erhält man dann:

$$W = \frac{128\,\mu L_1 Q^2}{\pi D_1^4} + \frac{64\,\mu L_2 Q^2}{\pi D_2^4} + kL_1 \frac{\pi}{4} D_1^2 + kL_2 \frac{\pi}{4} D_2^2 \rightarrow \text{Min.}$$

$$\frac{\delta W}{\delta D_1} = \ldots 0; \quad \frac{\delta W}{\delta D_2} = 0 \qquad D_1 = \sqrt[6]{\frac{1024\,\mu Q^2}{k\pi^2}}$$

$$D_2 = \sqrt[6]{\frac{512\,\mu Q^2}{k\pi^2}}$$

Werden die absoluten Größen D_1 und D_2 miteinander in ein Verhältnis gesetzt, dann kürzt sich der relative Kostenfaktor k fort und man erhält:

$$\frac{D_2}{D_1} = \sqrt[6]{1/2}$$

Somit führt die mathematische Lösung zur selben Beziehung, wie sie allein durch Messung (Tab. 10) und grafische Auswertung (Abb. 7.3) gewonnen wurde. Das bedeutet, daß die biologische Lösung des Problems der mathematischen Optimierung entspricht.

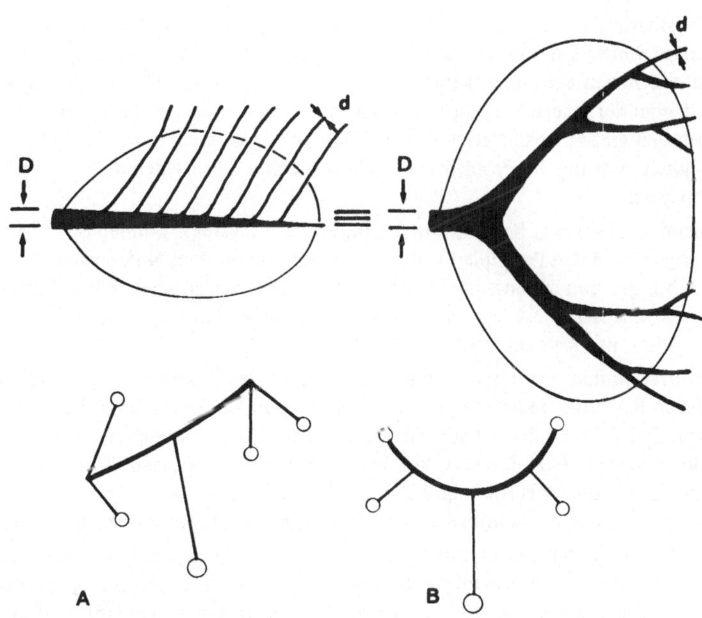

Abb. 7.6 Verzweigungstypen verschiedener Gefäßstrombahnen

Dieses Ergebnis gilt für binäre Verzweigungsstrukturen; die Blutgefäße besitzen diese jedoch nicht exakt. Es ist aber möglich, auch andere Verzweigungssysteme mathematisch zu behandeln. Abb. 7.6 zeigt, daß es auf die Art der Verzweigungen innerhalb der umrandeten Gebiete nicht ankommt. Die 8 Ausgangsgefäße haben in beiden Beispielfällen die gleichen Durchmesser im Verhältnis zum Eingangsdurchmesser. Dabei gilt:

$$d = (\sqrt[6]{1/2})^3 D, \qquad d = \frac{1}{2} D$$

Das hier abgeleitete Optimalgesetz

$$D_{i+1} = \sqrt[6]{1/2}$$

erweist sich als unabhängig von den Gefäßlängen, die aber auch den peripheren Widerstand bestimmen. Wird die „Leitung" also richtig verlegt und werden die Verzweigungspunkte richtig positioniert, dann können Längen eingespart und die Widerstände energetisch optimiert werden.

Berechnungen dieser Art für die Leitungswasserversorgung von Produktions- oder Wohnanlagen sind bisher nicht bekannt. Sicherlich ließe sich gegenüber dem bisherigen, konventionellen Installationsbau Erhebliches an Material und Energie einsparen.

7.1.4.2 Optimierung der Verzweigungsstruktur in Röhrensystemen

Biologische Vorbilder für optimierte Verzweigungsstrukturen findet man in einer für direkte Vermessung geeigneten Form besonders in den Mesenterialkreisläufen und in

Flughäuten. Die Suche nach den optimalen Längen und Verzweigungspunkten der Einzelabschnitte kann in analoger Form, wie in Abschn. 7.1.4.1 gezeigt, mit Hilfe von Digitalrechenanlagen durchgeführt werden. Dabei gilt wiederum die Zielfunktion, die bereits bei der Querschnittsoptimierung angesetzt wurde. Ein Vergleich der berechneten mit den grafisch ermittelten Optimallösungen zeigt auch in diesem Falle, daß die biologische Lösung des Problems über die Evolution der mathematischen Optimierung entspricht.

Bei der bionischen Bearbeitung des Blutkreislaufsystems können Similaritätsbetrachtungen nach den Prinzipien von Abschn. 2.4 von großem Nutzen sein. Solche Untersuchungen und die entsprechenden Auflistungen der allometrischen Beziehungen (entspr. Abschn. 2.4.3) müssen in der weiterführenden Literatur, insbesondere bei Günther, nachgelesen werden.

In bestimmten, technischen Bereichen ist auch das Problem des Festkörpertransportes durch Röhrensysteme (z.B. als Aufschwemmung) zu optimieren. Hier gibt die bionische Betrachtung der je nach Tierart optimalen Verhältnisse zwischen Blutzellen und Blutflüssigkeit (sog. Haematokrit-Wert) wichtige Anregungen für optimale, energetische Lösungen. Aus Raumgründen kann hierauf nicht weiter eingegangen werden, und der Leser muß auf Lehrbücher der Physiologie und Biophysik zurückgreifen.

Nicht nur die optimale Gestaltung von Durchmesser, Längen- und Abzweigungsverhältnissen in Röhrensystemen, sondern auch die Verschaltungen in sogenannten Gegenstrom-Bahnen sind für die Technik von großem Interesse. Hierauf wird im folgenden Abschnitt näher eingegangen.

Weiterführende Literatur

Cohn, D.L.: Optimal Systems – The Vascular System. Bull. Math. Biophys. **16** (1954) 59–74

Cooney, D.O.: Biomedical Engineering Principles. The Dynamics of the Circulatory System. Bd. 2. New York–Basel: Marcel Dekker 1976

Kamiya, A.; Togawa, T.: Optimal Branching Structure of the Vascular Tree. Bull. Math. Biophys. **34** (1972) 431–452

Kolff, W.J.: Exponential Growth and Future of Artificial Organs. Artificial Organs **1** (1977) 8–17

Lew, H.S.: An Arithmetical Approach to the Mechanics of Blood Flow in Small Caliber Blood Vessels. J. Biomechanics **5** (1972) 49–69

Rödenbeck, M.: Biomechanik des Blutkreislaufs. In: Beier, W.; Rosen, R. (Hrsg.): Biophysikalische Grundlagen der Medizin. Stuttgart–New York: G. Fischer 1980

Sturm, J.T. et al.: Quantitative Indices of Intraaortic Ballon Pump Dependence During Post Infarction Cardiogenic Shock. Artificial Organs **4** (1980) 8–12

7.1.5 Bionische Aspekte des Gegenstromprinzips

Das Gegenstromprinzip wird im technischen Bereich unter anderem dazu genutzt, ein partielles, energetisches Recycling zu leisten. So wird die Abwärme der Dampfkraftgeneratoren zur Vorwärmung des Kesselwasser-Nachschubes benützt und ermoglicht entsprechende Energieeinsparungen. In weiten Bereichen des täglichen Lebens wird dieses Prinzip aber wenig beachtet. So ließe sich im Wohn- und Stadtbereich das warm abfließende Brauchwasser zur Vortemperierung der Mitteltemperatur bei Installationen (z.B. Waschanlagen, Dusch- und Badewasser, Fußbodenheizung etc.) über effektiv ausgestaltete Wärmetauscher kostengünstig verwerten.

In biologischen Systemen sind Gegenstromeinrichtungen weit verbreitet. Man findet sie als in Schleifen- oder Maschenform dicht nebeneinander liegende Zu- und Abflußbahnen. Sie ermöglichen in der Niere die Einstellung der osmotischen Konzentration des Endharnes, die Verlängerung der Verweildauer diffundierender Gase und Stoffe und die Konzentration von Wärmemengen (Wärmetauscher-Schaltungen in Kiemen der Fische), im Respirationssystem wüstenlebender Tiere, z.B. Känguruhratten, Kamele etc. in der Flugmuskulatur der Hummeln, in den Brust- und Schwanzflossen und im Walratkissen der Wale. Häufig sind solche Gegenstromprinzipien multifunktional verkoppelt. So bewirken aktive Transporteinrichtungen in der Niere eine breite Regulationskapazität nicht nur der Wasser- sondern auch der Salzbilanz. Im Nasen- und Atemsystem der Wüstentiere wird neben dem Wärmeaustausch auch eine Wasser-Rückgewinnung (bzw. Wasseraufnahme) aus der Atemluft ermöglicht. Nachfolgend können nur zwei kurze Beispiele solcher Mechanismen mit ihrem bionischen Aspekt diskutiert werden.

7.1.5.1 Prinzipien biologischer Gegenstrom-Konzentrations-Einrichtungen

Das durch räumliche Zuordnungen von Zufluß-, Abfluß- und Widerstandsstrombahnen erhaltene Gegenstrom-Osmose-Prinzip ist im Modellsystem der Abb. 7.7 vereinfacht dargestellt:

Die Flüssigkeitsräume in den einzelnen Schenkeln der Systeme A, B und C sind durch semipermeable Membranen jeweils getrennt. Treibende Kräfte für die konzentrierenden Einzeleffekte sind die hydrostatischen Druckdifferenzen zwischen den zuführenden Schenkeln S_I und den abführenden Schenkeln S_{II}. An der Basis der Systeme leiten Verbindungskanäle C die Flüssigkeitsströme von den linken in die rechten Schenkel über.

Wenn z.B. eine Salzlösung durch die Modelle geleitet wird, bewirken die folgenden Vorgänge einen Konzentrierungseffekt:

(1) Durch die Widerstandselemente der Verbindungskanäle C bildet sich zwischen den ab- und aufsteigenden Schenkeln eine hydrostatische Druckdifferenz aus.

(2) Wenn die Trennmembran zwischen ab- und aufsteigendem Schenkel nur für Wasser durchgängig ist, dann tritt Wasser entlang der Schenkel von links nach rechts über (System B).

(3) Nichtpermeable Salze werden dadurch in der Nähe der Schleifenbasis konzentriert.

(4) Die Konzentrierung ist eine Funktion von Einzeleffekt und Stromstärke: Der Konzentrierungsfaktor wächst bei vorgegebenem Einzeleffekt exponentiell mit der Systemlänge, d.h. mit der Kontaktzeit im Segment. Daraus ergibt sich eine Gegenstrom-Multiplikation.

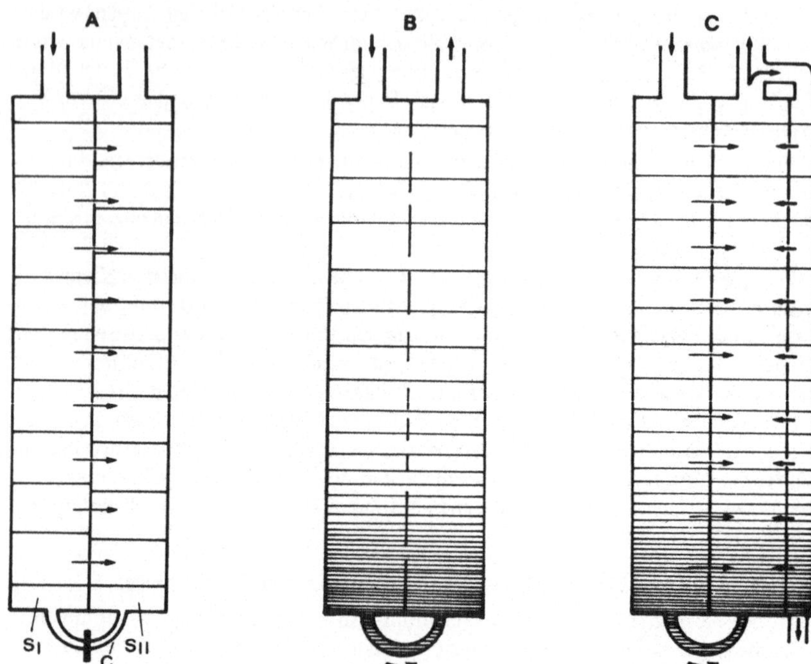

Abb. 7.7 Schema einer Gegenstrom-Konzentrationseinrichtung (Näheres vgl. Text; nach Schmidt-Thews (1985))

(5) Mit steigender Durchströmungsrate fällt der Konzentrierungsfaktor ab.

(6) Durch Zuschaltung einer dritten Schleife mit je einem Abfluß an Basis und Spitze (System C) kann an der Basis ein Salzkonzentrat und an der Spitze Wasser entnommen werden.

Ohne weitere Erläuterung wird deutlich, wie nach den bionischen Vorbildern solcher biologischer Gegenstromprinzipien technische Meerwasser-Entsalzungsanlagen oder künstliche Nieren (bei Verwendung selektiver Austauschermembranen) konstruiert werden können. (Die mehrfach mit aktiven Resorbtions- oder Sekretionsmechanismen gekoppelten Vorgänge in Nierenorgansystemen sind wesentlich komplizierter und von Vielfachreglern überlagert!)

Das hier als grob vereinfachtes Beispiel behandelte Modell läßt sich z.B. hinsichtlich seiner Wirkungseffizienz mit Hilfe der Evolutionsstrategie hinsichtlich der besten Parameter-Kombination optimieren: Flächen-Relationen, Durchströmungsstärke und Verbindungskanal-Widerstand sowie Abstromverzweigungsverhältnisse sind so zu wählen, daß z.B. als „Bestwert“ eine maximale Trennung von Salzlösung und Wasser bei minimalem Energieaufwand zur Durchströmung resultiert. Solche Untersuchungen liegen bislang noch nicht vor.

7.1.5.2 Bionische Prinzipien biologischer Gegenstrom-Wärmetauscher

Bei den meisten Fischen entspricht die Korpertemperatur auch der Wassertemperatur. Die Stoffwechselwärme wird insbesondere über die Kiemenoberflächen rasch abgegeben. Eine Hauptfunktion der Kiemen besteht in der Sauerstoffaufnahme. Der Wärmedurchgang ist um den Faktor 10 höher als der Sauerstoffdurchgang. Deshalb würde selbst eine Umsatzsteigerung des Stoffwechsels keine interne Temperatursteigerung bedingen. Diese erfordert wiederum erhöhte Sauerstoffaufnahme, und mit der dazu notwendigen Mehrdurchblutung geht auch mehr Wärme über die gemeinsame Austauschfläche der Kiemen verloren. Eine Ausnahme bildet der schnellschwimmende Thunfisch (Spitzengeschwindigkeit 80 km h^{-1}, mittlere Geschwindigkeit 40 km h^{-1}). Seine Körpertemperatur liegt etwa um 10 °C über der Wassertemperatur. Deshalb liegen seine Stoffwechsel-Umsatzraten um das Zwei- bis Vierfache höher als bei streng poikilothermen Fischen. Da sich warmere Muskeln zwar nicht stärker, aber häufiger kontrahieren können, ist die Muskelleistung (Kraft · Weg · Zeit) beim Thunfisch stets größer als bei Fischen mit Wassertemperatur. Welche Mechanismen ermöglichen diese Temperaturerhöhung im Thunfisch-Organismus?

Untersucht man vergleichend den Aufbau des Thunfisch-Kreislaufsystems mit dem eines wassertemperatur-angepaßten Fisches (Abschn. 5.13, Abb. 5.1), dann lassen sich die Befunde in folgendem Schema zusammenfassen:

(1) Dem zirkulierenden Blut wird durch Stoffwechselprozesse im Gewebe Sauerstoff entzogen und Wärme zugeführt.

(2) Das erwarmte und sauerstoffarme Blut fließt zum Herzen und wird, je nach Fischart, im Teilabschnitt: Gewebe-Herz unterschiedlich behandelt.

(a) Bei den der Wassertemperatur angepaßten Tieren fließt warmes Blut über die Venen zum Herzen und von dort in die Kiemenstrombahn. In der Kiemenstrombahn wird Wärme abgegeben und Sauerstoff aufgenommen.

(b) Bei den Thunfischen wird das aus dem Gewebe kommende, warme Blut noch vor dem Herzen durch verzweigende und wieder konvergierende Gefäße geleitet, die mit einer ähnlich verzweigten Strombahn in engem räumlichen Kontakt stehen (Rete mirabile, vgl. Abb. 7.8). Letztere führt relativ kühles Blut aus der Kiemenstrombahn.

(3) Durch den engen Kontakt der sich miteinander verflechtenden Zu- und Abstrombahnen des Gewebes und die Temperaturdifferenz in beiden Schenkeln wird das kühlere Kiemenblut noch vor dem Eintritt in die Gewebestrombahn vorgewärmt: Es erfolgt eine teilweise Wärmerezirkulation noch vor dem Herzen.

(4) Bei den Thunfischen fließt damit bereits relativ abgekühltes Blut in die Kiemenstrombahn. Das Temperaturgefälle zum Wasser ist damit geringer als bei den Fischarten, deren Körpertemperatur dem Wasser angepaßt ist. Es werden somit geringere Wärmemengen an das Wasser abgegeben.

Experimentelle Untersuchungen haben ergeben, daß bei Thunfischen etwa 95 % der im Gewebe (insbesondere Muskelgewebe) gebildeten Wärmemengen über das Rete mirabile rezirkulieren.

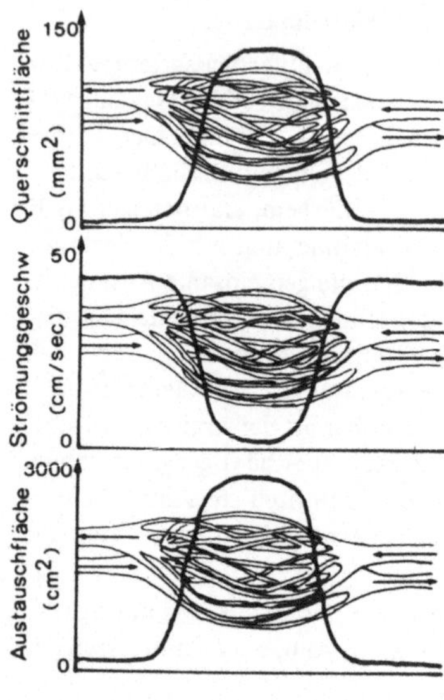

Abb. 7.8
Blutgefäßanordnungen des Rete mirabile beim Thunfisch. Aufgetragen sind: (von oben nach unten) Veränderungen der Querschnittsfläche, der Strömungsgeschwindigkeit und der Austauschflache über verschiedenen Gefäßabschnitten (nach Bertsch (1976))

Vergleicht man diesen biologischen Wärmetauscher mit technischen Einrichtungen, die z.B. in Hochöfen, Dampfkraftgeneratoren und Destillationseinrichtungen zur Nutzwärme-Rückgewinnung installiert sind, dann beeindruckt die hohe Netto-Rückgewinnungsrate von 95 %. Solche Effektivität biologischer Wärmetauscher ist offenbar auf die Optimierung durch Evolutionsprozesse zurückzuführen.

Die Strombahnen des Rete mirabile sind genau vermessen worden. Ihre Parameter: Durchströmungsraten, Aufzweigungsverhältnisse, Einzel- und Gesamtdurchmesser der Gefäßabschnitte, Längenverhältnisse und Kontaktflächen bewirken in ihrer funktionellen Kopplung die optimale Wärmerückgewinnung. Mit Hilfe theoretisch-mathematischer Ansätze (vgl. hierzu Abschn. 7.1.4) oder besser mit Hilfe der Evolutionsstrategie (vgl. Abschn. 3.4.2) lassen sich bionisch optimierte, technische Wärmetauscher entwikkeln. Solche Systeme können noch erhebliche Energiereserven sowohl im Produktions- als auch im Wohnbereich erschließen.

Die Temperatur des Kiemenblutes und des Gewebsblutes bei den Thunfischen, durch den Mechanismus des Rete mirabile in besonderem Maße unterschiedlich hoch gehalten, spielt eine wichtige Rolle für den Gasaustausch:

(1) Der Blutfarbstoff hat eine hohe Sauerstoffaffinität bei niederer Temperatur und eine geringere bei höherer Temperatur.

(2) Die Sauerstoffaufnahme ist daher in der Kiemenstrombahn des Thunfisches wesentlich besser als bei anderen Fischarten. Das gleiche gilt für die Sauerstoffabgabe an das Gewebe.

(3) Bei gleicher Blutfarbstoffkonzentration wird somit bei dem Thunfisch ein höherer Wirkungsgrad des O_2-Transportes erzielt als bei streng poikilothermen Fischen.

Diese Gesichtspunkte sollten bei der Konstruktion technischer Herz-Lungen-Maschinen berücksichtigt werden. Das gleiche gilt für die Herstellung von Oxigenatoreinrichtungen. Dabei könnten in gewissem Maße die effektiven Austauschflächen reduziert werden. Bionisches Vorbild wäre das abgewandelte Prinzip eines Rete mirabile.

An diesem Beispiel wird wiederum das Prinzip der funktional gekoppelten Optimierung im biologischen Bereich deutlich. Solche Kopplungsmechanismen werden auch im folgenden Abschnitt demonstriert.

Weiterführende Literatur

Bertsch, A.: (Gegenstromprinzip und Wärmetauscher) In Trockenheit und Kälte. Ravensburg: Otto Maier 1976, 24–30

Brauer, H; Mitra, A.K.: Optimisation of a Two Phase Counter Current Flow Nozzel for Mass Transfer. Verfahrenstechnik 7 (1973) 92

Middleman, S.: Transport Phenomena in the Cardiovascular System. Model of the Counter Current System. New York: Wiley Interscience 1972

Schmidt-Nielsen, K.: Comparative Physiology – Water, Ions and Fluid Mechanics. Cambridge: Cambridge Univ. Press 1978

Schmidt-Nielsen, K.: Animal Physiology – Adaptation and Environment. Cambridge: Cambridge Univ. Press 1983

Schmidt-Thews: Physiologie des Menschen. Berlin-Heidelberg-New York-Tokio: Springer 1985

7.1.6 Bionische Aspekte des biologischen Gaswechsels und Transports

Der Gaswechsel mit der Umwelt ist für lebende Systeme Grundvoraussetzung für Stoffwechselprozesse.

Bei der CO_2-Assimilation der Pflanzen werden durch Nutzung solarer Strahlungsenergie Kohlenhydrate aus CO_2 und Wasser aufgebaut. Die Bilanzgleichung des in vielen Stufen ablaufenden Prozesses lautet:

$$2\,H_2O + CO_2 \xrightarrow{\text{Strahlungsenergie (Sonne)}} (CH_2O) + H_2O + O_2$$

Den umgekehrten Verlauf hat die Bilanzgleichung des als „Atmung“ bezeichneten Stoffwechselprozesses im Tierreich. Hier wird Sauerstoff verbraucht, um organische Verbindungen, z.B. Kohlenhydrate, zu CO_2 und H_2O abzubauen bei gleichzeitigem Gewinn chemischer Energie:

$$(CH_2O) + H_2O + O_2 \xrightarrow[\text{chem. Energie (Stoffwechsel)}]{} CO_2 + 2\,H_2O$$

In der „frei belassenen Natur“ sind diese vereinfachten Bilanzen ausgeglichen und im Fließgleichgewicht. Bezieht man die durch die technische Welt verursachten Randbedingungen (Zunahme des CO_2-Anteiles der Atmosphäre, Grundwasservergiftung, Abnahme der O_2-Bildung durch Minderung des globalen Baumbestandes) in diese Bilanzgleichungen in dynamischen Modellberechnungen mit ein, dann wird bei Extrapolation der jetzigen Umweltveranderungen durch Technik berechenbar, wann durch Abschirmung des Einfalles von Strahlungsenergie, durch Wassermangel und O_2-Bildungsrate dieses bilanzierte Fließgleichgewicht der belebten Welt irreversibel gestort sein wird. Die Bedeutung der Waldvegetation ist in der CO_2-Verwertung und der O_2-Bildung in globaler Hinsicht zu sehen; das ist bei „organisationsbionischen Maßnahmen" zu berucksichtigen. Die Faktoren Holzwirtschaft und Naherholungsbereich sind wohl sekundärer Natur.

Im Zusammenhange mit technisch-bionischen Ansätzen interessiert vor der oben betrachteten, „inneren Atmung" als Stoffwechselprozeß mehr der funktionale Aspekt der äußeren Atemmechanik im Pflanzen- und Tierreich. Ein Mechanismus dieser Art, die Nutzung des Bernoulli-Prinzip für den Gasaustausch von Wasserpflanzen, wurde bereits im Abschn. 6.3.3.3 angesprochen.

Die verschiedenen Mechanismen der äußeren Atmung gewahrleisten unter anderem die Sauerstoffversorgung des organismischen Stoffwechsels. Setzt man den Sauerstoffverbrauch zum Körpergewicht in Beziehung, dann ergibt sich (ebenso für die Stoffwechselintensität!) für die entsprechende, allometrische Gleichung (Abschn. 2.4.3) sowohl für die Pflanzenwelt als auch für das Tierreich ein Exponent $b = 0.75$. Betrachtet man allometrische Gleichungen für die Atemfunktion der Säugetiere und Vögel, so kommen hier ebenfalls numerisch einheitliche Gesetzmäßigkeiten zum Ausdruck. Dennoch sind deshalb keine durchgehend einheitlichen, bionischen Konstruktions-Prinzipien zu erwarten. Die Funktionsmechanismen der äußeren Atmung sind hochdifferenziert von Tierart zu Tierart den jeweiligen Lebens- und Umweltbedingungen angepaßt.

7.1.7 Atemfunktion in Grenzsituationen – Atemmechanismen als bionische Prototypen

Wenn die äußeren Atmungsorgane als bionisches Vorbild zum Beispiel zu Problemlosungen in der biomedizinischen Technik dienen sollen (Herz-Lungen-Maschinen, Oxigenatoren), erweist es sich, daß eine Vielzahl anderer, mit der Lungenfunktion zusammenhängender oder mit der Ventilation gekoppelter Funktionen als Randbedingungen zu beachten sind. Ein solcher Aspekt wurde bereits bei der Betrachtung der Kopplungsbeziehungen zwischen Gas- und Wärmeaustausch bei Fischen sichtbar (Abschn. 7.1.5.2). Andererseits müssen bei der bionischen Untersuchung alle Randbedingungen exakt abgegrenzt werden (Abschn. 2.1 und 2.2). Daß dieses nicht immer leicht ist, sei am Beispiel der Termiten gezeigt. Einmal handelt es sich um Einzeltiere mit entsprechenden Atemmechanismen, zum anderen handelt es sich um Glieder einer Population. In beiden Fällen steht man einem komplexen System, d.h. einem „Organismus", gegenüber. Atmung und Wärmehaushalt der Termiten können nicht unabhängig von Struktur, Aufbau und Funktion des Termitenbaues (Abschn. 6.3.3.1) betrachtet werden. Struktur- und funktionsbionische Aspekte sind hier eng verbunden. Dies wird besonders bei Tieren deutlich, die in außergewöhnlichen Biotopen leben, also in den Grenzsituationen großer Trockenheit und Wärmebelastungen in den Wusten oder in den Grenzsituationen großer Tiefen im Meere.

Beispiele fur die biologische Problemlösung der Atmung in Grenzsituationen bringen die folgenden Abschnitte.

7.1.7.1 Atmung und Gaswechsel in größeren Meerestiefen

Der Wal als größtes Säugetier kann bis zu 1000 m tief tauchen. Zur Lufterneuerung durch Atmung muß der Pottwal nach 60 min und der Entenwal erst nach 120 min wieder auftauchen.

Der trainierte Mensch kann bei freiem Tauchen ohne technisches Atemhilfsgerat etwa 60 m Tiefe erreichen. Er muß nach etwa 2 bis 3 min wieder auftauchen. Mit Atemgeräten kann er diese Grenzen erheblich überschreiten. Mit einem Atemgemisch von Helium und Sauerstoff konnen ohne Druckanzug Tiefen von 180 m erreicht werden. Allerdings muß der Taucher danach stufenweise im Hinblick auf den Druckausgleich und zeitlich verzögert wieder auftauchen. Fur den Menschen besteht das Problem des Gaswechsels in großeren Wassertiefen nicht in der Sauerstoffversorgung, sondern in dem sehr hohen Wasserdruck, der auf luftgefüllten Korperhohlräumen der Lunge lastet und in den physikalischen Eigenschaften der komprimierten Luftgemische. Es kommt zum Beispiel zu einem „Tiefenrausch", wenn Stickstoff in großer Menge im Blut gelöst ist und damit Stoffwechselprozesse des Zentralnervensystems stort.

Durch welche Anpassungsmechanismen, die sich mit der Evolution entwickelt haben, ist es anderen Säugetieren, wie z.B. dem Wal, moglich, große Meerestiefen mit langer Aufenthaltszeit zu erreichen? Vergleicht man solche Mechanismen mit technischen Einrichtungen, dann hat der Wal eine „Herz-Lungen-Gehirn-Maschine" zur Verfugung. Dieses Prinzip funktioniert wie folgt:

(1) Die Wal-Muskulatur besitzt einen sehr hohen Myoglobin-Anteil, d.h. O_2-bindende, hamoglobinähnliche Moleküle. Die Muskulatur hat damit große O_2-Speichersysteme und kann ihren Bestandstoffwechsel auch dann über lange Zeit gewährleisten, wenn sie von der Blutzirkulation durch Verschluß der versorgenden Arterien abgeschnitten ist.

(2) Beim Wal können Herzfrequenz und Herzzeitvolumen durch neurovegetative Regulation bis auf 10 % desjenigen Wertes abgesenkt werden, der beim Aufenthalt an der Meeresoberfläche zu messen ist.

(3) Der Wal nimmt nur sehr geringe Luftvolumina (zur Versorgung des Zentralnervensystems) mit in die Tiefe. Große Stickstoffmengen bilden daher nicht das oben erwähnte Problem.

(4) Der Brustkorb des Wales ist nicht vollig knöchern eingeschlossen. Die Lungen können infolgedessen total komprimiert werden.

Während der Mensch und andere Säugetiere auch unter Wasser auf Lungenatmung angewiesen sind, nur sehr geringe O_2-Speicherdepots (Hämoglobin und Myoglobin) besitzen und dabei eine Blutkreislauf-Funktion aufrechterhalten, die derjenigen über Wasser entspricht, kann der Wal (mit ihm die Robben und andere Unterwassersäugetiere) alle diese Funktionen quasi zentralisieren und damit auf ein Minimum reduzieren:

Durch weitgehende Abschaltung der Muskel- und Organkreisläufe in der Peripherie wird praktisch nur noch das Zentralnervensystem perfundiert.

Wie aber gelangt der Wal gegen seinen Auftrieb und ohne wesentliche Muskelarbeit aus großen Tiefen wieder an die Oberfläche? Der Kopf des Wales ist mit mehr als 30 % am Gesamtkörpergewicht beteiligt. Etwa 88 % des Kopfgewichtes entsprechen dem Walrat-Kissen. Die Fettsubstanz im Walrat kann ihre Dichte und damit den Auftrieb verändern. Sie beginnt zu kristallisieren, wenn ihre Temperatur unter 31 °C sinkt. Damit erhöht sich die Dichte. Unterhalb von 200 m Meerestiefe genügt eine zweimalige Wasserfüllung der langen Nasengänge, um das Walrat soweit abzukühlen, daß das Tier durch die Dichteveränderung ohne Muskelbewegung in große Tiefen absinken kann. Zum Wiederauftauchen wird das Blutkreislaufsystem umgeschaltet: Warmes Blut wird aus den zentralen Bereichen durch das Walratkissen geleitet, erwärmt es, und die rasch erfolgende Dichteabnahme gibt den Auftrieb zum Auftauchen des Tieres.

Für ein bionisches Vorbild zur Bewältigung von Auftriebs- und Sinkmechanismen bei Unterwasserfahrzeugen wäre als Vorteil zu registrieren:

(1) Man benötigt keine Tauchtanks und Pumpensysteme zur Luftkompression.

(2) Für die Tauchfahrt wird keine mechanische Antriebsenergie benötigt (soweit es sich um das Erreichen großer Tiefen handelt).

(3) Der Abtrieb kann durch Meerwasserkühlung der Öltanks, der Auftrieb durch z.B. elektrische Erwärmung des Öles mit kritischer Kristallisationstemperatur erfolgen.

Nachteilig wäre die relativ große Menge des mitzuführenden, dichteverändernden Stoffes.

Interessant, aber ohne praktische, bionische Relevanz sind schließlich jene Mechanismen, die bei Kleinlebewesen eine Atmung von Luftgasen auch unter Wasser erlauben: Fliegenlarven z.B. entwickeln schnorchelähnliche Atemröhren, Insekten führen in ihrem feinen, wasserabstoßenden Haarbelag der Körperunterseite in Blasenform Luftvorräte mit sich, Wasserspinnen transportieren von der Oberfläche Luftblasen unter ihre Netzkuppe. Diese Mechanismen haben als Randbedingung die Oberflächenspannungsbeziehungen kleiner Objekte und Blasen zur Voraussetzung und lassen sich nicht in den technischen Raum hinein „vergrößern". Gelänge es aber, pelzartige Kunststoffe mit über 2 Millionen Einzelhaaren pro cm^2 Oberfläche zu entwickeln (solche Dichten wurden beim Luftpolstermechanismus des Wasserkäfers Aphelocheirus gemessen), dann könnte man wärmeisolierende und auftriebhaltende Schwimmwesten oder Faltbootbezüge entwickeln. Die Luftbläschen, die sich in solchen „Pelzen" halten, können auch unter Aufwendung von mehreren Atmosphären Druck nicht entfernt werden.

7.1.7.2 Kopplung von Gas-, Wärme- und Wasseraustausch bei in Hitzeklima lebenden Tieren und Bionik der Klimatechnik

Beispiele für Wärmetauscherprinzipien der Blutstrombahn und der Atemwege wurden in Abschn. 7.1.5.2 und 7.1.7.1 bereits behandelt. Die multifunktionale Kopplung und Optimierung biologischer Strukturen und Prozesse zeigt sich beispielhaft bei der klimatischen Anpassung solcher Tiere, die in Heißregionen (z.B. Wusten) leben.

Die Atemfunktion integriert bei solchen Tieren gleichzeitig wesentliche Mechanismen der Temperaturregulation und der Regulation des Wasserhaushaltes. Im Prinzip handelt es sich hier wiederum um Mechanismen, die sich mit dem Effekt der Einsparung von Wärmeenergie und von Wassermengen entwickelt haben. Für den Gasaustausch der Lungenoberfläche ist es wichtig, daß diese im Alveolarbereich entsprechend temperiert und angefeuchtet ist.

Einige dieser multifunktionalen Prinzipien lassen sich in bezug auf die Physiologie der oberen Atemwege von Wüstentieren diskutieren: Die in der Arizona-Wüste lebenden Känguruhratten trinken nicht und nehmen Wasser ausschließlich mit der festen Nahrung auf. Diese geringen Wassermengen müssen durch partielles Recycling eingespart werden. Folgende Faktoren spielen dabei eine Rolle:

(1) Die eingeatmete Luft kühlt die oberen Atemwege auf Werte unterhalb der Körpertemperatur ab. Die ausgeatmete Luft gibt wiederum ihre Wärme zum Teil an die oberen Atemwege ab, sie ist kälter als die Körpertemperatur.

(2) Bei geringer Wasserdampfspannung der Außenluft ist die Nasenspitze um mehrere Grad kälter als die dort einströmende Luft. Dies kommt dadurch zustande, daß im Strom der Einatmungsluft Wasser aus den engen (unter 1 mm Abstand) und feuchten Nasenschleimhautauskleidungen verdunstet und dabei Wärmemengen entzieht.

(3) Bei trockener Außenluft kann durch den unter (2) geschilderten Mechanismus auch die ausgeatmete Luft kälter sein als die Einatmungsluft. Sie gibt in den engen Atemwegsspalten ihre Wärme rasch an die kälteren Innenoberflächen ab.

(4) Weil sich in der abkühlenden Ausatmungsluft Wasser kondensiert, wird ein Teil des Wassers wieder zurückgewonnen, das in der feuchten Alveolarluft enthalten war. (In der Kamelnase wird das Wasser der Ausatmungsluft 100 %ig durch hygroskopische Oberflächen der Nasenmuscheln zurückgewonnen!)

Diese Prozesse lassen sich energetisch bilanzieren. Dazu werden folgende Annahmen getroffen:

Temperatur der Außenluft: = 30 °C. Temperatur der Exspir. Luft: = 27 °C.

Rel. Feuchtigkeit der Außenluft: = 25 %. Rel. Feuchtigkeit der Exspir. Luft: = 100 %.

Ferner wird angenommen, daß das Tier 1000 mℓ Luft/min einatmet. Zur Temperierung der Luftmenge 1000 mℓ von 30 °C auf 38 °C (Körpertemperatur) werden 10.1 J verbraucht. Zur Wasserdampfsättigung von 1000 ml Luft werden 43.8 mg Wasser verdampfen. Dazu werden 106.5 J gebraucht. Zur „Klimatisierung" der Einatmungsluft werden also insgesamt 116.6 J aufgewendet.

Welche Wärmemengen lassen sich durch partielles Recycling bei der Ausatmung zurückgewinnen? Die Abkühlung der Ausatemluft von 38 °C auf 27 °C bringt 13.9 J. Bei dieser Abkühlung kondensieren 23.6 mg Wasser in der Nase wieder aus. Dieser Prozeß entspricht einem Energiegewinn von 57.7 J. Insgesamt werden somit 71.6 J zurückgewonnen. Das entspricht 61 % jener Energiemenge, die zur Erwärmung und Befeuchtung der Einatemluft benötigt wurde. Gleichzeitig wurden 54 % des Wassers zurückgewonnen.

Dieses Beispiel zeigt, wie sich bei Klimaanlagen sowohl Energie (über 50 %) als auch Wasser (über 50 %) durch bionisch-technische Maßnahmen einsparen lassen. Sicher gilt dies auch angesichts der Energie- und Frischwasser-Ressourcen der technischen Welt für die wirtschaftlichere Konstruktion von großtechnischen Anlagen.

Bereits realisiert wurden diese bionischen Vorlagen bei der Konstruktion biomedizinisch-technischer Einrichtungen. Bei Patienten, die z.B. bei Kehlkopfkrebs über Luftröhrenkanülen atmen müssen, werden jetzt Filter aus Aluminiumfolien angewendet, die nach dem Prinzip der Känguruhratten-Nase aufgebaut sind: Die Einatemluft wird sowohl temperiert als auch mit einer entsprechenden Wasserdampfspannung versorgt.

7.1.8 Gasaustausch: biologische und künstliche Oxigenatoren

Die Anwendung von Einrichtungen zum Austausch von Gasen zwischen zwei voneinander getrennten Medien spielt insbesondere in der biomedizinischen Technik eine große Rolle. Hier werden Geräte benötigt, die z.B. bei längeren Operationen die natürliche Atmung des Patienten ergänzen oder ganz ersetzen (Herz-Lungen-Maschine). Solche Entwicklungen befinden sich in ständigem Fluß. So sind in letzter Zeit von der physikalischen Chemie eine große Anzahl neuer Kunststoffe entwickelt worden, die z.B. selektiv Sauerstoff und Kohlensäure, nicht aber Wasser durchtreten lassen. Auf diese Entwicklungen kann hier nicht eingegangen werden. Es gilt vielmehr aufzuzeigen, welche möglichen bionischen Vorlagen in der belebten Natur verwirklicht wurden.

7.1.8.1 Der Gasaustausch durch die Vogeleischale – bionische Vorlage eines Oxigenatorprinzips?

Das Vogelei muß einen Gasaustausch zum Embryo gewährleisten, ohne daß hierbei aktive, mechanische Ventilationshilfsmittel zur Verfügung stehen. Während der Brutzeit nimmt ein etwa 60 g schweres Hühnerei in ca. 21 Tagen 6 ℓ Sauerstoff auf und gibt 4.5 ℓ Kohlendioxid und 11 ℓ Wasserdampf ab. Das abgegebene Wasser entsteht im Stoffwechsel der Embryonen. Beim Stoffwechselabbau von 1 g Fett entsteht die gleiche Gewichtsmenge Wasser.

Mit dem embryonalen Wachstum steigt der Sauerstoffverbrauch: Er nimmt in den ersten 10 Tagen langsam zu, erhöht sich dann stark zwischen dem 10. und 14. Tag und erreicht ein Plateau, welches schließlich bei 600 mℓ Sauerstoffaufnahme pro Tag liegt. Treibende Kraft für die Sauerstoffaufnahme ist das Partialdruckgefälle für dieses Gas, das sich durch den O_2-Verbrauch des Stoffwechsels zwischen Ei-Innenraum und der Außenluft ergibt:

$$P_{O_{2(\text{außen})}} - P_{O_{2(\text{innen})}} = 21.06 \text{ kPa} - 7.73 \text{ kPa} = 13.33 \text{ kPa}$$

Für $P_{O_{2(\text{innen})}}$ gilt dabei der Sauerstoffpartialdruck im Blut der Chorioallantois-Membran.

Diese Membran erhält reichlich Arterien, Kapillaren und Venen, bedeckt am 9. Bruttag etwa 50 % und am 12. Tag 100 % der inneren Schalenoberfläche. Durch Abbau von

Fetten und damit Abgabe von Wasser durch den Stoffwechsel bildet sich eine Luftkammer am stumpfen Ende des Eies. Das Kammervolumen beträgt etwa 15 % des Eivolumens, wenn das Ende der Brutzeit erreicht ist. Diese Luftkammer steht mit kleinen Luftkompartimenten, die zwischen den Fasern der inneren und äußeren Schalenmembran liegen, in Verbindung. Der Sauerstoff-Partialdruck liegt in diesen Lufträumen bei etwa 144 kPa. Es muß demnach für den Sauerstoff zwei Diffusionsbarrieren geben: (a) Grenzfläche Allantois-Membran/Blut, (b) Grenzfläche Luftkammersystem/Schale. Die äußere Schale besteht aus Calciumcarbonat, welches säulenförmige Kalkspatkristalle bildet. Die Hohlräume zwischen den Kristallen stellen die Austauscherporen dar. Außerdem liegen dicht unter dieser Schicht zwei aus einem organischen Faserwerk aufgebaute Membranen mit unterschiedlichen Größen der Faserdurchmesser, der Membrandicke und der Maschenweite. Etwa 10.000 röhrenförmige Poren durchziehen die Eischale.

Während die treibenden Kräfte für den Gasaustausch während der Brutzeit relativ konstant bleiben, müssen die Durchlässigkeitseigenschaften der Schalenschichten den jeweiligen Stoffwechselbedürfnissen angepaßt werden: Ist die Durchlässigkeit zu groß, erhält das Tier zwar reichlich Sauerstoff, verliert aber zuviel Wasser. Ist sie zu klein, erstickt das Tier in CO_2 und Wasser. Ein wesentlicher Regulationsfaktor ist offensichtlich das angepaßte Auswachsen der Chorioallantois-Schicht.

Dieser Regulator betrifft offenbar nur den O_2-Austausch, denn der CO_2- und Wasser-Austausch wird nur durch die äußere Schale und ihre entsprechende Permeabilität bestimmt.

Wie die Lunge des ausgewachsenen Tieres, so sind auch die Gasräume im Ei wasserdampfgesättigt (Partialdruck = 58,6 kPa). Um diesen Wert konstant zu halten, muß auch der Wasserdampfdruck im „Mikroklima“ des Nestes konstant gehalten werden (ca. 20 kPa) entsprechend einer relativen Luftfeuchtigkeit von 45 %. Das brütende Elterntier muß also die Nestluft ständig mit frischer Luft durchmischen.

Dieses sehr komplexe System aufeinander abgestimmter, treibender Kräfte, Permeabilitäten, Kompartimente und der „äußeren Regulation“ durch „Nestluft-Klimatisierung“ gibt ein Beispiel für den ingenieurtechnischen Aufwand, der zur Konstruktion ähnlich funktionierender, biomedizinischer Oxigenatoren getrieben werden müßte. Es wird deutlich, daß insbesondere die feinabgestimmte, dynamische Anpassung der Austauschermechanismen z.Zt. nicht erreichbar ist, obwohl die Membrantechnologie heute bereits hochspezifische Austauschermembranen synthetisieren kann. Eine dynamische Anpassung an die jeweiligen Bedürfnisse des O_2-, CO_2- und Wasserdampfaustausches ist bislang nur durch relativ grobe Einrichtungen zur Veränderung der Durchströmung, d.h. der Verweildauern von Blut und Gasen, zu bewerkstelligen.

7.1.8.2 Bau-Prinzipien künstlicher Oxigenatoren

Künstliche Oxigenatoren der Medizintechnik werden maximal mit venösen Blutmengen von 6 $\ell\ min^{-1}$ durchströmt. Diese extrakorporale Perfusion der Maschinen ersetzt beim Patienten die Lungenfunktion. Die Aufgabe besteht darin, dem Blut CO_2 zu entziehen und ihm O_2 zuzuführen.

Zu diesem Zweck muß eine möglichst große Kontaktfläche zwischen Blut und Gas und eine abgestimmte Kontaktzeit bestehen. Besonders problematisch ist dabei die Vermeidung von Blutgerinnung im Gerät und Hämolyse (= Zerstörung der roten Blutzellen). Beim Menschen hat die Lunge eine Gesamtoberfläche von ca. 70 m^2, die dem Gasaustausch zur Verfügung steht. Moderne Oxigenatoren haben eine wesentlich geringere Oberfläche, die je nach technischem Prinzip variiert. Dementsprechend müssen, auch unter Berücksichtigung anderer Größen (Durchblutungszeit, Dicke des Blutfilmes etc.), etwa 10fach höhere O_2- und CO_2-Gradienten für den effektiven Austausch dieser Gase (treibende Kräfte für ausreichende Diffusion) eingestellt werden. Tab. 11 gibt eine Übersicht über die Unterschiede zwischen den Parametern der natürlichen und der künstlichen Lunge.

In der Praxis werden heute für relativ kurzfristigen Lungenersatz (bis zu 3 Stunden) sogenannte Dispersions- oder Bubble-Oxigenatoren verwendet. Für längere Perioden werden Membran-Oxigenatoren benützt.

Tab. 11 Mechanische und chemische Charakteristika der natürlichen und künstlichen Lunge[1])

	natürliche Lunge	künstliche Lunge
Lungenzeitvolumen	5 ℓ/min	5 ℓ/min
Spitzendruck	12 mmHg	0 bis 200 mmHg
Lungenblutvolumen	1 ℓ	1 bis 4 ℓ
Durchblutungszeit	0.1 bis 0.3 s	3 bis 30 s
Dicke des Blutfilms	0.005 bis 0.01 mm	0.1 bis 0.3 mm
Länge der Kapillaren	0.1 mm	2 bis 20 cm
Lungenventilation	7 ℓ/min	2 bis 10 ℓ/min
Austauschoberfläche	50 bis 100 m^2	2 bis 10 m^2
venös-alviolärer O_2-Gradient	40 bis 50 mmHg	650 mmHg
venös-alviolärer CO_2-Gradient	3 bis 5 mmHg	30 bis 50 mmHg

[1]) aus Galletti (1968)

Der „Bubble-Oxigenator" vermischt feine Gasblasen (97 % O_2, 3 % CO_2) in einer größeren Anzahl von Kammern mit dem Blut. Nachteilig ist dabei der sehr hohe O_2-Partialdruck für die sonstigen Blutbestandteile: Erythrocyten, Thrombocyten und Enzyme werden zerstört und Plasmaproteine denaturiert. Aus diesen Gründen kann das Gerät nur jeweils über kürzere Zeiträume mit Blut perfundiert werden.

Die Entwicklung moderner Membran-Oxigenatoren ist ständig im Fluß. Hier versucht man die eben genannten Probleme durch neue Membran-Eigenschaften zu umgehen, die eine geringere Partialdruck-Differenz für Sauerstoff benötigen. Die Membranen bestehen z.B. aus Silikon-Kautschuk-Verbindungen, silikonisiertem Cellulosenitrat oder Polypropylen. Hier liegen die effektiven Porendurchmesser bei etwa 0.1 μm. Es gibt verschiedene Sonderformen dieser Membranoxigenatoren, die sich insbesondere hinsichtlich der Oberflächenanordnung der Membranen und damit der Kompartimente unterscheiden. Einzelheiten müssen in der weiterführenden Literatur nachgelesen werden.

Weiterführende Literatur

Cooney, D.O.: Biomedical Engineering Principles. The Human Lungs – Artificial Heart-Lung-Devices. Bd. 2. New York–Basel: Marcel Dekker 1976

Rahn, H.; Ar, A.; Paganelli, Ch.V.: Wie Vogeleier atmen. Spektrum d. Wissensch. April (1979) 48–59

Reis, A.: Biomedizinische Technik – Ingenieuraufgaben in der Medizin. München–Wien: R. Oldenbourg 1976

Schmidt-Nielsen, K.: Animal Physiology: Adaptation and Environment. Cambridge–London–New York: Cambridge University Press 1983

Thews, G.; Hutten, H.: Biophysik des Atemgastransports. In: Hoppe, W. et al. (Hrsg): Biophysik. Berlin–Heidelberg–New York: Springer 1983

7.1.9 Funktionsprinzipien der Nierenorgane – Bionik der künstlichen Niere

In der Pflanzen- und Tierwelt sind für die Regulation und Gewährleistung des Salz- und Wasserhaushaltes unterschiedlich aufgebaute und funktionierende Organe entwickelt.

Auf zellulärer Ebene dieser Organe werden häufig die gleichen Grundprinzipien realisiert: (1) aktive und passive Resorption und Sekretion von Stoffen, (2) Konzentration mittels Gegenstromprinzip und aktivem Transport (vgl. hierzu auch Abschn. 7.1.5). Diese zumindest bei den Säugetieren durchgehende Similarität der Nierenfunktion läßt sich wiederum durch die allometrischen Beziehungen zwischen Körpergewicht und Funktion beschreiben (vgl. Tab. 12). Die physiologischen Daten sind den Lehrbüchern zu entnehmen.

Tab. 12 Allometrische Parameter der Nierenfunktion von Säugetieren. Körpergewicht in Gramm. Theoretischer Wert b = 0.73

Funktion	Einheit	Parameter a	Exponent b
Harnstoff-Clearance	mℓ/h	1.59	0.72
Inulin-Clearance	mℓ/h	1.74	0.77
Kreatinin-Clearance	mℓ/h	4.2	0.69
Diothrast-Clearance	mℓ/h	2.14	0.89
Hippurat-Clearance	mℓ/h	5.4	0.80
Urin-Ausscheidung	mℓ/h	$6.4 \cdot 10^{-3}$	0.82
Totale Stickstoff-Ausscheidung	g/h	$7.4 \cdot 10^{-5}$	0.73
Endogene Stickstoff-Ausscheidung	g/h	$4.2 \cdot 10^{-5}$	0.72
Schwefel Excretion	g/h	$1.7 \cdot 10^{-6}$	0.74
Kreatinin-N-Ausscheidung	g/h	$1.1 \cdot 10^{-6}$	0.90
Wasseraufnahme des Körpers	mℓ/h	$1.0 \cdot 10^{-2}$	0.88

Quelle: Adolph, E.F.: Quantitative relations in the physiological constitutions of mammals. Science **109** (1949) 579–985

Die Nieren haben folgende Funktionen:

(1) Die Stoffwechselendprodukte (z.B. Harnstoff und Harnsäure, Kreatinin, Sulfate und Phenole) werden ausgeschieden.

(2) Der Säure-Basenhaushalt (z.B. über Ausscheidung von H^+- und HCO_3^--Ionen) wird reguliert.

(3) Der Wasser- und Salzhaushalt wird kontrolliert und reguliert.

An diesen Leistungen sind neben den Nieren auch andere Organsysteme als Stellglieder beteiligt, so z.B. die Atmungsorgane, die Körperoberfläche und der Magen-Darmtrakt. Die morphologischen und funktionellen Eigenschaften der Säugetiernieren charakterisieren deutlich den Schwierigkeitsgrad ihrer technisch-bionischen Nachbildung (z.B. in der Biomedizinischen Technik).

(1) Die Nieren sind nur mit 0.4 % am Gesamtkörpergewicht beteiligt, werden aber ständig mit 21 % des zirkulierenden Blutes versorgt.

(2) Etwa 1 Million Funktionseinheiten (Nephrone) filtrieren täglich über die Glomerula das Dreifache des Gesamtkörperwassers (beim Menschen ca. 180 Liter).

(3) Das Endharnvolumen beträgt nur ca. 1 % des filtierten Volumens. Somit werden 99 % des Filtrats nach Aufbereitung wieder in das Kreislaufsystem (und das Gewebe) rückresorbiert.

(4) Die Wasserrückresorption sowie die Salzrückresorption sind innnerhalb des Nierensystems so geregelt, daß sich Wasser- und Salzaufnahme kurzfristig ausbilanzieren.

(5) Gleichzeitig zur Filtration erfolgt die aktive Sekretion verschiedener harnpflichtiger Substanzen.

(Klimatische und Sonderbedingungen der Biotope haben zur Entwicklung weiterer Ausscheidungs- und Regulationsprinzipien des Salz-Wasserhaushaltes im Organismischen geführt. Hier kann aber darauf nicht eingegangen werden.)

Ein Versagen der Ausscheidungsorgane führt kurzfristig zum Anstau giftiger Stoffwechselendprodukte und langfristig zum Tode. Im biomedizinisch-technischen Bereich ist die Weiterentwicklung künstlicher Nieren deshalb ein wichtiges Problem. Die Nierenfunktion kann man durch Organdialysen oder durch apparative Haemodialysen stützen und ersetzen. Die hierbei wirksamen Prinzipien beschreiben die folgenden Abschnitte.

7.1.9.1 Organdialyse-Prinzipien

In der Tab. 13 sind die Ausscheidungsprodukte normaler und nierenkranker Patienten (Urämie) gegenübergestellt. Damit werden die Leistungen gekennzeichnet, die eine Einrichtung zum Ersatz der Nierenfunktion erbringen muß.

Dialyseeinrichtungen gewährleisten den Austausch „harnpflichtiger" Substanzen zwischen dem Blut und einer Dialysatorflüssigkeit. Dabei wirkt die Konzentrationsdifferenz der Substanzen zwischen beiden Seiten einer entsprechend semipermeablen Membran als treibende Kraft des Substanzaustauschs. Auch der Filtrationsdruck durch

Tab. 13 Harn-Ausscheidungsprodukte pro Tag bei Gesunden und Uraemiepatienten

	Normal (g/Tag)	Uraemie (g/Tag)
Wasser	1500	300
Harnstoff	30	12
Kreatinin	0.6	0.2
Harnsäure	0.9	0.4
Na^+	5	0.4
Cl^-	10	1.2
K^+	2.2	0.5
Ca^{2+}	0.2	0.1
PO_4^{3-}	3.7	1.8
HSO_4^-	8.2	–
Phenole	Spuren	–

Quelle: Cooney, D.O.: Biomedical Engineering Principles. Artificial Kidney Devices, Bd. 2, New York–Basel: Marcel Dekker 1976

Membransysteme spielt eine Rolle. Das Dialysat muß ständig, wie auch das Blut, an den Membranschichten vorbeigeleitet werden. Es muß zusätzlich alle jene Substanzen enthalten, die dem Blut nicht entzogen werden dürfen: z.B. NaCl und Glucose. Durch geeignete Wahl der Konzentrationen kann damit der „Sollwert" der nicht-harnpflichtigen Substanzen im Blutkompartiment erhalten werden. Problematisch bleibt bei längerdauernden Dialysen die Bewahrung der Blutkonzentration solcher essentieller (lebenswichtiger) Stoffe, die nur geringe Mengen ausmachen und nicht immer vollständig im Dialysat vertreten sind (Aminosäuren, Hormone, Spurenelemente etc.). Schließlich müssen auch durch Zusatz kolloidosmotisch wirksamer Verbindungen zum Dialysat (z.B. Kohlehydrate) die Gleichgewichtsbedingungen zum osmotischen Druck der Blutproteine gewährleistet sein (Zusammensetzung vgl. Tab. 14). Dialysatorprobleme sind somit technisch-physikalischer (Membran- und Perfusionsentwicklungen), aber auch chemischer Natur (Dialyse-Lösung in ihrer Zusammensetzung).

Tab. 14 Prinzipielle Zusammensetzung eines Dialysats

mäqu/ℓ	Substanz	g/ℓ	Substanz
132	Na^+	5.8	NaCl
2.0	K^+	4.5	$NaHCO_3$
105	Cl^-	0.15	KCl
33	HCO_3^-	0.18	$CaCl_2$
2.5	Ca^{++}	0.15	$MgCl_2$
1.5	Mg^{++}	2.0	Glucose

Für kurzzeitige Unterstützungen der Nierenfunktion kann man ohne großen, technischen Aufwand auch andere Organsysteme ausnützen. Beispiele hierfür sind die folgenden Eingriffe.

(1) Peritoneal-Dialyse: Die Dialyse-Lösung wird mit einem Katheter in die Bauchhöhle des Patienten geleitet, die mit „natürlichen Membranen" des Bauchfells und der Mesenterien ausgekleidet ist. Über diese Grenzflächen werden dem Blut harnpflichtige Substanzen entzogen. Kontinuierlich oder periodisch wird dann die Dialyseflüssigkeit wieder entzogen.

(2) Gastro-Dialyse: Hierbei wird ein mit endständigem Zellophanbeutel versehener Katheter über die Speiseröhre in den Magen geführt und mit Dialyselösung gefüllt. Das Prinzip entspricht demjenigen der Peritonealdialyse.

(3) Intestinal-Dialyse: Operativ wird ein Kathetersystem an einen längeren Darmabschnitt angeschlossen und der Darm mit Dialyselösung durchspült. Dabei kommt es (maximale Perfusion 8 Stunden) über die Darmschleimhaut zum Austausch der harnpflichtigen Substanzen.

(4) Pleura-Dialyse: In den Spalt zwischen Lungenoberfläche und Innenfläche des Brustkorbes wird Dialyse-Lösung mittels Katheter eingeführt und abgesaugt. Die Pleuramembran wirkt in ähnlicher Weise wie das Peritoneum.

Die Nachteile dieser Methoden liegen darin, daß sie nur kurzzeitig angewendet werden können, den Patienten sehr belasten und wegen der Infektionsgefahren äußerst steril angewendet werden müssen. In Notsituationen (z.B. Entzug giftiger Chemikalien aus der Blutbahn) ohne Vorhandensein einer regulären Dialysestation können sie aber sehr hilfreich sein.

7.1.9.2 Künstliche Niere – Hämodialyse

Bei Anwendung der künstlichen Niere wird das Dialysegerät mit einer größeren Arterie des Patienten verbunden. Mit einer Pumpe wird das Blut in geregeltem und angepaßtem Fluß über die Membransysteme des Gerätes geleitet; dort findet der bereits geschilderte Austausch harnpflichtiger Substanzen mit der Dialyse-Lösung statt. Das geklärte Blut wird über eine große Vene in den Patienten-Blutkreislauf zurückgeführt. Künstliche Nieren können in vielerlei Hinsicht konstruktive Unterschiede aufweisen: Einige Geräte arbeiten mit Blutpumpen, andere nützen das arteriell-venöse Blutdruckgefälle des Patienten zur Perfusion aus. Ferner kann das in Abschn. 7.1.5 geschilderte Gegenstromprinzip angewendet werden (Gegenstrom zwischen Blut und Dialysat). Bei manchen Methoden sind die Membranen in parallelen, flachen Schichten angeordnet, bei anderen sind sie zu Säulen aufgerollt. Schließlich gibt es Geräte, die eine große Anzahl feiner, paralleler, zylindrischer semipermeabler Hohlfasern als Trennschicht benützen. Bei diesen Gerätetypen kann das Dialysat entweder nur einmal das Gerät passieren oder es rezirkuliert, nachdem es an anderer Stelle – wiederum durch Diffusionsaustausch – geklärt wurde (Einzelheiten vgl. weiterführende Literatur).

Die Technologie der künstlichen Niere macht derzeit weitere Fortschritte, alle Entwicklungen sind im Fluß, daher kann bereits aus diesem Grunde auf einzelne Modelle nicht ausführlicher eingegangen werden.

Wie kurz erwähnt, bleibt die Feinabstimmung der Filtration weiterhin problematisch. Technisch nur äußerst schwierig sind jene natürlichen Funktionen nachzuahmen, die bei der komplexen Regulation des Salz- und Wasserhaushaltes sowie bei der Blutneubildung und bei der Regelung des Säure-Basenhaushaltes eine Rolle spielen. Patienten, denen selbst derzeit optimal entwickelte künstliche Nieren zur Verfügung stehen, bleiben dennoch chronisch kranke Menschen, allerdings mit erhöhter Weiterlebenschance.

Weiterführende Literatur

Artificial Kidney-Programm NIAMDD – 1977. Evaluation of Hemodialysis and Dialysis Membranes: Reports of the study groups I, II & III. In: Artificial Organs 1 (1977) 21–41; Artificial Organs 2 (1977) 59–74

Cooney, D.O.: Biomedical Engineering Principles. Artificial Kidney Devices. Bd. 2. New York–Basel: Marcel Dekker 1976

Reis, A.: Biomedizinische Technik. Ingenieuraufgaben in der Medizin. Künstliche Niere. München–Wien: R. Oldenbourg 1976

7.2 Bionik der Bewegungs- und Lokomotionsmechanismen

Die mechanischen Grundelemente der Bewegungsapparate lebender Organismen bestehen aus kontraktilen Eiweißverbindungen. Ihre sehr komplexen, molekularen Verkürzungsprozesse werden durch direkte und isotherme Umwandlung chemischer Energie (ATP z.B.) in mechanische Arbeit bewirkt. Es handelt sich hierbei also um „mechano-chemische Transformationsprozesse“.

Technische Bewegungsprozesse (Arbeitsmaschinen, Fahren, Fliegen, Wasserfahrzeuge) erfordern direkt oder indirekt die rotierenden Bewegungselemente einer Maschine: das Rad, den Propeller bzw. die Düsenturbine und die Schiffsschraube. Das Explosions-Rückstoß-Prinzip ist sowohl in der belebten Natur (z.B. „Bombardierkäfer“ vgl. Abschn. 5.2.5) als auch sehr früh (China) in der Technik benützt worden. Die wichtigsten, energetischen Grundlagen der Bewegungsmechanismen wurden bereits in Abschn. 5 bis 5.2.5 behandelt.

Rotierende, mechanische Bewegungsglieder setzen eine Achse oder ein Lager voraus. Im organismischen Bereich sind diesen Prinzipien dadurch gewisse Grenzen gesetzt, daß über Achsen und Lager keine ausreichende Versorgung der gedrehten, morphologischen Struktur mit Metaboliten erfolgen kann. Freie Diffusionsstrecken können dies höchstens im Mikrobereich der begeißelten Bakterien gewährleisten.

Das Flagellum von Bakterien ist allerdings ein polymeres Protein ohne ATPase-Eigenschaft. Eine Versorgung mit – zumindest energetischen – Metaboliten scheint nicht notwendig. Der „Motor“ des Flagellums sitzt in der Bakterienbasis.

An die Stelle der echten Rotation um Achsen tritt im organismischen Bereich das translatorische Kreisen. Darunter sind Bewegungen zu verstehen, bei denen die Gliedmaßen (Extremitäten; Flügel, Flossen, Beine etc.) kreisende Bewegungen um einen Gelenkpunkt ausführen, ohne ihre Achse zirkulatorisch zu drehen. Sinnfällig wird dies bei zeitgerafften Aufnahmen des Flügelschlages von Insekten und Vögeln: Die Tragflächen führen mehr oder weniger komplizierte Verwindungsbewegungen durch. Sie zeichnen mit ihren gelenkfernen Punkten zumeist die Figur einer 8 und vereinen damit Vortrieb und Auftrieb. (Näheres vgl. weiterführende Literatur.)

In welchen Zusammenhängen sind die Fortbewegungsprinzipien biologischer Organismen als bionische Vorlagen interessant? Welche Anregungen geben die komplexen Form- und Funktionsprinzipien der Bewegungsapparate schwimmender, fliegender und sich auf dem Land bewegender Tiere für die Technik? Problemkreise liegen etwa in den folgenden Bereichen:

(1) Für die biomedizinische Technik hat die Entwicklung mechano-chemischer Prinzipien der Motorik besondere Bedeutung (z.B. Antriebssysteme von Arm- und Beinprothesen, künstliches Herz).
(2) Für die Sportmedizin und die Orthopädie sind genaue Kenntnisse der Bewegungsabläufe und ihrer Gesetzmäßigkeiten von großem Interesse.
(3) Für die Bewegung des Menschen in extremen Umweltbedingungen (Tiefsee, Schwerelosigkeit etc.) und mit Kraftverstärkern ist die Bionik ein Mittel der Problemlösungen.
(4) In der Laboratoriums- und Fertigungstechnik können Fragen der Lokomotiven, der Transport- und Greifeinrichtungen bionisch bearbeitet werden (z.B. „heiße Laboratorien“ und „Handhabung stark abstrahlender Materialien“ in der Kerntechnik).

Einige Gesichtspunkte dieser Art werden in Beispielen der folgenden Abschnitte besprochen.

7.2.1 Technische Modelle zur Erzeugung longitudinaler Bewegungen – Künstlicher Muskel

Die biologisch-energetischen Prinzipien der Erzeugung mechano-chemischer Arbeitsleistungen wurden unter Abschn. 5 besprochen. In der Technik wurde versucht, kontraktile Krafterzeuger nach chemisch-energetischem und pneumatisch-energetischem Prinzip in Ähnlichkeit zur Muskelkontraktion zu entwickeln.

7.2.1.1 Muskelmodell aus Kettenmolekülen

Glycerinextrahierte, natürliche Muskelfasern lassen sich in vitro, d.h. unter Laboratoriumsbedingungen, durch Zusatz von ATP und Ca^{++}-Ionen reproduzierbar zur Kontraktion bringen. Solche „toten“ Aufarbeitungen der natürlichen Muskelelemente sind bereits als Muskel-Modell zu betrachten. Diese organischen Modelle sind aber bionisch-technisch nicht von Interesse: Sie zersetzen sich ohne den natürlichen Bestands-Stoffwechsel nach einiger Zeit.

Von größerem Interesse sind Nachahmungen des Muskels mit kontraktilen Netzwerken aus künstlichen Polymeren (vgl. auch Abschn. 6.3.1.2). Folien aus langen Kettenmolekülen von Polyakrylsäure

$$\begin{array}{ccccccccc} CH_2CH & - & CH_2CH & - & CH_2CH & - & CH_2CH & - & CH_2CH \\ | & & | & & | & & | & & | \\ COOH & & COOH & & COOH & & COOH & & COOH \end{array}$$

haben die Eigenschaft, daß sich die einzelnen Säureeinheiten wie Perlen einer Perlenkette gegeneinander bewegen lassen. (Erst einige tausend Säureeinheiten bilden das ganze Molekül.)
In Lösung ballt sich das Kettenmolekül knäuelartig zusammen. Es streckt sich, wenn durch Alkalisierung Säuregruppen neutralisiert werden und Hydroxilionen bilden. So entstehen negative Ladungen mit untereinander abstoßenden Kräften, die zur Streckung des Moleküls führen. Der Prozeß ist reversibel: Durch Zusatz von HCl verschwinden die negativen Ladungen, und das Molekül zieht sich wieder knäuelartig zusammen.
Für technische Zwecke müssen die mikroskopischen Längenänderungen der Moleküle in makroskopische Änderung der Länge transformiert werden. Dies gelingt durch Einbetten der Polymeren in eine Folie aus Polyvinylalkohol. Mit diesen Folien lassen sich einfache, mechano-chemische Maschinen bauen, die ein Gewicht heben können oder auch als Motoren ausgelegt sind (vgl. Abschn. 6.3.1.2, Abb. 6.5). Auf diese Weise wäre es vielleicht möglich, die „Restenergie" bei den durch Neutralisierung aufzubereitenden Säure- und Alkaliabfällen der chemischen Industrie zu nutzen?

7.2.1.2 Pneumatisches Muskelmodell

Für die pneumatische Energieumsetzung in künstlichen Muskeln orthopädischer Prothesen wurde folgendes Prinzip angewendet: Es wird ein Rohr aus elastischem Kunststoff aufgebaut. In die Rohrwandungen sind unelastische, aber biegsame Glasfasern eingebettet. Dieses relativ rißfeste Verbundmaterial (vgl. Abschn. 6.3.2) hat in entfernter Ähnlichkeit zum Muskel zwei Eigenschaften:

(1) Die nichtdehnbaren Glasfasern wirken einer Längenänderung bei longitudinalem Zug entgegen.
(2) Die elastischen Anteile der Kunststoffröhre erlauben eine Verkürzung der Röhrenelemente durch pneumatische Dehnung in Richtung senkrecht zur Röhrenachse.

Praktisch arbeitet dieses Modell wie folgt: Das Rohr wird auf einer Seite verschlossen und dort z.B. mit Federspannung an einem festen Ansatzpunkt des Prothesengliedes befestigt. Von der anderen Seite her wird es über entsprechende Zuleitungen aufgeblasen. Dadurch verändert das Rohr seine Form und verkürzt sich um so mehr, je stärker die Form vom Schlauch zur Ballonfigur übergeht. Unter gesteuerten und kontrollierten Luftstößen z.B. kontrahiert und erschlafft dieser künstliche Muskel je nach Bedarf der Prothesenbewegung. Ein solches System hat den Vorteil, daß es die Longitudinalbewegungen natürlicher Muskeln bionisch-mechanisch gut nachahmt und auf Getriebe, Zahnstangen und andere komplexe Elemente, wie sie beim Antrieb durch Elektromotoren notwendig werden, verzichten kann.

7.2.2 Bionik der Bewegungsabläufe

Die Arbeitsbereiche der Schiffsantriebsmaschinen, des Schiffbaues, des Flugzeugbaues, der nichtradgebundenen Landfahrzeuge und der biomedizinischen Technik (Prothesenbau) sind an der genauen Analyse der Bewegungsabläufe bei organismischer Fortbewegung (Vogelflug, Flossenbewegungen, Bewegungen der Arme und Beine) interessiert. Für solche Bewegungsanalysen sind nicht nur die dynamischen Einzelprozesse bewegter Strukturelemente von Bedeutung; auch die Similaritätstheorie (vgl. Abschn. 2.4.3.2 und 2.4.3.3) liefert wichtige Grundlagen für technisch-bionische Ansätze.

Die folgenden Abschnitte geben einige Hinweise auf wichtige Untersuchungsmethoden und bionisch-konstruktive Ansätze. (Einzelheiten müssen der weiterführenden Literatur entnommen werden.)

7.2.2.1 Methoden der Bewegungsanalyse

Für die Untersuchung der Bewegungsabläufe der Fortbewegungsorgane im Tierreich und in der humanphysiologischen Forschung wurden eine große Anzahl mechanischer, elektrischer, optischer und mathematischer Methoden entwickelt. Ihre jeweilige Anwendung ergibt sich aus der Problematik des bionischen Einzelproblems. Unter anderem lassen sich folgende Messungen durchführen:

(1) Das Accelerometer wird zur Untersuchung linearer und Winkelbeschleunigungen bei Bewegungen von Rumpf und Gliedmaßen verwendet.

(2) Die Zeit-Dehnungs-Kinematographie bzw. Videographie wird zur Aufnahme und Speicherung komplexer Bewegungsabläufe benützt.

(3) Lichtquellen oder Reflektoren, die an bewegten Körpern oder Gliedmaßen (Beine, Flügel, Flossen etc.) befestigt sind, erlauben eine indirekte und gezielte Auswertung durch die Aufnahme der Lichtmarken mit speziellen Kameras, Perceptronsystemen usw.

(4) Datenverarbeitungsanlagen müssen zur Analyse (z.B. Vektoranalyse, Fourieranalyse etc.) der mit Hilfe der unter (1) bis (3) aufgeführten Prinzipien gewonnenen und elektronisch gespeicherten Daten herangezogen werden.

Mit solchen Methoden lassen sich etwa in der wissenschaftlichen Orthopädie Unterschiede und Gesetzmäßigkeiten im Gang- und Haltungsverhalten Gesunder und Kranker feststellen. Erst auf dieser Basis können komplexe Prothesen oder Gehhilfen konstruiert werden. Auch Trainingsmaßnahmen zur kompensatorischen Stärkung bei Ausfall bestimmter Muskel- oder Gelenkanteile können damit gezielt bestimmt und überprüft werden. Schließlich liefern solche Methoden die Basisinformationen für die Entwicklung bionisch konzipierter, elektronischer Regelungs- und Steuereinrichtungen für den Betrieb von aktiven Prothesen, aber auch technischer Einrichtungen wie z.B. Menschenkraft-Verstärker, Greif- und Transportsysteme beim Umgang mit stark strahlendem Material.

Weiterführende Literatur

Nachtigall, W. (Hrsg.): Bewegungsphysiologie – Biomechanik-Symposium. Stuttgart: G. Fischer 1977

Plagenhoef, S.: Computerprograms for Obtaining Kinetic Data on Human Movement. J. Biomechanics 1 (1968) 221–234

7.2.2.2 Kontrolle und Steuerung der Bewegungsprozesse als bionisches Problem

Die neuronalen Verschaltungen und Erregungsabläufe bei Bewegungs- und Haltereflexen sind in ihren Einzelbereichen durch die neurophysiologische Forschung relativ weit aufgeklärt. (Vgl. Röhler, R.: Biologische Kybernetik und Lehrbücher der Physiologie.) Das Zusammenwirken dieser einzelnen Regelungs- und Steuerprinzipien in abgestufter und angepaßter Weise muß durch eine „integrative" Neurophysiologie noch in weiten Bereichen untersucht werden. Die Fortbewegungsvorgänge bei Tieren und Menschen stellen Reihungen labiler Gleichgewichtszustände dar. Ständig um- und aufschaltende Reflexmechanismen sind notwendig, um die Gang- und Bewegungshaltung beizubehalten. Ist schon das Stehen ein sehr komplizierter Prozeß, so ist das Gehen noch viel schwieriger. Es ist in gewissem Sinne ein permanentes Annähern an Fallen und Wiederaufrichten. Das Zusammenspiel aller mechanischen und neuronalen Vorgänge bei der Bewegung und beim Gehen ist mit der Leistung eines sehr großen Orchesters zu vergleichen. Es gibt zwar eingeübte und abrufbare Programme (Notenblätter), aber die Takt- und Anpassungsgebung muß in freiem Spiel übergeordneter Verrechnungsnetze (Dirigent) je nach den die Situation kennzeichnenden, eingehenden Informationen durch spezifische Rezeptoren geregelt werden. Die bionische Modellbildung solcher Prozesse ist für die Weiterentwicklung der durch Mikroprozessoren kontrollierten, automatischen Arbeitsmaschinen („Roboter-Prinzip") sehr bedeutsam.

7.2.2.3 Individualspezifische Parameter der Fortbewegung

Wenn auch die Grundprinzipien der Fortbewegungsmechanismen je nach Tierart relativ uniform erscheinen, so gibt es doch inter- und intraindividuelle Unterschiede, die besonders bei der bionischen Behandlung der Prothesenkonstruktion beachtet werden müssen.

Als Beispiel soll die „Schrittmodalität" der Wirbeltiere besprochen werden. Die Beachtung der Randbedingungen (vgl. Abschn. 1.3.2 und 2.3) bei bionischer Behandlung wird hier gleichzeitig illustriert:

(1) Die Umwelt bestimmt die Schrittmodalität. Es sind peruanische Pferderassen bekannt, die wie die Kamele im „Paßgang" laufen. Diese Tiere wurden vor 500 Jahren in die wüstenbedeckten Küstengebiete Perus gebracht und für lange Ritte über den lockeren Sandboden verwendet. Diejenigen Tiere, die durch ihren Paßgang diese Strecken besser bewältigten, züchteten sich weiter und wurden so zu Stammvätern der heutigen, peruanischen Pferde. Die Schrittmodalität des Paßganges ist insbesondere deshalb von Vorteil, weil die Hufe bei gleichmäßiger Fortbewegung weniger tief in den Sand einsinken. So gibt es auch eine isländische Ponyrasse, die den Paßgang im weichen Schnee benützt; auch hier ist die Überlebenschance bei extremer Belastung günstiger.

(2) Körpergröße, Körpermaße und Alter bestimmen die Schrittfrequenz und Schrittweite des aufrechtgehenden Menschen: Hochgewachsene Menschen besitzen eine lange Schrittweite und eine niedrigere Schrittfrequenz. Kleinere Menschen gehen mit kurzer Schrittweite und hoher Schrittfrequenz. Die Schrittfrequenz ist umgekehrt proportional der dritten Wurzel aus der Körpermasse. Die Abhängigkeit vom Alter drückt sich darin aus, daß zwischen dem 20. und 40. Lebensjahr Schrittweite und Schrittfrequenz zunehmend größer werden. Damit wächst auch die Gehgeschwindigkeit. In höherem Alter nehmen Schrittweite und Schrittfrequenz wieder ab.

(3) Der Leistungsbedarf für die Fortbewegung beim Gehen hängt von mehreren Parametern ab: Das Gehen auf horizontaler Bahn mit einer Geschwindigkeit von 5 Kilometern je Stunde erfordert eine Körperleistung von ca. 60 W. (Das entspricht der Leistungsaufnahme einer Glühbirne; lange Spaziergänge werden also nicht zu einer Gewichtsabnahme übergewichtiger Patienten führen.) Ein Radfahrer, der mit einer Geschwindigkeit von 9 km/h fährt, leistet nur etwa 30 W. Der Unterschied in der Leistung beim Gehen und Radfahren liegt darin, daß sich die Geharbeit aus zwei Anteilen zusammensetzt: (a) Der Schwerpunkt des Körpers wird periodisch angehoben; (b) zur Bewegung der Arme und Beine wird Beschleunigungsarbeit notwendig. Ein großer Teil davon geht beim unelastischen Stoß gegen den Fußboden verloren. Beim Radfahren ist die Hubarbeit des Rumpfes und der Beine geringer, und der unelastische Stoß der Füße gegen den Boden wird vermieden. Noch effektiver ist die Fortbewegung auf Rollschuhen: Hier trägt die Beschleunigungsarbeit der Arme und Beine wesentlich zum Beschleunigungsvorgang bei.

Mit technischen Verstärkereinrichtungen können die physiologischen Bewegungsmodalitäten für Anwendungsbereiche besonderer Art, besonders im energetischen Bereich, optimiert werden. Voraussetzung für solche Konstruktionen, z.B. den orthopädischen Ersatz des Beines, ist die exakte bewegungsphysiologische und bionische Analyse der Steuerungs- und Kontrollmechanismen. Insbesondere gehören dazu Sensoren zur abgestuften Rückmeldung des Bewegungserfolges. Hier gibt es noch einige offene Probleme.

7.2.3 Menschenkraft-Verstärker und künstliche Gliedmaßen

In der Technik gibt es Situationen, in denen keine herkömmlichen Maschinen verwendet werden können, die dem Robot-Prinzip entsprechen. Die Entscheidungs- und Anpassungsfähigkeit des Menschen läßt sich hier auch nicht durch extreme Anwendungen von Prozeßrechnern erreichen. So ist z.B. in der Kerntechnik und bei der Gestaltung von Taucherausrüstungen häufig eine Einrichtung notwendig, die die Kraftgrenzen des Menschen überschreitet, aber seine anderen physischen und intellektuellen Fähigkeiten nicht begrenzt. Von diesen Maschinen ist zu fordern, daß sie alle Bewegungen der sie steuernden Person analog auf die in ihrer Kraft verstärkte Bewegung von Maschinenelementen (Arme, Beine, Finger und Hand) überträgt.

Eine der natürlichen Kraftentwicklung proportionale Kraft ist in solchen Einrichtungen zu entwickeln, die als Prothesen die Bewegungs- und Handlungsfähigkeiten behinderter Patienten wiederherstellen sollen. Im Gegensatz zu den erstgenannten Einrichtungen können hier die natürlichen Gliedmaßenbewegungen als Steuereinrichtungen zur proportionalen und analogen Bewegung nicht übernommen werden. Beide Bewegungsverstärkerprinzipien werden in den folgenden Abschnitten besprochen.

7.2.3.1 Kraftbetriebene Außenskelette

Technische Einrichtungen, die auf einen menschlichen Körper passen, von ihm „getragen“ werden und die Bewegungen der Arme und Beine analog nachvollziehen und energetisch verstärken, werden als kraftbetriebene Außenskelette bezeichnet. Eine Reihe von mechanischen (elektronisch oder pneumatisch angetriebenen) Muskeln erhöht die Menschenkraft bis um den Faktor 25. Die funktionelle Feinabstimmung wird durch eine Kraft-Rückkopplung erreicht. Solche Geräte sind etwa 6 m bis 15 m groß. Durch die geeignete Anordnung von Meßwertaufnehmern am Körper der menschlichen Kontrollperson werden alle Bewegungen dieser Person analog auf die Maschinenbewegungen (im Sinne von Komparatorschaltungen) übertragen. Als Elementarprinzipien dieser Art sind seit langem Zeichengeräte bekannt. Sie ermöglichen unter Ausnutzung der Hebelgesetze eine Vergrößerung oder Verkleinerung von Zeichenbewegungen. Hier spielen Rückkopplungsschleifen oder Kraftverstärker noch keine Rolle.

7.2.3.2 Anthropotechnik

Mit dem Aufbau von Mensch-Maschinen-Modellen befaßt sich die moderne Anthropotechnik. Hier kommt es darauf an, die Bedienungselemente von Geräten, Maschinen und Fahrzeugen so zu gestalten, daß:

(1) Bedienungseinrichtungen so beschaffen und angeordnet sind, daß sie den spezifischen Eigenarten menschlicher Bewegungen und Wahrnehmungsempfindlichkeiten optimal angepaßt sind. Dies bedeutet:

(2) Leichte und leicht erlernbare Bedienung muß zur hocheffizienten Benutzung der Maschine führen, ohne daß

(3) Ermüdungs- oder Überforderungserscheinungen auftreten, die den Menschen, die Maschine oder die Maschinenleistung gefährden.

Angrenzende Fachgebiete dieser weitgespannten Forschungsrichtungen sind die Personal-Ergonomie und die Umwelt-Ergonomie. Diese Bereiche werden zusammen mit der Anthropotechnik durch die System-Ergonomie integriert. Dabei paßt die Personal-Ergonomie den Menschen an eine als gegeben angesehene Technik an, die Umwelt-Ergonomie untersucht die physiologischen Wirkungen der Tätigkeit auf den Menschen selbst (Klima, Lärm, Vibration etc.) und erarbeitet Schutzmaßnahmen (Hitze- und Druck-Schutzanzüge, Lärmdämmung etc.).

Während im Bereich der Menschenkraft-Verstärkung energetische Gesichtspunkte und Bewegungscharakteristika des Organismus untersucht werden, behandelt die Anthropotechnik bionisch die „auslösenden“ Wirkungen des Menschen bei der Maschinen-Bedienung. In Laboratoriumsuntersuchungen werden dabei zum einen alle Funktionsäußerungen des Menschen als „Operator-Systeme“ gemessen (Lerngeschwindigkeit,

Muskelanspannung, Augenbewegung, auditive Unterscheidung, Leistungskapazitäten etc.), zum anderen wird die Leistung an den Kriterien der Fehlerhäufigkeit, Reaktionszeit, Reaktionsgenauigkeit usw. gemessen und der Belastung und Beanspruchung gegenübergestellt. Hier ist noch ein weites Forschungsfeld offen. Man denke nur an die Vielzahl bislang unphysiologischer Bedienungsanordnungen in Fahrständen und Schaltzentralen. So wäre es vernünftig, Kontroll-Leuchten am Instrumentenbrett eines Kraftfahrzeuges in der bildhaften Anordnung eines Kfz.-Modelles zu arrangieren. Der Mensch „macht" sich ja das „innere Bild" seines Fahrzeuges als Fahrzeuggestalt und nicht als systematische und rechteckige Konsole mit einer Vielzahl verschiedener Skalen und Leuchten. Dieses Beispiel der „wahrnehmungsbionischen" Gestaltung muß an dieser Stelle genügen, um dem Leser auch andere Arbeitsbereiche der Anthropotechnik (angepaßte Sitzformgebung, „zugriffsphysiologische Schalter", „aufmerksamkeitsoptische" Farb- und Gestaltgebung etc.) sinnfällig zu machen.

7.2.3.3 Bionik der künstlichen Gliedmaßen

Die als frühes Beispiel für die bionische Prothesengestaltung häufig erwähnte, künstliche Hand des Götz v. Berlichingen hat mit wirklicher Bionik nichts zu tun. Hier und auch lange Zeit danach wurden künstliche Gliedmaßen und Gelenke nach den Prinzipien des Maschinenbaues konstruiert: Starre Teile konnten sich bei ihrer Bewegung nur um eine Achse, in einem Lager drehen.

Betrachtet man aber die natürlichen Vorbilder, dann sind folgende Grundeigenschaften zu berücksichtigen:

(1) Die Kraftquellen für Gliedmaßenbewegungen sind Longitudinal-Motoren. Die Muskeln können nur ziehen und nicht (wie z.B. ein pneumatisches Element) auch Druckbewegungen ausführen. Dieses hat einige Vorteile, denen sich die unübersehbare Formenvielfalt der Gelenke anpaßt.

(2) Muskeln setzen ihre Kraft nicht nur in einer Ebene an. Sie umgeben das Skelettsystem und ziehen als Agonisten und Antagonisten in feinkontrollierter und -regulierter Abstimmung in alle für die optimale Gliedmaßen-Nutzung möglichen Ebenen.

(3) Aus der Zugkraftverteilung, den entsprechenden Hebelwirkungen und Scherkräften ergeben sich statische Skelettbelastungen, denen die Knochenstrukturen besonders im Gelenkbereich (vgl. Abschn. 6.3.2.1) im Hinblick auf statische Auslegung und Festigkeit der Spongiosaanordnung (vgl. Vorbild für Krankonstruktionen) angepaßt sind.

(4) Aus den Gründen (1) bis (3) besitzen biologische Gelenksysteme keine fixen, geometrisch definierten Achsen: Sie sind eher mit unregelmäßig ausgeformten Rollen- und Kugellagern zu vergleichen.

(5) Bei längeren Stell- und Haltefunktionen bestimmter Glieder (z.B. bei Insekten, vgl. hierzu insbesondere weiterführende Literatur bei Nachtigall) sind im Verbund mit den Gelenken auch Einrast-Strukturen verwirklicht.

Diese Grundeigenschaften haben zum Beispiel für die orthopädische Konstruktion künstlicher Gelenke erhebliche Konsequenzen. Dies zeigt sich unter anderem daran, daß ein nur in einer Achsenebene beweglicher Kniegelenk-Ersatz den in vielen Ebenen angreifenden Zugkräften der (Ober- und Unterschenkelmuskulatur beim Kniegelenk) Muskeln Widerstand entgegensetzt. Dieser Widerstand bzw. die isometrische Kraft- und Scherkrafteinwirkung drückt die in die natürlichen Knochen implantierten Schäfte des künstlichen Gelenkes gegen die Spongiosabereiche der Einheilungsstellen. Diese geben nach, d.h. das Knochengewebe weicht aus, und das Kunstgelenk lockert sich wieder nach der Einheilung. In neuerer Zeit wurden daher z.B. Kniegelenkprothesen entwikkelt, die als „stufenlose Getriebe" arbeiten und den natürlichen Roll-Gleitbewegungen des Kniegelenkes nachkommen. Eine Voraussetzung dieser Konstruktionen war die methodische Anwendung der Hüllflächen-Geometrie im Rahmen der physikalischen Kinematik. Dadurch entstanden Prothesen, die eine Belastung auf den Knochen stets senkrecht wirksam werden lassen und damit das Abscheren von Knochensubstanz verhindern.

Problembereiche der bionisch-technischen Orthopädie (vgl. weiterführende Literatur) sind:

(1) Auswahl und Verwendung gut einheilbarer Materialien bei Implantaten.

(2) Ausgestaltung der Materialelemente, so daß diese leicht, bruchsicher und dauerhaltbar sind.

(3) Energetischer Antrieb der Kunstglieder (elektrisch, pneumatisch, hydraulisch).

(4) Steuerung und Regelung des abgestuften Antriebes, Entwicklung von Sensoren zur Funktions- und Belastungsüberwachung. (Sensoren in Flächen und Fingern der künstlichen Hand müßten die notwendigen Kraftabstufungen z.B. bei Greif- und Haltefunktion bestimmen.)

(5) Neuro- und elektrophysiologische sowie mechanische Aspekte der die Steuerung der Kunstgliedbewegungen übernehmenden Rest-Körperfunktionen. (Der Patient aktiviert z.B. die im Stumpf des zu ersetzenden Gliedes verbliebene oder angrenzende Muskulatur, die dabei entstehenden, bioelektrischen Potentiale werden abgegriffen und lösen elektronische Steuersignale für die Prothesenaktivierung aus.)

(6) Entwicklung von Mikroprozessorschaltungen zur Aufnahme vollständiger Bewegungs-Programme, die dann durch die Mechanismen von (5) nur ausgelöst werden und autonom geregelt ablaufen (vgl. Abschn. 9.4.5).

Entwicklungen in diesen Bereichen sind in ständigem Fluß (vgl. weiterführende Literatur).

Künstliche Gelenke werden in jenen Teilen, die in den natürlichen Knochen einheilen müssen, aus Keramikmaterial hergestellt. Problematisch ist häufig die Einheilung dieser Materialien in das Gewebe.

Die Pathophysiologie der Knochenheilung hat in neuerer Zeit Erkenntnisse geliefert, die für die gezielte Unterstützung des Restitutions-Prozesses bionisch-biomedizinisch interessant sind:

(1) Das bioelektrische Oberflächenpotential des Knochens ist unter normalen Bedingungen positiv. Nach einer Verletzung wandelt sich die Ladung um, d.h. das Oberflächenpotential wird negativ.

(2) Diese Potentialumkehr ist mit der Differenzierung mesenchymaler Zellen zu neuem Knochengewebe zu korrelieren.

Daraus wurde die Konsequenz gezogen, daß eine künstliche Polarisierung der Knochen-Implantate durch vorübergehendes Aufbringen negativer Ladung z.B. mit geeigneten Elektroden den Einheilungsprozeß beschleunigen und verstärken müßte. Diese Methode hat unterdessen in vielen Fällen gute Resultate erbracht. Zu erwähnen ist hierbei, daß negative Oberflächenpotentiale gewöhnlich den „Erregungsvorgang" von Nerven, Muskeln, Drüsen und Sinneszellen charakterisieren. Ein bislang nur unzureichend erforschtes Gebiet ist die sogenannte „tropotrophe Innervation", also eine Kontrolle zellulärer Stoffwechselvorgänge bei Differenzierungs- und Neubildungsprozessen. Dieser Bereich dürfte in der Zukunft, wie das Beispiel der elektrischen Unterstützung von Knochenheilungsvorgängen zeigte, noch andere Ansätze für neuartige Behandlungsmethoden der Medizin geben. Die sogenannte „funktionelle Elektrostimulation" gelähmter Gliedmaßen hat dagegen andere, bionische Aspekte und wird deshalb hier im Rahmen der neurobionischen Abschnitte diskutiert (vgl. Abschn. 9.4.2). Gleiches gilt für das Problem der „sensorischen Prothesen".

Ein noch nicht zufriedenstellend gelöstes Problem betrifft die bionisch-orthopädische Entwicklung der motorischen Antriebseinheiten und ihrer Energieversorgung (vgl. auch Abschn. 6.3.1.2, 7.2.1.1 und 7.2.1.2).

Häufig werden noch elektrische Antriebe bevorzugt. Möglich wäre jedoch auch der Gebrauch pneumatischer Antriebsmittel, um die Longitudinalbewegungen von Zylinder-Kolbensystemen zu betreiben. Zur Energieversorgung kann Druckgas benützt werden. Dabei könnte z.B. bei einer künstlichen Hand-Armprothese die Wiederauffüllung der Druckbehälter über effektive Pumpsysteme in den Schuhsohlen des Patienten (Ausnutzung der Verlustenergie beim Gehen) oder in Spezialwesten bzw. -gürteln (Ausnützung der Abdominal- und Thoraxbewegung bei der Atmung) erfolgen. Für die zufriedenstellende Steuerung solcher Prothesen können heute Mikroprozessoren verwendet werden. Ihre Programmierung wäre nicht sehr aufwendig (vgl. Abschn. 7.2.3.4). Bionische Vorlage wären jene Prozesse, die als Prinzipien der motorischen Steuerung gesunder Glieder erforscht wurden:

Die Stärke (Kontraktionskraft) der Bewegungsmuskeln wird durch Reflexbögen reguliert. Sensoren (Muskel- und Sehnenrezeptoren) kontrollieren die Erfolge der jeweils angestrebten Bewegungen.

Solche Bewegungen setzen sich aus der zeitlichen Koordination der Bewegung vieler Gelenke zusammen. Nervöse „Handlungsprogramme" geben die exakte, zeitliche Strukturierung, z.B. bei eingeübtem Maschinenschreiben. Handlungsprogramme werden durch neuronale Netzwerke erzeugt, die als Mustergeneratoren bezeichnet werden. Die Grundprinzipien und die Ablaufsteuerung der natürlichen Mustergeneratoren könnte man mit Hilfe von Mikroprozessorverschaltungen und elektronischen, programmierbaren Speichern simulieren. Die Programmierung der Speicher wäre nach ähnlichen Methoden vorzunehmen, wie sie in der Programmierung von Industrie-Robot-Maschinen üblich ist. Hierauf wird im folgenden Abschnitt eingegangen.

7.2.3.4 Bionik der Industrie-Robot-Maschinen: Robotic

Durch die rasche Entwicklung auf dem Gebiet der Mikroelektronik werden heute hochkomplexe Kontrollprozesse möglich, die eine funktionelle Grundlage für die Herstellung von in der Praxis verwendbarer Handhabungsautomaten bilden. Diese sogenannten „Industrieroboter“ werden im Fachgebiet der „Robotic“ wissenschaftlich und technisch entwickelt. Sie stellen im Prinzip nichts anderes dar, als eine flexiblere Art der Automatisierung von Fertigungsprozessen. Es handelt sich z.Zt. dabei um Geräte, die z.B. in der Kraftfahrzeugindustrie für Schweiß- und Lackierarbeiten am Band eingesetzt werden. Die beweglichen, in alle möglichen Richtungen des Raumes führbaren Elemente solcher Maschinen werden dabei mit großer Präzision und bestimmter Geschwindigkeit, Verweilzeit etc. an die nach ihrem Programm vorgegebenen Punkte im Raum bzw. am zu bearbeitenden Objekt gesteuert. Dort können – je nach Art der Elemente – als Bohr-, Schweiß- oder Spritzköpfe die Werkstücke verformt, geschweißt oder lackiert werden. Die Programmierung erfordert den Einsatz eines erfahrenen Facharbeiters. Er führt dazu das jeweilige Gerät per Hand über alle Arbeitspunkte oder Flächen und erledigt dabei, quasi im Arbeitsgang-Modell, alle Arbeiten, die das Gerät ausführen soll. Bei diesen „Modell-Bewegungen per Hand“ programmieren Sensoren oder andere, geeignete Einrichtungen zur Raum-Koordinatenbestimmung die Speicher des Gerätes für analoge Raum- und Zeitabfolgen.

Im Grunde könnten solche Prinzipien auch zur Programmierung der elektronischen Kontrolle der Arbeitsbewegungen künstlicher Gliedmaßen in der Orthopädie verwendet werden. Im Gegensatz zum Industrieroboter befindet sich der Patient jedoch nicht ständig im gleichen, räumlichen Abstand zu den zu handhabenden Objekten. Es müssen daher – und dies wird auch für die Industrieroboter angestrebt – Ziel-, Abtast- und Erkennungssensoren entwickelt werden, die z.B. eine künstliche Hand zu dem zu ergreifenden Objekt führen. Versuche hierzu wurden mit Punktstrahlern, die in miniaturisierter Form in die Patientenbrille integriert sind, durchgeführt. Der Patient schaut das Objekt an, es wird über den Strahler optisch markiert, und ein optisches Perceptronsystem in der künstlichen Hand führt diese auf die markierte Strahlungsquelle zu. (Das dabei angewendete Prinzip der perceptrongesteuerten Prothesenbewegung entspricht dabei wiederum jenem, das z.B. in der Waffentechnik zur Raketenlenkung auf eine Infrarot-Quelle verwendet wird.) Liegt die künstliche Hand am Objekt, dann gilt es, sie durch Hilfsbewegungen anderer Körperteile (Muskelgruppen, rasche Atembewegung etc.) oder durch bioelektrische Potentiale von solchen Körperstellen (z.B. Elektromyogramm) zur Durchführung des gespeicherten und jeweils gewünschten Bewegungsmusters (z.B. Greifen) zu bringen. Die verschiedenen Muster sind in ihrer Richtung und zeitlichen Abfolge – wie bei Industrierobotern – programmiert und müssen mittels der soeben erwähnten „Durchführungssignale“ aktiviert werden. Diese Signale entsprechen damit im Prinzip den auslösenden, neuronalen Aktivierungen im Zentralnervensystem, welche die natürlichen, neuronalen Mustergeneratoren der eingeübten Motorik aktivieren. Auch dieser Bereich der bionischen Prothesentechnik befindet sich in stetiger Entwicklung. Daher können an dieser Stelle keine repräsentativen und ausführlichen Anwendungsbeispiele gegeben werden.

Die Aktivierung solcher Prothesen, die der Fortbewegung dienen (z.B. Beinprothesen beidseits amputierter Patienten), muß unter Umständen rhythmisch erfolgen. Schrittlänge, Schrittfrequenz und Geschwindigkeit sollten dabei sonstigen Randbedingungen angepaßt sein; das sind unter anderem Alter, Größe und Konstitution des Patienten. Die theoretischen Grundlagen für solche Anpassungs-Einstellungen wurden im Abschn. 2.4.3.2 im Zusammenhang mit der kinematischen Analyse und der Allometrie der Bewegungsvorgänge angegeben (vgl. auch Abschn. 7.2.2.3).

Andere Gesichtspunkte bietet die Analyse jener rhythmischen Prozesse, die von der Chronobiologie behandelt werden. Hierauf wird im folgenden Abschnitt eingegangen.

Weiterführende Literatur

Bässler, U.: Steuerung der Bewegung. Manuskript des Vortrages in der Reihe "Bionik". (RIAS–Funkuniversität) Berlin: RIAS 1984

Bernotat, R.: Anpassung der Technik an die Eigenschaften und Fähigkeiten des menschlichen Benutzers. Manuskript des Vortrages in der Reihe "Bionik" (RIAS–Funkuniversität) Berlin: RIAS 1984

Liston, R.A. (ed.): Development of an Ambulating quadrupeled Transporter. Ordonance Dept. Defence Electr. Div. Pittsfield: General Electric 1965

7.3 Schwimmen und Fliegen

Körperformen, Vortriebs- und Auftriebsmechanismen und Bewegungsabläufe bei Fischen und Vögeln sind unter bionischen Gesichtspunkten besonders intensiv untersucht worden. Es ist an dieser Stelle nicht möglich, auch nur eine Übersicht der verschiedenen Spezial- und Teilbereiche (Mechanik, Energetik, Hydro- und Aerodynamik etc.) zu geben. Auch hier muß auf die weiterführende Literatur verwiesen werden. Besonders intensiv haben sich Hertel und Nachtigall mit der Bionik dieser Bereiche beschäftigt, dabei hat sich eine Vielzahl wertvoller Anregungen für die Technik ergeben.

7.3.1 Bewegungsprinzipien

Die älteste Fortbewegungsart ist die seitliche Schlängelbewegung, bei der sich ein Körper oder Teile desselben wellenförmig nach rückwärts derart bewegen, daß diese Undulation schneller abläuft als die Fortbewegung des Organismus. Dieses gilt sowohl für geißeltragende Mikro-Organismen als auch für Fische und im Wasser lebende Säugetiere. Im Wasser übt ein sich schlängelndes System entlang seinen zurücklaufenden Wellenbäuchen Druckkräfte aus. Die seitlich gerichteten Komponenten heben sich gegenseitig auf, wenn man das gesamte System betrachtet. Die vorwärtsgerichteten Kräfte addieren sich dagegen zum Vortrieb. Bei Fischen bleibt der vordere Teil des Körpers relativ unbeweglich. Undulationsbewegungen beschränken sich meist auf das letzte Körperdrittel. Dabei steigt der Ausschlag der Welle von nahezu Null im vorderen auf hohe Werte im hinteren Bereich steil an.

Strömungsmechanische Untersuchungen zeigen, daß eine solche, stark ansteigende Ausschlagsamplitude der Fischform wesentlich effektiver ist als die gleichmäßige

Schlängelbewegung . Dies liegt in der größeren Beschleunigung des weggedrückten Wassers. Energieverzehrende Wirbel können sich dabei nicht so rasch ausbilden und die Vorwärtsbewegung des Fisches bremsen.

7.3.2 Formprinzipien

Mit der Weiterentwicklung der Schwimmvortriebsmechanismen wurde bei Fischen der Querschnitt der Schwanzwurzeln stark eingeschränkt. Das wirkt sich positiv auf die Rückstoßminderung aus. Der seitliche Querschnitt des Fischkörpers wurde erhöht und zusätzlich durch vertikale Flossenanordnung ausgedehnt. Mondsichelförmige Flossenformen haben besonders schnell schwimmende Fische (z.B. Thunfisch, Schwertfisch, Fächerfisch). Es ist zu vermuten, daß solche Flossenformen eine besonders optimale Wirbelstraße erzeugen, die der Fisch hinter sich herzieht. Diese Wirbel könnten den nötigen Rückstoß für die Vorwärtsbewegung liefern. Sie müssen einen relativ hohen Impuls: Produkt aus Masse und Geschwindigkeit erhalten und wenig Energie verlieren.
Strömungstechnisch vorteilhaft ist auch die Formung der Schwanzflossen als Profile: Beim Thunfisch ist die Vorderseite der Flosse breit und abgerundet, an der Rückseite läuft sie dünn aus. Drückt nun die sichelförmige Thunfischflosse gegen den Wasserwiderstand, dann verformt sich der hintere, dünne Teil so, daß der Schwanz die Form und Funktion einer schräg gegen die Bewegungsrichtung gestellten Tragfläche erhält. Daraus ergeben sich zusätzliche Antriebskräfte. Dieses Prinzip der biegbaren, oszillierenden Tragfläche besitzt eine gute Analogie zum Schwirrflug bestimmter Vogelarten.

7.3.3 Strömungstechnische Vergleichsprinzipien zwischen technischen und organismischen Schwimm- und Flugkörpern

Wenn zwei Objekte ähnlicher Gestalt, aber unterschiedlicher Länge (z.B. Fisch- und Bootskörper, Vogelflügel und Tragfläche eines Flugkörpers), im Hinblick auf ihre Umströmung, d.h. ihre Randbedingungen, verglichen werden und vergleichbar sein sollen, dann müssen ihre Reynolds-Zahlen sich entsprechen (vgl. auch Abschn. 2.2.1).
Die Reynoldssche Zahl ergibt sich aus dem Produkt aus Länge des umströmten Körpers und der Strömungsgeschwindigkeit dividiert durch die kinematische Viskosität des reibenden Mediums. Die Reynoldssche Zahl hat z.B. den Wert von etwa 10 000, wenn dabei ein Fisch von 10 cm Länge betrachtet wird, der sich mit einer Geschwindigkeit von 10 cm s^{-1} durch das Wasser bewegt. Die gleiche Zahl erhält man, wenn der Fisch 2 cm lang ist und seine Geschwindigkeit bei 50 cm s^{-1} liegt. Je niedriger die Reynolds-Zahl ist, um so stabiler ist die laminare Trennschicht zwischen Schwimm-(Flug-)Körper und Wasser bzw. Luft. Der Reibungswiderstand kann aber auch bei niedrigen Reynolds-Zahlen ansteigen. Das ist dann auf Einflüsse der „Zähigkeitskräfte“ des umströmenden Mediums zurückzuführen. Deshalb ist neben der Reynolds-Zahl die Form des umströmten Körpers für den Gesamtwiderstand entscheidend. Bei der genauen Analyse der Form schnellschwimmender Fische findet man ein besonders großes Verhältnis zwischen Körperdicke zur Körperlänge: z.B. beim Thunfisch: 0.28, beim

Delphin: 0.25 und beim Blauwal: 0.21. Auch die Ausdauer beim Schwimmen ist bei diesen Fischen sehr groß. Ihr Körper wurde den energetischen Erfordernissen besonders gut angepaßt.

7.3.4 Bionik des Fliegens

Untersuchungen zu den mechanischen und aerodynamischen Vorgängen beim Insekten- und Vogelflug mit Verbindungen zu bionischen Fragestellungen liegen in der weiterführenden Literatur besonders zahlreich vor. Der Leser muß darum wieder um ein entsprechendes Quellenstudium gebeten werden.

Die Besonderheiten einiger, energiesparender Mechanismen beim Insektenflug wurden in Abschn. 6.3.1.1 (Resilin) bereits erwähnt. Allein eine kurze Aufzählung der bionisch wichtigsten, flugmechanischen Prinzipien würde den in diesem Bande zur Verfügung stehenden Raum sprengen. Daher wird in den folgenden Abschnitten ausschließlich auf einige aktuelle Forschungsergebnisse eingegangen.

7.3.4.1 Tragflügelformen und Vogelflug

Viele Greifvögel (Adler, Geier, Milan etc.) besitzen charakteristische Spreizflügel. Wenn beim Segeln im Aufwind eine minimale Sinkgeschwindigkeit vorteilhaft ist, werden diese „Handfittiche" besonders weit gespreizt. Über lange Zeit wurden die Vorteile dieses aerodynamischen Konstruktionsmerkmales von der Flugtechnik verkannt. Moderne Untersuchungen im Windkanal haben aber ergeben, daß eine räumliche Staffelung der Flügelfingerenden den sogenannten „induzierten Widerstand" von Tragflächen erheblich mindert.

Bei technischen (Flugzeug-)Tragflächen entsteht der induzierte Widerstand im Zusammenhang mit dem Auftrieb:

(1) Der profilbedingte Sog auf die Tragflächenoberseiten läßt an den Flügelenden die Luftschichten von der Unter- zur Oberseite herumströmen.

(2) Die seitlichen Umströmungen werden zu einem Luftwirbel-„Zopf" aufgerollt, dessen Rotationsenergie einen zusätzlichen Widerstand bildet.

Bei Verkehrsflugzeugen verursachen solche Vorgänge eine Minderung des Vortriebs durch die Triebwerke um etwa 30 %. Das ist ein erheblicher, relativer Energieverlust.

Der Energieinhalt eines Luftwirbels wächst mit dem Quadrat seines Durchmessers. Die Durchmesser der Randwirbel an Flugzeugtragflächen nehmen mit der Breite des umströmten Flügelrandes linear zu. Je nach Eigenart der Flugparameter haben sich bei Vögeln unterschiedliche Flügelformen entwickelt: (a) Bei Seevögeln treten langgestreckte Flügel mit geringen, induzierten Widerständen auf. (b) Bei Landvögeln, die zum Beispiel im Segelflug durch baumbewachsene Räume streichen, sind lange Flügel nachteilig. Hier hat sich die Form der aufgefingerten Spreizflügel entwickelt.

Aber auch bei aufgefingerten Tragflächenenden entstehen Randwirbel. Sie sind kleiner und verteilen sich mit der höhengestaffelten Spreizung so, daß die einzelnen Wirbel sich nicht wieder miteinander vereinigen (vgl. Abb. 7.9). Somit ist die Gesamtrota-

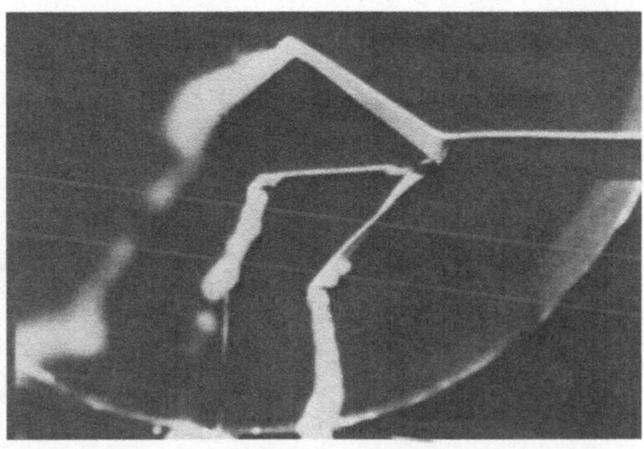

Abb. 7.9
Randwirbelbildung an Tragflächen mit Tragflächenauffächerung (nach Rechenberg (1984))

tionsenergie geringer als bei einem kompakten Einzelwirbel. Dieses Vorbild der Greifvögel regte die Flugtechnik zur Entwicklung sogenannter „Winglet-Systeme" an. Zur Zeit wird mit dem NASA-Winglet eine Konfiguration mit einmaliger Aufspaltung der Tragflächenenden bevorzugt. Die bionische Forschung (vgl. weiterführende Literatur) untersucht nun die Möglichkeiten evolutionsstrategischer Optimierungen (vgl. Abschn. 3.4.1) technischer Flügelsysteme mit mehreren, räumlich gestaffelten und einzeln verstellbaren Flügelfingern. Hierbei ergab sich ein Aspekt für die Nutzung von Randwirbeln im Bereich der Technik von Windkraftanlagen. Darüber berichtet der folgende Abschnitt.

7.3.4.2 Wirbelspulen-Prinzip des Vogelflügels als Leistungsverstärker (Windkonzentrator) bei Wind-Kraftanlagen

Einige Vogelarten bevorzugen den Flug in Keil- oder Staffelformation (Gänse, Enten etc.). Diese Formation hat energetische Vorteile: Durch die aerodynamische Ausnützung der Luftwirbel-Zöpfe voranfliegender Vögel ist der Energieaufwand für die Vor- und Auftrieberzeugung des Schwingenschlages nachfolgender Tiere geringer.

Für die Technik ist die Ausnützung des Randwirbelphänomens im Zusammenhang mit der damit erzielten Verstärkung der Windströmungsenergie von großem Interesse. Bei Windkraftanlagen erfordert die geringe Dichte der Windenergie häufig unverhältnismäßig große „Ernte-Flächen". Deshalb wurden „windkonzentrierende Vorrichtungen" entworfen, so z.B. die Mantelturbine, der Tornado-Wirbelturm und der Deltaflügel-Windkonzentrator. Die Wirtschaftlichkeit dieser Prinzipien ist bislang aber noch ungenügend. So erreicht eine Mantelturbine in der Praxis gegenüber dem freilaufenden Rotor eine Leistungskonzentration von 3.5, der Delta-Flügelkonzentrator eine solche von 1.7.

Als neues Prinzip zur Leistungskonzentration wurde, ausgehend von der bionischen Untersuchung des Vogelflügels, die Idee des Wirbelschrauben-Konzentrators entwickelt. Dabei wurde davon ausgegangen, daß die Strömungsfelder (z.B. Wind) um einen beliebig geformten Wirbelfaden und das elektromagnetische Feld um einen beliebig gebogenen Leiter durch das gleiche Gesetz (Biot-Savart) beschrieben werden.

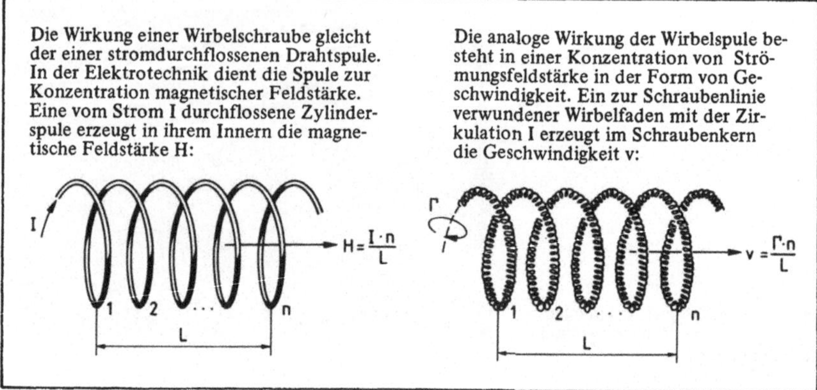

Abb. 7.10 Schematische Darstellung des Biot-Savartschen Gesetzes (nach Rechenberg (1984))

Wie in Abb. 7.10 gezeigt, läßt sich die magnetische Feldstärke dadurch konzentrieren, daß der vom Strom I durchflossene Leiter zu einer Spule aufgewickelt wird. In analoger Weise lassen sich Windgeschwindigkeiten konzentrieren: Ein Wirbelfaden wird mit seiner Zirkulation zu einer Spule „aufgewickelt". Wenn gleichsinnig drehende Wirbel so angeordnet werden, daß ihre Achsen auf einem Kreis liegen, dann drehen sie sich infolge der gegenseitigen Induktion um den Kreismittelpunkt. Die gespreizten Flügel segelnder Greif-Vögel erzeugen mit jedem Flügelfinger einen isolierten Randwirbel (vgl. Abb. 7.11). Dabei entsteht durch die gegenseitige Induktion eine mehrgän-

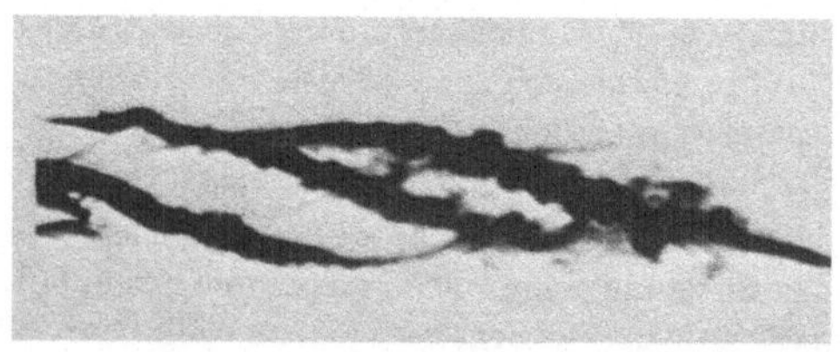

a)

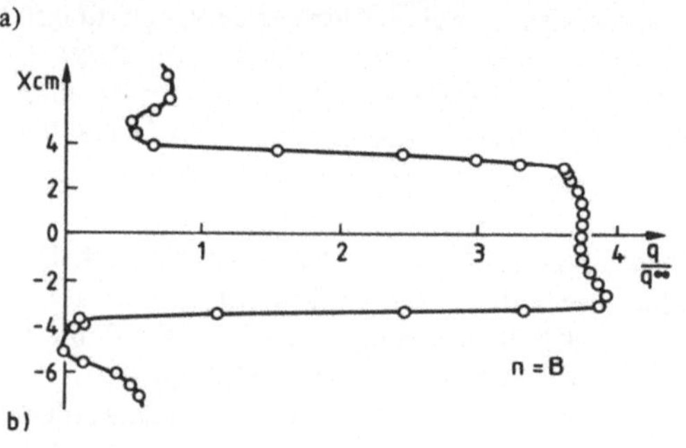

Abb. 7.11
a) Rauchbild einer viergängigen Wirbelschraube,
b) Staudruckverteilung in einer Wirbelschraube
(nach Rechenberg (1984))

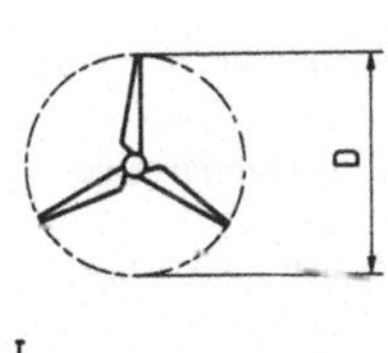

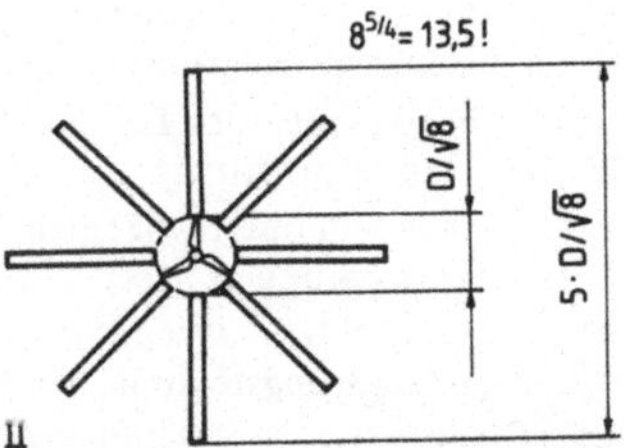

Abb. 7.12 Flügel-Ring-Gitter als Wirbelschraubenkonzentrator (nach Rechenberg, 1984)

gige Wirbelschraube. In ihrem Kern tritt eine Übergeschwindigkeit auf, die als ein von einem Triebwerk erzeugter Schub gedacht werden kann.

Für die Technik läßt sich eine Wirbelschraube mit Wirbeln gleicher Intensität aufbauen, indem man Tragflächen zu einem Kreis staffelt (vgl. Abb. 7.12). Es entsteht ein „Flügel-Ring-Gitter", welches in seinem Kern eine beträchtliche Übergeschwindigkeit erzeugt. Solche Strukturen sind bislang von der Technik nicht beachtet worden. (Zur Theorie des Wirbelschraubenkonzentrators vgl. weiterführende Literatur.) Versuche mit solchen Modell-Anlagen ergaben bei einem 8flügeligen Konzentrator mit K = 8.6 den bisher größten, gemessenen Konzentrationsfaktor für die Wind-Kraftkonzentration.

Eine 10-kW-Demonstrationsanlage mit einer Windkraft-Turbine wird zur Zeit erprobt. Die Turbine ist so angeordnet, daß sie von der verstärkten Windströmung im Kreismittelfeld der starr angeordneten Konzentratorflächen betrieben wird. Näherungsweise lassen sich die damit erreichbaren Verbesserungen abschätzen: Der Mittelwert der für das gesamte Gebiet der Bundesrepublik Deutschland ermittelten Jahreswindgeschwindigkeit liegt bei etwa 3 ms^{-1}. Ein Windrad mit einem Durchmesser von 6 m liefert bei dieser Geschwindigkeit etwa 5.5 MWh pro Jahr Energie. Schon bei einer Steigerung der Windgeschwindigkeit auf 7 ms^{-1} (z.B. durch Windkraft-Konzentratoren des oben geschilderten Typs) steigt die Energieproduktion eines Windrades auf 30 MWh, d.h. auf das etwa Sechsfache. Dabei wird vorausgesetzt, daß der gleiche Propellerdurchmesser benützt wird, auch wenn die Windkraft-Konzentrator-Einrichtung vorgeschaltet ist. Die Größen: kW (Leistung) und kWh (Energie) sind bei solchen Betrachtungen besonders sorgfältig zu unterscheiden.

Weiterführende Literatur

Günther, B.: Allometrische Beziehungen und Similaritätsbetrachtungen zum Flug. In: On Theories of Biological Similarities. Fortschr. exper. theor. Biophysik Bd. **19** Leipzig: Thieme 1975, 1–11

Hertel, H.: Technisch biologische Untersuchungen schneller Schwimmer. Umschau **65** (1965) 299–303

Kramer, M.O.: Boundary Layer Stabilisation by Distributed Damping. A.S.N.E.–J. Febr. (1960) 25–33

Nachtigall, W.: Biophysik des Tierfluges. Rhein. West. Akad. Wiss., Vorträge **236** Opladen: Westdeutscher Verlag 1974

Nachtigall, W.: Fantasie der Schöpfung. Faszinierende Entdeckungen der Biologie und Biotechnik. Hamburg: Hoffmann und Campe 1974

Nachtigall, W.: Funktionen des Lebens, Physiologie und Bioenergetic von Mensch, Tier und Pflanze. Hamburg: Hoffmann und Campe 1977

Rechenberg, I.: Windenergie-Konzentrator. In: Sonnenenergie. Z. f. regenerative Energiequellen u. -einsparungen, Heft 2, April (1984)

Rechenberg, I.: Materialien aus dem Fachgebiet Bionik u. Evolutionstechnik am Institut für Meß- u. Regelungstechnik der Technischen Universität Berlin

Rosen, M.W.; Cornfeld, N.E.: Fluid Friction of Fish Slimes. Nature **234** (1971) 49–51

Weihs, D.: Warum schwimmen Fische in Schwärmen? Naturwiss. Rundschau **27** (1974) 70–71

Zarnack, W.: A Transducer Recording Continuously 3-Dimensional Rotations of Biological Objects. J. Comp. Physiol. **126** (1978) 161–168

Zarnack, W.: Untersuchungen zum Flug von Wanderheuschrecken. In: Nachtigall, W.: Biona–Report (Akadem. d. Wiss. u. Lit., Mainz) Stuttgart–New York: G. Fischer 1983

8 Chronobiologie – Bionik oszillierender Prozesse

Bereits im Altertum wurde beobachtet, daß Pflanzen tagesrhythmische Bewegungen zeigen. K.v. Linné hat dann im Jahre 1745 eine sogenannte „Blumenuhr" beschrieben, die aus dem Öffnen und Schließen der Blüten eine tageszeitliche Orientierung ermöglicht. Erst 1936 wurde durch experimentelle Abschirmung gegen alle Umwelteinflüsse bewiesen, daß die pflanzlichen Tagesrhythmen als „frei laufende Perioden" zu betrachten sind und deshalb endogene Ursachen haben müssen. Solche Ursachen haben auch tierische Lebensäußerungen, die rhythmisch ablaufen.

8.1 Tagesperiodische Vorgänge – circadiane Rhythmik

Wenn organismische Vorgänge periodisch ablaufen und dabei die Periodendauer der natürlichen Tagesdauer entspricht, bezeichnet man das als „circadiane Periodik". Solche endogenen Vorgänge sind freilaufend, sie klingen nie ab und verhalten sich daher wie ein selbsterregter Oszillator. Äußere Zeitgeber, wie z.B. die Hell-Dunkel-Wechsel von Tag und Nacht oder soziale Faktoren, können dabei synchronisierend wirken.

Für den Menschen sind über 100 Meßgrößen von Organfunktionen mit circadinaer Periodik nachgewiesen worden. So sind mit dem Schlaf-Wach-Rhythmus funktionelle Umstellungen der Körpertemperatur, der Herz- und Atemfrequenz, des Blutdruckes, der prozentualen Zusammensetzung der Blutzellarten etc. verbunden. Solche vegetativen Funktionen behalten jedoch ihren Rhythmus auch bei Schlafentzug bei. Wenn der Mensch von der natürlichen Umwelt im Experiment künstlich abgeschirmt wird (z.B. Aufenthalt in Höhlen und Bunkern), dann liegen seine circadianen Perioden zumeist über einer Dauer von 24 Stunden. Unter diesen Bedingungen der „freilaufenden", nicht durch äußere Zeitgeber synchronisierten Periodik verschieben sich vegetative Funktionen (z.B. die Körpertemperatur) deutlich gegenüber ihren Normalpositionen im synchronisierten Schlaf-Wach-Rhythmus. Bei plötzlicher Verschiebung des äußeren Zeitgebers, wie etwa nach einem Transatlantikflug, durchlaufen die circadianen Systeme mehrere Perioden, ehe sie ihre normale Phasenlage zum Zeitgeber zurückgewinnen. Soziale Aktivitäten kann der Mensch jedoch in solchen Fällen dem verschobenen Zeitgeber rasch anpassen, während vegetative Funktionen langsamer folgen. Darin liegt die Ursache für den Leistungsabfall nach Langstreckenflügen.

Im allgemeinen ist die Tagesperiodik eine phylogenetische Anpassung an die Zeitstruktur der Umwelt. Ein „intern kopiertes Zeitprogramm" ermöglicht es den Organismen, sich im voraus auf periodisch zu erwartende Änderungen der Umwelt (Hell-Dunkel-Beleuchtung) mit der auf bestimmte Tageszeiten eingestimmten Verhaltensweise (Nahrungssuche) einzustellen.

Es besteht auch die Möglichkeit, daß „Kopien des Zeitprogrammes" als innere Uhr für die Zeitmessung der Zugvögel benützt werden, die sich nach bestimmten Marken, wie z.B. dem Sonnenstand, richten. Daß solche Kopien für parametrisch gekoppelte, interne Prozesse, wie z.B. Verdauung und enzymatische Prozesse in der Leber, funktionell wichtig sind, muß hier nicht weiter erläutert werden.

8.1.1 Zeitmessung und ihre biologischen Grundlagen

In der Technik wird die Zeit dadurch meßbar, daß periodisch wiederkehrende Zustände gezählt werden. Solche oszillierenden Prozesse können einfache Pendelbewegungen sein oder auch atomische Periodizitäten. Es stellt sich die Frage, ob die „Zählung" bei Organismen eine Rolle spielt, welche periodisch wiederkehrenden Vorgänge der Zeitmessung dienen können und ob Organismen eine Zeitablesung im technischen Sinne überhaupt benötigen.

Eine sehr große Anzahl biochemischer Reaktionen kann wie ein „Uhrwerk" periodische Ereignisse auslösen. Auch in unbelebten, chemischen Modellsystemen, wie z.B. der Zhabotinskii-Reaktion, kann man regelmäßige Zyklen beobachten. Es handelt sich dabei um autokatalytisch ablaufende Prozesse, bei denen die Ereignisse ihren Rhythmus so lange beibehalten, bis die energieliefernden Reaktionspartner verbraucht sind. Ein zentraler Zeitgeber ist bei Wirbeltieren das Zirbeldrüsenhormon Melatonin. Es wird im Tag-Nacht-Rhythmus freigesetzt und bewirkt unter anderem die Hautverfärbung der Amphibien, die Hemmung der gonadotropen Hormone bei Säugetieren und die circadiane Aktivität der Vögel. Seine Produktion wird durch rhythmische Aktivität der Serotonin-N-Acetyltransferase gesteuert. Wird die aus dem Organismus isolierte Zirbeldrüse in der Organkultur am Leben gehalten, dann läßt sich die periodische Änderung der Enzymaktivität im circadianen Rhythmus noch über viele Tage beobachten. Es findet demnach eine „freilaufende" Periodik auf enzymatischer Ebene statt.

Organismen „messen" die Zeit nicht durch Vorgänge, die der technischen Zählung analog sind. Es werden vielmehr durch Überlagerung mehrerer Rhythmen Koinzidenzen (Gleichzeitigkeiten mehrerer Prozesse) aufgebaut. Zum Beispiel entleeren Braunalgen ihre Oogonien und Antheridien in 14tägigen Abständen an der Nordseeküste zur Zeit der Springtiden. Zeitlicher Auslöser ist dabei die Koinzidenz einer 24-Stunden-Rhythmik und einer weiteren 12.4-Stunden-Periodendauer bestimmter Stoffwechselabläufe.

Solche Koinzidenzphänomene können am Modell der akustischen Schwebung sinnfällig gemacht werden: Ein Ton schwillt langsam an und ab, wenn er aus zwei in ihrer Frequenz benachbarten Tönen zusammengesetzt ist. Biochemische Prozesse können immer dann ausgelöst werden, wenn z.B. Enzyme und Substrate mit unterschiedlicher Periodendauer zyklisch aufgebaut werden und ihre „Schwellenkonzentrationen" jeweils in Koinzidenz-Intervallen erreichen.

In der Physik werden solche, den biologischen Vorgängen analoge Koinzidenz-Prinzipien immer dann angewendet, wenn besonders präzise Zeitmessungen erforderlich sind.

Biologische Koinzidenz-Zeitmarken können durch eine Vielzahl rhythmischer Prozesse erzeugt werden, wie Herzzyklus, Atemzyklus, Darmkontraktionszyklus, Sexualzyklus etc. Dazu gehören aber auch intrazelluläre Prozesse, die sich nicht immer direkt als zelluläre oder Organleistungen messen lassen. Hochfrequente Rhythmen finden sich zum Beispiel bei in unterschiedlichsten Zellarten anzutreffenden Interaktionen von Calcium-Ionen und zyklischem Adenosin-Mono-Phosphat. Diese Konzentrationen kommen bei der relativen Instabilität metabolischer Regulationen häufig zur Oszillation mit Periodendauern zwischen 0.1 bis 300 s. Man nimmt an, daß solche Prozesse die Basis für weite Bereiche biologischer Schrittmacherfunktionen bilden: Potentialoszillationen in Herz-Schrittmacherzellen, in der glatten Muskulatur von Hohlorganen, rhythmische Pulsationen von Dictyostelium etc. Diese Hypothese wird auch zur Erklärung für die chronotropen Effekte (frequenzsteuernde E.) der Hormone und anderer Übertragersubstanzen herangezogen. Solche Substanzen regulieren dann die endogenen Frequenzen durch Beeinflussung der Ca^{++}- oder AMP-Konzentration. (Konkrete Beispiele vgl. weiterführende Literatur.)

Biologisch-periodische Funktionen lassen sich mit Hilfe mathematischer Modelle abbilden. Nimmt man z.B. an, daß ein feed-back-Metabolit X_n die Bildung der Verbindung x_1 aus einer „Quelle" S_Q hemmt, dann läßt sich die Syntheserate von x_1 als Funktion von x_n mit f_n (x_n) definieren. Diese Funktion fällt ab, wenn x_n ansteigt. Die einfachste, mathematische Abbildung eines solchen Systems ist:

$$\dot{x}_n = f_n (x_n) - k_1 (x_1), \qquad \dot{x}_j = f_{j-1} (x_{j-1}) - k_1 (x_1)$$

Für solche Differentialgleichungen existieren bei entsprechenden Annahmen periodische Lösungen.

Schließlich lassen sich, wie für andere Lebensäußerungen auch (vgl. Abschn. 2.4.3) allometrische Gleichungen ($y = aW^b$) für periodisch ablaufende Prozesse angeben. Tab. 15 gibt einige Beispiele dazu für homoiotherme Organismen. Atmung und Kreislauffunktion stehen in engem Zusammenhang mit der Lebensdauer der jeweils betrachteten Tierart. So läßt sich die Lebensdauer zum Herzzyklus in Verbindung setzen. Dabei ergibt sich die Beziehung z.B. für Säugetiere:

$$\text{Lebensdauer/Herzzyklus} = 7.4 \cdot 10^8$$

Tab. 15 Allometrische Gleichungen für periodisch ablaufende Prozesse in homoiothermen Tierarten (Gewicht W in Gramm; Dauer in Sekunden)

Funktion	Allometrische Gleichung
1. Dauer eines Herzzyklus	$4.3 \cdot 10^{-2}\ W^{0.27}$
2. Dauer eines Atemzuges	$1.7 \cdot 10^{-1}\ W^{0.28}$
3. Dauer einer Darmkontraktion	$3.35 \cdot 10^{-1}\ W^{0.31}$
4. Dauer eines Sexualzyklus	$3.27 \cdot 10^{5}\ W^{0.188}$
5. Dauer der Schwangerschaft	$5.0 \cdot 10^{5}\ W^{0.304}$
6. Lebensdauer	$3.19 \cdot 10^{7}\ W^{0.29}$

Das bedeutet für die Säugetiere eine Gesamtlebensdauer von 740 Millionen Herzschlägen (z.B. Meerschweinchen: Herzfrequenz = 250 bis 320 min^{-1}, Lebensdauer ca. 4 bis 5 Jahre; Kamel: Herzfrequenz = 25 – 32 min^{-1}, Lebensdauer ca. 40 bis 50 Jahre).

Ähnliche Beziehungen bestehen zwischen Stoffwechselumsatz pro kg Zellprotoplasma und Lebensdauer (ca. 840 200 kJ/kg). Der Mensch mit einem Umsatz von ca. 3 360 800 kJ/kg macht hier jedoch eine Ausnahme. Korreliert man jedoch die Lebensdauer mit dem jeweiligen Hirngewicht, dann kommt man wieder zu einer einheitlichen Beziehung für die Säuger.

$$\text{Lebensdauer} = k \cdot (\text{Hirngewicht})^{0.63}$$

Auf das Problem der operationellen Zeit wurde an anderer Stelle bereits eingegangen (vgl. Abschn. 2.4.3.1). Diese spielt bei Similaritätsbetrachtungen eine wichtige Rolle.

8.1.2 Bionik biologischer Oszillatoren

Zahlreiche, physikalische Modelle hydrodynamischer und elektrischer Art werden zur Illustration biologischer Reaxationsphänomene benützt (vgl. weiterführende Literatur). Dabei konnte unter anderem mit Hilfe eines sogenannten „Tantalus-Gefäßes" (Gomez) das a-priori-Postulat der Theorie biologischer Ähnlichkeiten (s. Abschn. 2.4.2.2) bestätigt werden: „Die Zeitrelation τ ist der Längenrelation λ proportional" (Abb. 8.1). Welche technischen Probleme können nun mit Hilfe der Anregung aus

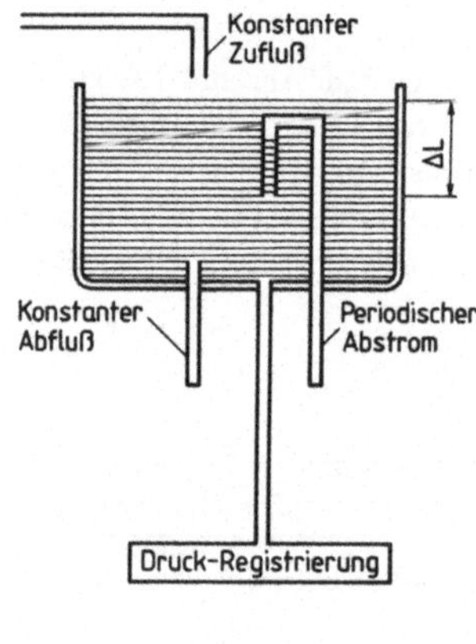

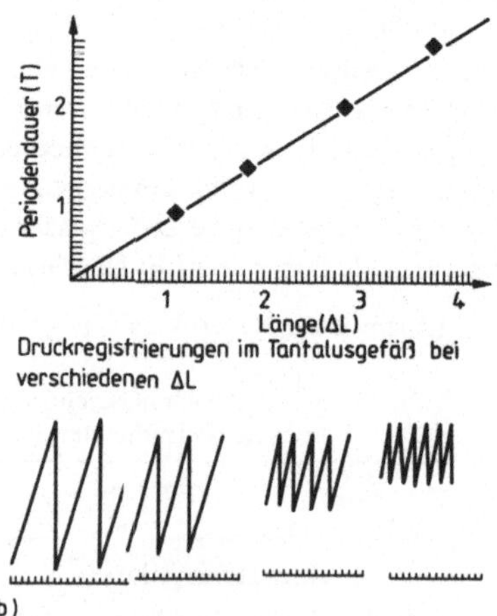

Abb. 8.1 Hydraulisches Modell eines Relaxations-Oszillators
a) Schematische Darstellung eines „Tantalus"-Gefäßes
b) oben: Lineare Korrelation zwischen der Längenveränderung ΔL und der Dauer einer Relaxationsperiode (normierte Skaleneinteilungen)
unten: Beispiele für Druckregistrierungen
(nach Günther (1969))

biologischen Betrachtungen oszillierender Systeme bionisch gelöst werden? Bereits erwähnt wurde die Benutzung des Koinzidenz-Prinzips für genaue Zeitmessungen (Abschn. 8.1.1). Bei chemischen Fertigungsprozessen mit Nichtlinearitäten und Zeitkonstanten, die sich aus Kompartimenten und Geschwindigkeitskoeffizienten ergeben, könnte es unter Umständen vorteilhaft sein, nichtphysikalische Zeitmaße zur Anwendung zu bringen, sondern normierte Zeiten in Analogie zu den oben erwähnten, allometrischen Beziehungen. Vielleicht bringen solche „physiologischen Zeitmessungen und Maßstäbe" auch neue Gesichtspunkte für die Analyse der Datenverarbeitung durch Nachbildungen biologischer Neurone und Neuronennetzwerke, Gesichtspunkte, die bei ausschließlich physikalischer Chronometrie nicht zur Geltung kamen. Sicherlich ist aber die Beachtung des Koinzidenzprinzips auch bei der Entwicklung und Anwendung biomedizinischer Stimulatoren, so z.B. bei rückgekoppelten Nervenschrittmachersystemen und Herzschrittmachern von großer Bedeutung. Hier kommt es häufig darauf an, die elektrische Stimulationsrate anderen, parallel laufenden, vegetativen Funktionsabläufen zu adaptieren. So stehen Atemfrequenz und Herzfrequenz etwa im Verhältnis von 1 : 4 zueinander. Wenn das natürliche Herzschrittmachergewebe im rechten Vorhof ausgefallen ist, könnte man die künstliche Schrittmacherwirkung mit Sensoren auf die jeweilige Atemfrequenz, multipliziert mit dem Faktor 4, einstellen. Die variierenden Periodendauern der Atemzyklen sind mit dem Koinzidenzprinzip durch Mikroprozessor-Oszillatorkopplung zu ermitteln und beeinflussen die jeweilige Rate des elektrischen Herzschrittmachers.

8.1.3 Biomedizinisch-technische Oszillatoren

Das Hohlmuskelsystem des Herzens kann als „motorische Einheit" betrachtet werden. Der natürliche Schrittmacher des Herzens (Sinusknoten) taktet die Erregungsabfolgen, die über die Vorhöfe, über den Vorhof-Kammerknoten und anschließend über besonders ausgebildete Erregungsleitungsfasern (Kammerschenkel und Purkinje-Fasern) zur Herzkammermuskulatur ziehen. Die zeitliche Abfolge und Ausbreitung dieser Erregungsprozesse steuert die Herzmuskelkontraktionen. Versagt dieses natürliche Kontraktions-Steuersystem, dann kann es zu lebensbedrohlichen Verlangsamungen oder zum Stillstand der Herzaktion kommen. Eine kontinuierliche oder dem Bedarf angepaßte, elektrische Muskelreizung mit einem implantierten, technischen Herzschrittmacher kann die gestörte Pumpfunktion wieder normalisieren.

Je nach Art der organischen Störungen oder Ausfälle werden verschiedene Typen des elektrischen Herzschrittmachers eingesetzt, z.B.:

(1) Festfrequenz-Schrittmacher: Bei totaler Unterbrechung der Erregungsüberleitung vom Vorhof auf die Kammern wird mit konstanter Frequenz gereizt.

(2) Vorhofgesteuerter Schrittmacher: Der Schrittmacher tastet mit Hilfe einer im Vorhof angebrachten Sensor-Elektrode die Rate der verbliebenen Muskelkontraktionen ab und gibt nach einer zeitlichen Verzögerung (in Analogie zur Überleitungszeit) über eine Ventrikel-Reizelektrode Impulse der entsprechenden Rate an die Kammermuskulatur ab.

Bleibt auch die Vorhoferregung aus, dann übernimmt der Schrittmacher die weitere Stimulation mit einer vorher festgelegten Eigenfrequenz.

(3) Kammergesteuerter Schrittmacher: (a) Stand-by-Typ: In der Reizpause zwischen den Stimulationsimpulsen tastet die Reizelektrode die bioelektrische Erregung (Massenaktionspotential) des QRS-Komplexes ab. Ist diese zu schwach, d.h. liegt sie unter einem Schwellenwert, dann erfolgt die elektrische Reizung.

(b) Demand-Schrittmacher-Typ: Auch hier tastet die Reizelektrode in der Reizpause die bioelektrische Erregung ab. Setzen die natürlichen Impulse aus, dann wird mit einer Festfrequenz stimuliert.

Die modernen Herzschrittmacher sind mit Mikroprozessoren und Speicherelementen ausgerüstet. Sie können von außen (transkutan) hinsichtlich der Sensorenschwellenwerte, der Zeitverzögerungen, der Impulsamplituden und -breiten und der Arbeitsweise programmiert und nachgestellt werden. Diese Geräte bestehen aus dem unter der Achsel oder der Bauchdecke operativ eingepflanzten, batteriebetriebenen Impulsgenerator und den angeschlossenen Reiz- und Sensorelektroden, die an der inneren oder äußeren Oberfläche des Herzmuskels angelegt werden können. Das Material für die gewebsverträgliche Einkapselung der Geräte besteht aus Epoxidharz in Verbindung mit Titan- oder Stahllegierungen. Die Elektrodenspitzen bestehen aus Platin-Iridium oder Tantaloxidlegierungen. Zur Isolierung wird Silikonkautschuk und Polyäthylen verwendet.

Andere, elektrische Schrittmacher, die zur künstlichen Muskel- oder Nervenstimulation benützt werden, geben Reizimpulssalven ab, deren Impulsmuster und -stärke den jeweiligen, physiologischen Bedürfnissen angepaßt sind. Auch hier werden in Simulation biologischer Regelungsprinzipien Sensor- und Stimulationselektroden benützt. Eingehender wird darauf im Abschnitt Neurobionik Bezug genommen werden.

Weiterführende Literatur

Bess, L.: A Network Model as a Biological Pacemaker. J. theoret. Biol. **28** (1970) 59–80

Glass, L.; Mackey, M.C.: A Simple Model for Phase Locking of Biological Oscillations. J. Math. Biol. **7** (1979) 339–352

Glass, L.; Pasternak, J.S.: Stable Oscillations in Mathematical Models of Biological Control Systems. J. Math. Biol. **6** (1978) 207–223

Günther, H.H. et al.: The Possibility of Autonomous Synchronisation of Cell Division in Continuous Culture of Bacteria. Proc. of the 4th. Symp., Continuous Cultivation of Mikroorganisms, Prag 1969. Málek, J.; Berau, K.; Fencl, Z. (eds.)

Hildebrandt, G.: The Time Structure of Adaptive Processess. In: Adaptation. International Symposium Marburg/Lahn 1982. Stuttgart: Thieme 1982

Johnsson, A.: Zur Biophysik biologischer Oszillatoren. In: Hoppe, W. et al.:(Hrsg.): Biophysik. Berlin–Heidelberg–New York: Springer 1977

Knorre, W.A.: Oszillationen in biologischen Systemen und ihre Beschreibung durch die "talandische" Temperatur nach Goodwin. studia biophysica **1** (1966) 33–40

Lotka, A.J.: Contribution to the Theory of Periodic Reactions. J. Phys. Chem. **14** (1910) 271–274

Röhler, R.: Biologische Kybernetik – Regelungsvorgänge in Organismen. Stuttgart: Teubner 1974

Schriever, K.H.; Schuh, F.: Biologische Rhythmen. Enzyklopaedie Naturwissenschaft und Technik. München: Verlag Moderne Industrie (1979–81) 3666–3677

Schwemmler, W.: Endocytobiose: Modell zur molekularen Analyse von Circadianrhythmik. Naturwiss. Rundschau 33 (1980) 52–59

Stark, L.; Baker, F.: Stability and Oscillations in a Neurological Servomechanism. J. Neurophysiol. 22 (1959) 156–164

9 Allgemeine Neurobionik

Die allgemeine Fragestellung der Neurobionik läßt sich durch zwei Methodenbereiche charakterisieren:

(1) Die Neurobionik sucht Analogien zwischen biologischen und technischen Problemstellungen der Informationsaufnahme, -behandlung, -speicherung und -verwertung. Sie prüft, ob solche Analogien Kenntnisse, Methoden und Denkschemata liefern, die aus dem Bereich der Biologie in den der Technik übertragen und dort zu Problemlösungen verwertet werden können.

(2) Die Neurobionik prüft, ob es sinnvoll ist, aus der Leistungsfähigkeit neuronaler, biologischer Systeme Anregungen für die Konzeption technischer Systeme ähnlicher oder gleicher Funktion zu suchen.

Erkenntnisse in diesen Bereichen werden nun durch eine Einrichtung gewonnen, die selbst Gegenstand der Untersuchung ist: das menschliche Nervensystem. Neurobionik spielt sich demnach im letzten Sinne im Netzwerk erkenntnistheoretischer Systeme ab.

Diese besondere Situation wurde durch H. v. Foerster mit folgenden Feststellungen illustriert:

– Vor der eigentlichen Begründung des Fachgebietes Kybernetik wurden von Wissenschaftlern um N. Wiener Fragen zum Thema „Kausal geschlossene und Rückkopplungsmechanismen in biologischen und sozialen Systemen" diskutiert.

– Die Idee des geschlossenen Kausalkreises hat den Vorteil, daß für eine „Wirkung" in der Gegenwart die „Ursache" in der Vergangenheit liegt, wenn man den Kreis an der einen Stelle durchschneidet, die „Ursache" aber in der Zukunft liegt, wenn man den Kreis an der gegenüberliegenden Stelle schneidet. Der geschlossene Kausalkreis überbrückt so die Kluft zwischen effektiver und finaler Ursache.

– Ein weiterer Vorteil der Schließung der Kausalkette liegt darin, daß man sich nicht mehr um die Anfangsbedingungen zu kümmern braucht; sie werden automatisch von den Endbedingungen geliefert. Allerdings geben nur bestimmte Zustandsgrößen eine Lösung für die Vorgänge im Kreis: Das Problem ist ein „Eigenwert-Problem" geworden.

– Geschlossene Kausalketten lassen den Verdacht aufkommen, man hätte es dabei mit dem „circulus vitiosus" der Theorie logischer Urteile zu tun: Der Grund wird zur Folge und die Folge zum Grund.

– Den circulus vitiosus kann man jedoch zum „Circulus creativus" erheben, wenn folgende Propositionen vorausgeschickt werden:

(1) Der Sinn oder die Bedeutung der Signale des Sensoriums werden durch das Motorium (System der „gewollten" Bewegungs- oder Entscheidungsabläufe) bestimmt.

Der Sinn oder die Bedeutung der Signale des Motoriums werden durch das Sensorium bestimmt.

Dies bedeutet, daß „Information" im umgangssprachlichen Sinne ihren Ursprung in diesem circulus creativus hat: Be-deutung hat nur, was man be-greifen kann.
Die zweite Proposition bezieht sich auf eine geschlossene Theorie der Hirnfunktion. Beschäftigt man sich mit dieser Theorie, so wird dazu zweifellos das Hirn „benützt":

(2) Die Naturgesetze der Physik können durch Hirnleistungen beschrieben werden. Die Sätze der Hirnfunktion (der Biologie) müssen so geschrieben sein, daß das Schreiben der Sätze von ihnen abgeleitet werden kann. Das heißt: Sie müssen sich selber schreiben.

Damit zeigt v. Foerster, daß die Erkenntnistheorie im wesentlichen Kybernetik ist. Er-Kennen ist demnach eine komplexe Folge von Datenverarbeitungsprozessen (Speicherungen, Korrekturen usw. eingeschlossen). Nach v. Foerster ist

Er-Kennen interpretierbar als Er-Rechnen einer Realität

oder bei der Modellbildung beziehungsweise technischen Nachahmung:

Er-Rechnen einer Beschreibung einer Realität.

Neurophysiologische Befunde zeigen, daß Eingangssignale erst viele Modifikationsstufen durchlaufen müssen, ehe ein verbales Ausgangssignal ausgelöst wird. So entsteht z.B. bei der Beobachtung von Sachverhalten auf der Netzhaut des Auges eine zweidimensionale Projektion der Außenwelt, die man als Beschreibung erster Ordnung bezeichnen kann. Über postretinale Neuronen-Netzwerke werden nacheinander und auch parallel verschiedene „Stationen" (Beschreibungen 2., 3., . . . , n-ter Ordnungen) durchlaufen zu Beschreibungen höherer Ordnungen. Letzte Konsequenz ist schließlich die Paraphrasierung: Er-Kennen: Interpretierbar als eine Er-Rechnung.
Kenntnis-Erwerb wird somit als Prozeß rekursiven Errechnens betrachtet. Dieses beleuchtet schließlich die Grundproblematik neurobionischer Vergleiche zwischen biologischen und technischen Protoprinzipien der Modellbildung bzw. Konstruktion komplexer Rechenanlagen. (Unter „Rechenanlagen" werden dabei alle möglichen Systeme von Sensoren, über Perzeptronschaltungen, Mustererkennungsgeräten, Prozeßrechnern, Großrechenanlagen (im Verbundsystem) etc. verstanden.)

9.1 Probleme der Modellbildung in der Neurobionik

Bibliographien und Datenbanken liefern heute kaum noch zu überschauende Literaturhinweise auf Modelle neuronaler Systeme (Rezeptoren, Neurone und Neuronennetze, Regelungs- und Integrationsbahnen, Transmitterwirkungen etc.). Bereits die exemplarische Herausstellung einiger dieser Systeme ist problematisch, selbst wenn die bionische Verwertung in den Vordergrund gestellt werden würde. Jedes dieser Modelle ist durch bestimmte Abbildungs-, Verkürzungs- oder Subjektivierungsmerkmale charakterisiert,

d.h. die spezielle Fragestellung der jeweiligen Autoren setzt unterschiedliche Randbedingungen. So kann man z.B. die an der Erregung beteiligten Ladungsträger (Ionenflüsse, Leitwerte und Potentiale eines Neurons) mit den dadurch ausgelösten, graduierten oder impulsförmig ausgelösten Membranpotentialen durch elektrische Ersatzschaltungen abbilden, ohne die molekulare Feinstruktur der Membran zu berücksichtigen (vgl. Abschn.2.3 und 3.3.1.6). In anderen Fällen werden Netzwerkmodelle angegeben, deren neuronale Elemente quasi binär, d.h. mit Erregung oder Hemmung antworten, ohne daß die realen, graduierten und vor allem zumeist nichtlinearen Antworten berücksichtigt werden. Dies mag jeweils für die Hypothesen-Abbildung der einzelnen Fragestellungen auch genügen. Für die nicht-kybernetische, sondern allgemein bionische Anwendung kann dies jedoch sehr problematisch werden. Der Techniker erhält so eine abstrahierte Vorlage der biologischen Realität, bei der die physiologisch-funktionellen Randbedingungen (die für die technischen Problemlösungen besonders interessant sein könnten) methodisch-larviert sind.
Viele biowissenschaftliche Autoren geben zwar an, was im jeweiligen Modell „vernachlässigt" wurde, eine Angabe über die mögliche, funktionelle Bedeutung der vernachlässigten Fakten wird aber häufig nicht gemacht. So kann z.B. die Kompartimentierung von ionalen Lösungsräumen, der funktionsvariable Besatz von Membranen mit molekularen Rezeptoren etc. für die Darstellung eines kausal oder konditional dargestellten Wirkungsgefüges belanglos sein. Funktionell wichtig werden diese Fakten jedoch dann, wenn aufgrund bestimmter Randbedingungen starke oder Dauer-Belastungen räumlich beschränkte Kompartimente ausschöpfen und zu „Abschwächungsgliedern" werden lassen. Wenn andererseits rezeptorenblockierende Substanzen nach einiger Zeit fortfallen, dann treten die Glieder der erregungsübertragenden, molekularen Rezeptoren plötzlich überschießend als „Verstärkungsfaktoren" (rebound effect etc.) in Erscheinung.

Diese sehr kurzen Hinweise mögen genügen, die bionische Verwertung neuronaler Modelle besonders kritisch zu behandeln. Das ist immer dann notwendig, wenn man sich sogenannten, „globalen" Netzwerken graphentheoretischer Art, Kopplungen von Übertragungsfunktionen etc. zuwendet. Hier werden häufig Elemente verwendet, die von den Autoren aus Einzel- oder Sekundäruntersuchungen anderer Arbeitsgruppen übernommen wurden. Dabei sind bereits die experimentellen Randbedingungen, Untersuchungsbereiche und schließlich auch die Objekte (Versuchstiere z.B.) sehr verschieden und können, wenn sie „entscheidende Knotenpunkte" von Netzwerkmodellen besetzen, zu einer Verfälschung der Gesamtfunktion führen.

Wohlgemerkt soll dies nicht als Kritik an der experimentellen oder modell-methodischen Arbeit solcher Wissenschaftler verstanden werden. Denn auch globale Modelle weisen gerechtfertigte Abbildungs-, Verkürzungs- und Subjektivierungsmerkmale auf. Dennoch können für die bionische Untersuchung gerade hier Probleme auftreten, sobald diese Merkmale nicht vollständig wahrgenommen und berücksichtigt werden.

Einzelmethoden zur Abbildung neuronaler Prozesse müssen der weiterführenden Literatur entnommen werden (vgl. auch: Röhler, R.: Biologische Kybernetik).

In der Bionik werden neuronale Systeme modelliert, um neue, technische Konstruktionsprinzipien für Rechenanlagen zu suchen. In der Kybernetik werden neuronale

Systeme mit Modellmethoden, z.B. der Kontroll- und Informationstheorie untersucht, um ihre Funktion zu verstehen. Sicher ist es zur Zeit nicht realistisch, die Hirnfunktion auf Rechenanlagen abbilden zu wollen. Es ist aber realistisch, einzelne, technische Konstruktionen zu entwickeln, die mehr oder weniger einfache Eigenschaften des Nervensystems besitzen. Wenn die Radaranlagen nach dem Vorbild der Orientierungsprinzipien der Fledermäuse entworfen worden wären, was nicht der Fall ist, dann wäre dies ein exzellentes Beispiel für Bionik. Die nachfolgenden Abschnitte werden zeigen, daß mit den Ergebnissen der Neurobiologie noch ein weites Feld zur bionischen Auswertung zur Verfügung steht.

9.2 Leistungen des Zentralnervensystems

Einen Ansatz zur thematischen Gliederung der Neurobionik liefert die allgemeine Betrachtung der Leistungen des Zentralnervensystems. Das Fluß-Diagramm Abb. 9.1 (nach Arbib) gibt synoptisch eine Übersicht zu einigen, basalen Leistungen des Gehirns:

(1) Lebende Organismen müssen mit der Umwelt in Interaktion treten. Rezeptoren sind der Eingang für Informationen aus der Umgebung. Effektoren ermöglichen

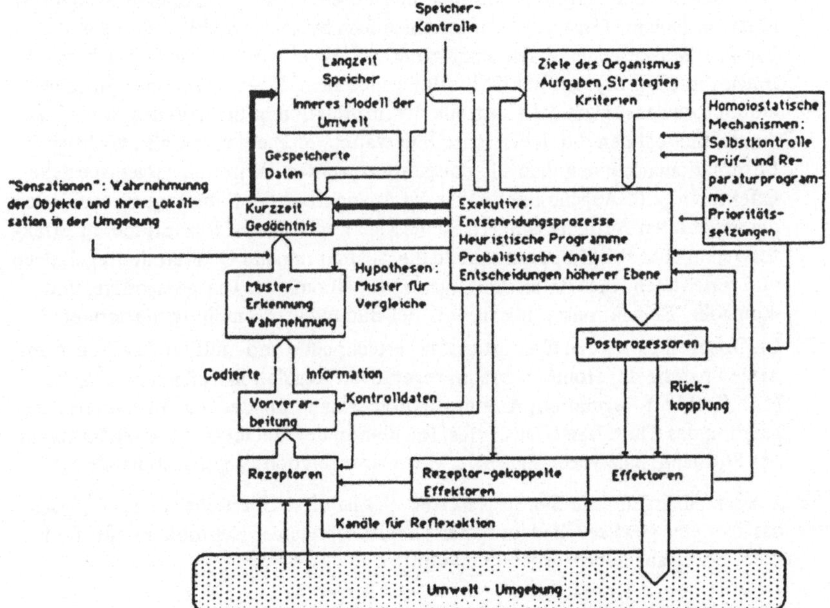

Abb. 9.1 Synoptisches Schema zu einigen basalen Leistungen des Gehirns (nach Arbib (1976))

die Einflußnahme auf die Umwelt. Über das Zentralnervensystem diskriminiert der Organismus die Vorgänge in der Umwelt und agiert in entsprechender Weise. (Rezeptor- und Sensorbionik, Bionik sensorischer Prothesen, Bionik neuronaler Regulationen, Bionik der Mustererkennung, Bionik motorischer Steuerungen.)

(2) Lebende Organismen sind nicht nur Reiz-Reaktions-Systeme; sie sind hochaktiv und auf ständiger Suche nach Information in der Umwelt (Nahrungssuche, Beute- und Feindbeobachtung, Informationssuche zur Optimierung zukünftiger Verhaltensweisen, Lernprozesse). Höhere Organismen bilden aus den gesammelten Informationen „Hypothesen" und prüfen diese Hypothesen z.B. mit Mustererkennungsvorgängen. (Bionik der Orientierung, Bionik der Mustererkennung und -speicherung, Bionik der Spracherkennung und Sprachsynthese etc.)

(3) Lebende Organismen benötigen die Fähigkeit zur Speicherung neu aufgenommener Informationen und kürzlich erfahrener Fakten. Dadurch werden ihre Aktionen zu „integrierten Antworten" auf Ereignisse, die in bestimmten Zeitperioden stattfanden. Dazu gehört das „Kurzzeit-Gedächtnis" (ca. 15 s). Das Langzeitgedächtnis (Lebenszeit) bildet aus den gesammelten Informationen ein internes Modell der Umwelt mit Operations- und Verhaltensanweisungen zu adäquaten Handlungsprinzipien (Nahrungsquellensuche, Feindabwehr etc.). (Bionik der Informationsspeicherung, Bionik der koordinierten Verhaltensabläufe nach Speicherprogrammen etc.)

(4) Nach der Entscheidungsfindung über die Netzwerke des Zentralnervensystems benützt der lebende Organismus unterschiedliche Systeme zur Einwirkung auf die Umwelt: Muskelsysteme, Drüsensysteme etc. Damit wird auf die Umwelt und die Innenwelt (Organsystem) aktiv Einfluß genommen. Resultat interner Entscheidungsprozesse ist auch die Kontrolle der informationsaufnehmenden Sinneselemente und -bahnen durch efferente Innervation. Momentan jeweils „wichtige" Informationen können damit herausgefiltert werden. Weiterhin sorgen spezielle Effektoren (z.B. Augenmuskeln) für die Ausrichtung der Sinnesorgane auf Ziele der gerichteten Aufmerksamkeit. Schließlich kontrollieren Rezeptoren im Effektorsystem über Rückkopplungspfade die Ausführung und Qualität der regulativen und gerichteten Aktivitäten des Organismus. (Bionik der Prozeßrechnung und -kontrolle, Regulationsbionik, Bionik der Bildung von Handlungsmustern etc.)

(5) Im Organismus werden über integrativ verrechnende und multimodale Neuronennetze Prozesse der Homoiostase im vegetativen Regulationsbereich überwacht (z.B. Kreislauf-Regulation, Atemregulation, Regulation des Gas-Austausches, Regulation des Säure-Basenhaushaltes, Regulation der Metabolitenkonzentration in der Blutbahn, Salz-Wasserhaushalt, Volumenregulation, Vigilanzkontrolle etc.)

Im Zusammenhang mit der Synopsis in Abb. 9.1 ist diese Übersicht nur ein Grobschema, das aber eine gewisse Gliederung der Themengebiete der Neurobionik mit funktionellem Bezug auf Lebensprozesse erlaubt.

9.3 Neuronenmodelle – Neuronennetze

Die Neurobionik ist überwiegend an weitgehend abstrahierten Neuronenmodellen interessiert. Solche Modelle dienen zur Abbildung der jeweils innerhalb einer Fragestellung als charakteristisch erscheinenden Funktionen der Nervenzellen. Hinsichtlich ihrer informationsverarbeitenden Eigenschaften lassen sich Neurone in drei Typen unterteilen:

(1) Sensorische Neurone (Rezeptor-N.): Adäquate Reize (mechanischer, chemischer, thermischer, photischer und elektrischer Art) werden in Erregungsprozesse einer für die Weiterleitung geeigneten, bioelektrischen Form (Generator-, Rezeptor-, Aktionspotential) umgewandelt.

(2) Schaltneurone (Inter-N., Zwischen-N.): Diese Elemente leiten die Erregung auf afferenten (zum ZNS gerichteten) oder efferenten (vom ZNS ausgehenden) Bahnen weiter.

(3) Motorische Neurone (Effektor-N.): Sie lösen über die Erregung der Erfolgsorgane (Effektoren, wie z.B. Muskeln, Drüsen, inkretorische Systeme) Handlungen oder gesteuerte Prozesse aus.

In der Regel sind die Neurone als „Schaltelemente" des Nervennetzes miteinander durch chemische oder elektrische Synapsen verbunden. Synapsen dienen der gerichteten Übertragung von Erregungen und Hemmungen. Bei den Schaltneuronen koppelt der Zellkörper mit den Dendriten die Erregung vorangehender Neurone synaptisch ein. Die dort entstehenden, erregenden und hemmenden, postsynaptischen Potentiale wirken je nach dem Einfluß der geometrischen (räumlichen) Konfiguration der Zell-Membranoberflächen und der erregenden und hemmenden Summation als „Generatoren" für die Bildung und Fortleitung von Aktionspotentialen über den axonischen Fortsatz des Neurons (Abb. 9.2). Eine große Zahl anderer Faktoren: Spezifische Überträger- und Rezeptorsubstanzen, axoplasmatischer Transport, chemische Modulation der subsynaptischen Membran, kompartimentabhängige und energetisch kontrollierte Ionentransportprozesse passiver und aktiver Art modulieren die Informationsverarbeitung (-verrechnung) innerhalb eines neuronalen Elementes. Diese biologischen Schaltelemente besitzen somit eine sehr große, funktionale Plastizität. Dennoch wird bei der Konstruktion von Neuronenmodellen von einer Reihe von Eigenschaften der wirklichen Nervennetze abstrahiert; andere, jeweils wesentlich erscheinende Eigenschaften werden mathematisch präzisiert bzw. technisch normiert. So werden häufig konstante Reizschwellen angenommen, die sich durch ganzzahlige Größen darstellen lassen. Oft werden Nervennetze in der Modelldarstellung durch schaltalgebraische Netze ersetzt (vgl. weiterführende Literatur). Die Modelle neuronaler Funktion lassen sich im Prinzip nach vier verschiedenen Methodenklassen betrachten:

(1) Mathematische Simulation (z.B. black-box-Theorie, Übertragungsfunktionen etc., vgl. hierzu auch Röhler, R.: Biologische Kybernetik).

(2) Elektronische Simulation (z.B. Ersatzschaltungen, elektrische Netzwerke mit logischen Kontaktschaltungen etc.).

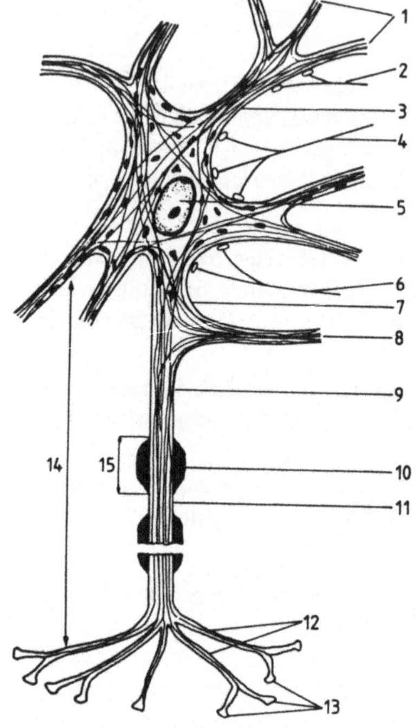

Abb. 9.2
Schematische Darstellung eines Neurons
1 Dendritische Aufzweigungen,
2 axodendritische Synapsen,
3 Dendrit,
4 axosomatische Synapse,
5 Zellkern,
6 axosomatische Synapsen,
7 Axonhügel,
8 Axon-Kollaterale,
9 Axon,
10 Myelinscheide,
11 Schnürring,
12 axonische Endverzweigungen,
13 axonale Synapsen,
14 Axonlänge,
15 myelinisierte Axonumhüllung

(3) Chemische Simulation (Eisendraht-Salpetersäure-Modell als erstes, klassisches Neuronenmodell, Reaktionsgleichungssysteme etc.).

(4) Computersimulation (digitale Rechner, Analogrechner, Hybridrechner).

Bei den Neuronenmodellen stehen häufig folgende Eigenschaften im Vordergrund: Erregbarkeit, Hemmbarkeit, Schwellenwert, räumliche und zeitliche Summation, absolute und relative Refraktärität und Nachpotentiale.

Die moderne Entwicklung auf dem Sektor der Mikroprozessoren und integrierten Schaltkreise bringt täglich neue Möglichkeiten zur technischen Realisierung auch hochkomplexer Modelle der Nervennetze. Die Aufgabe dieser Modelle ist zum einen heuristischer Natur, zum anderen können mit ihnen Experimente durchgeführt werden, die am biologischen Objekt häufig nicht möglich sind. Dies gilt für die Neurophysiologie und Neurokybernetik. Modelle für neurobionische Fragestellungen integrieren solche des physiologischen und des kybernetischen Typs, abstrahiert wird dabei aber auf pragmatische Verwendbarkeit im Bereich gleichgelagerter, technischer Probleme. So wird zum Beispiel häufig auf die außerordentlich große Anzahl von parallel geschalteten Bahnen der biologischen Realität und auf die damit verbundenen, multimodalen Verknüpfungen (Verknüpfung z.B. von Schaltneuronen der Herz-Kreislaufregulation mit solchen der Vigilanzkontrolle, der Kontrolle der Atmung, der Kontrolle der Muskeltonus usw.) verzichtet.

Für die Bionik haben solche Modelle vor allem Bedeutung als vereinfachtes Flußdiagramm für adäquate, technische Lösungen.

Wie in anderen Bereichen der Bionik, so ist auch hier nicht absolute Treue zur Analogie notwendig (vgl. Orientierung der Fledermaus und Orientierungsprinzip mittels Radarsystemen). Dennoch kann bei genauer Betrachtung biologischer Vorlagen gerade im Bereich der Neurobionik durchaus ein überraschend neuer, technischer Anwendungsbereich erschlossen werden. (Vgl. elektrische Speicherung von normierten Impulsmusterfolgen bei biomedizinischen Nervenschrittmachern, Abschn. 9.4.1.)

Weiterführende Literatur

Arbib, M.A.: On Modelling the Nervous System. Proc. 44th AGARD Conference Brüssel 1968, pp. 53–59

Braitenberg, V.: Gehirngespinste. Berlin: Springer 1973

Braitenberg, V.: Informationsverarbeitung in lebenden Systemen. Manuskript des Vortrags in der Reihe "Bionik" (RIAS–Funkuniversität) Berlin: RIAS 1984

Brajnes, S.N.; Svezinskij, V.B.: Probleme der Neurokybernetik und der Neurobionik. Jena: Gustav Fischer 1970

Gawronski, R. (ed.): Bionics – The Nervous System as a Control System. Amsterdam–London–New York: Elsevier Publ. Comp. 1971

Germer, H.A. jr.: Application of Neural Network Models. Biophys. J. **11** (1971) 966–969

Gierke, H.E.v. (ed.): Principles and Practice of Bionics. Proc. 44th. AGARD–Conference Brüssel 1968

Gregory, R.L.: Processing in Biological and Artificial Brains. Proc. 44th. AGARD–Conference Brüssel 1968, pp. 73–80

Händler, W.: Neuartige Rechnerkonzepte. Manuskript des Vortrags in der Reihe "Bionik" (RIAS–Funkuniversität) Berlin: RIAS 1984

Kandel, E.R.: Kleine Verbände von Nervenzellen. Spektrum der Wiss. Nov. (1979) 58–67

Küpfmüller, K.; Jenik, F.: Über die Nachrichtenverarbeitung in der Nervenzelle. Kybernetik **1** (1961) 1–6

Minsky, M.; Papert, S.: Perceptrons. Cambridge: The MIT Press 1969

Röhler, R.: Biologische Kybernetik – Regelungsvorgänge in Organismen. Stuttgart: Teubner 1973

Schmidt, R.F.: Neurophysiologie. Berlin–Heidelberg–New York: Springer 1983

Steinbuch, K.: Informationsverarbeitung im künstlichen und biologischen Gehirn. Manuskript des Vortrags in der Reihe "Bionik" (RIAS–Funkuniversität) Berlin: RIAS 1984

Zerbst, E.: Modell der Informationsaufnahme und -verarbeitung durch biologische Receptoren. In: Schneider, B.; Ranft, U.: Simulationsmethoden in der Medizin und Biologie, Workshop Hannover 1977. Berlin: Springer 1978. = Med. Informatik u. Statistik 8

9.4 Chancen bionischer Reproduktion biologischer Regelkreise

Die bionisch-biomedizinische Einflußnahme auf biologische Regelkreise kann bei bestimmten Erkrankungen des Menschen einen großen, therapeutischen Wert haben. So lassen sich mit modernen Technologien miniaturisierte Rezeptormodelle herstellen, die als Implantate z.B. die Fehlfunktion der Pressorezeptoren innerhalb der Kreislaufregulation kompensieren. Bei genauer Betrachtung ergeben sich Probleme, deren Kenntnis für die Konstruktion bionisch abgeleiteter Einrichtungen oft entscheidend ist.

9.4.1 Problem bionischer Analyse von Regelkreisen

Die Wirkungszusammenhänge dynamischer und selbstregulierender Systeme in den verschiedenen Bereichen der Technik werden durch die Schemata der Regelkreise dargestellt und können mathematisch durch regeltheoretische Ansätze untersucht werden (vgl. Röhler, R.: Biologische Kybernetik).

Die methodische Kenntnis dieser Ansätze ist für Modellbildungen häufig nützlich. Dennoch ist zu beachten, daß es in lebenden Organismen einfache Regelkreise nicht gibt. (Das wird auch von der Biokybernetik immer wieder herausgestellt.) Der einfache Regelkreis besitzt *eine* Eingangs- bzw. Führungsgröße, *einen* Regler, *eine* Ausgangsgröße und evtl. nur *eine* Störgröße.

Biologische Systeme unterscheiden sich von technischen Regelsystemen durch folgende Eigenschaften:

(1) Verschiedene Regelkreise sind miteinander gekoppelt. So beeinflußt die Blutkreislauf-Regulation bei Säugetieren auch gleichzeitig die Atmung, die Volumenregulation, die Kontrolle des Skelettmuskel-Tonus und vice versa.

(2) Eine Eingangsgröße beeinflußt mehrere Ausgangsgrößen. Eine Ausgangsgröße wird von mehreren Eingangsgrößen beeinflußt.

(3) Meßfühler für eine Qualität sind an verschiedenen Orten der Regelstrecke angeordnet, besitzen unterschiedliche Charakteristiken (Reiz-Reaktionsbeziehungen) ihrer Unterschiedsempfindlichkeit, verändern unter lokalen Einflüssen ihren Meßbereich (scaling) und werden durch efferente Innervation oder humorale Einwirkung hinsichtlich Meßbereich und -empfindlichkeit verändert. Die Eigenschaft biologischer Meßfühler in bezug auf ihre Proportional-Differentialquotienten-(bzw. PID-)Empfindlichkeit verändert sich qualitativ in verschiedenen Meßbereichen. So zeigen Mechano- und auch Photorezeptoren eine Abnahme der Differentialquotientenempfindlichkeit mit höheren Reizstärkebereichen.

(4) Zentrale, neuronale Netze, die als „Regler" arbeiten, verändern, je nach Aktivierungs- oder Inaktivierungsstärke, -dauer und -häufigkeit, ihre Übertragungseigenschaften. Wie bei den Rezeptoren haben auch hier Stoffwechselprozesse, Veränderungen des chemischen Milieus und humorale Wirkungen einen Einfluß auf die Informationsverarbeitung.

(5) Biologische Regulations-„Zentren" sind mehrfach und hierarchisch aufgebaut. So

können bei Ausfall jüngerer Zentren phylogenetisch ältere Strukturen die Funktionsverluste kompensieren.

Regelbereiche unterschiedlicher Modalität können sich gegenseitig bei stärkeren Einwirkungen oder Ausfällen unterstützen oder kompensieren. Unterbricht man z.B. das Pressorezeptorensystem der Blutkreislaufregulation, dann kommt es immer noch zu Blutdruckregulationen, wenn auch qualitativ anderer Art. Eventuell wirken hier atem- und blutgasregulatorische Einflüsse als Eingangsgröße auch auf die Ausgangsgrößen der Blutdruckregulation (vgl. (2)).

(6) Die neuronalen Elemente und Sinneszellen bzw. Rezeptoren arbeiten nichtlinear. Im Gegensatz zur Technik ist dies die Regel, wird jedoch in seltenen Fällen (z.B. Dehnungsrezeptoren) durch andere, nichtlineare Eigenschaften der Filterstrukturen kompensiert, so daß Linearität auftritt. Die prinzipielle Ursache für die Nichtlinearitäten liegen in der Kompartimentierung biologischer Strukturen. Die mathematische Charakteristik der Nichtlinearität wird u.a. durch die Anzahl der Kompartimente (Lösungsräume für ionale Ladungsträger, Transmitterdepots, Oberflächenbesatz mit molekularen Rezeptoren etc.) bestimmt.

Diese Tatsachen müssen berücksichtigt werden, wenn die Technik Vorlagen im biologischen Bereich der informationsverarbeitenden Systeme sucht und Modelle aufbaut. Theoretische Analysemethoden wie z.B. Ansätze zur Behandlung nichtlinearer und multivariabler Systeme stehen heute zur Verfügung (vgl. weiterführende Literatur). Wenngleich es bei der bionischen Arbeit nicht immer auf die „sklavische Nachahmung“ der biologischen Protoprinzipien ankommt, so werden unter Umständen wichtige Eigenschaften neuronaler Netzwerke übersehen, wenn Modelle oder ihre Elemente zu stark vereinfacht werden.

9.4.2 Beeinflussung organischer Regelsysteme durch Implantate

Fortschritte der biomedizinischen Technik machen es heute möglich, afferente Nervenbahnen, neuronale Netzwerke oder motorische Efferenzen und Erfolgsorgane durch miniaturisierte Schaltkreise und Elektroden zu therapeutischen Zwecken zu beeinflussen. Die erste, allerdings äußerlich applizierte, therapeutische Elektrostimulation wurde bereits im Jahre 46 vor unserer Zeitrechnung durch den römischen Arzt Skribonius Largus vorgeschlagen. Er empfahl, bei Kopf- und chronischen Gliederschmerzen die Auflage eines lebenden Torpedo-Fisches. Dieser schickt seine elektrischen Stromstöße dann therapeutisch wirksam auf die schmerzleitenden Nerven und inhibiert für einige Zeit die Schmerzempfindung.

Heute werden solche Impulse über chronisch implantierte Elektroden auf die sensorischen Afferenzen im Hinterwurzelbereich des Rückenmarks geschickt und hemmen auf noch nicht eindeutig geklärte Weise die Fortleitung der die Schmerzempfindung auslösenden Neurone. Es handelt sich dabei um eine mehr empirisch begründete Methode. (Früher wurde eine „gating-Verschaltung“ angenommen, die aber experimentell nicht bestätigt werden konnte.)

Andere Stimulatoren greifen in afferente, zentrale oder efferente Übertragungsfunktionen des Nervensystems ein und beeinflussen damit die natürlichen, durch Krankheit gestörten Regelsysteme des Organismus.

9.4.2.1 Elektrostimulation zur Unterstützung der Atmung

Wenn die Atemfunktion nach Verletzung des Rückenmarks gestört ist, werden chronisch implantierte, bipolare Elektroden an die Nn. phrenici gelegt und stimulieren sie mit Impulssalven im Takt der natürlichen Atmung. Diese Reizimpulse werden über eine Sendespule induktiv auf ein implantiertes Empfängersystem übertragen, das mit den Elektroden verbunden ist. Die Sendespule erhält ihre Signale aus einem extern zu tragenden Nervenschrittmacher, dessen elektronische Elemente entsprechend programmiert sind.

Bei anderen relativ seltenen Erkrankungen ist die Atmung der Patienten motorisch immer dann gestört, wenn er schläft oder bewußtlos wird. Dieser lebensbedrohende Zustand kann nur durch rechtzeitig einsetzende Elektrostimulation beseitigt werden. Hierbei werden Nervenschrittmacher verwendet, die durch geeignete Sensoren die Atembewegungen des Brustkorbs überwachen. Setzt die Atmung aus, dann wird der Schrittmacher eingeschaltet und stimuliert direkt oder indirekt (neural) die Atemmuskulatur im annähernd normalen Rhythmus. Man kann sich dabei die zahlenmäßige Beziehung zwischen Herzfrequenz und Atemfrequenz zunutze machen: Auf vier Herzschläge folgt je ein Atemzug (vgl. Abschn. 8.1.2). Über einen Puls- oder Ekg-Aufnehmer werden die Phrenicus-Stimulatoren entsprechend rückgekoppelt gesteuert. Es handelt sich somit um den Typ eines „demand-Schrittmachers" (vgl. Abschn. 8.1.3) mit Herzfrequenz-Taktung.

9.4.2.2 Implantate zur Stimulation der Blasenentleerung

Gelähmte Patienten sind häufig wegen des Ausfalles der vegetativen Regulationsmechanismen nicht in der Lage, eine normale Blasenentleerung durchzuführen. Auf der anderen Seite gibt es Patienten, die unter Urininkontinenz leiden, d.h. sie sind nicht in der Lage, den Harn bis zur nächsten Blasenentleerung zurückzuhalten. Hier werden Implantate angewendet, die durch elektrische Reizung derjenigen Muskelabschnitte bzw. Nervenbahnen, die die Blasenentleerung steuern, die gestörte Funktion wieder herstellen.

9.4.2.3 Elektrostimulation zur Behandlung generalisierter Krampfanfälle und spastischer Zustände der Motorik

Neuere Forschungen untersuchen die Behandlung solcher Patienten, bei denen nach Verletzungen des Zentralnervensystems oder nach degenerativen Prozessen Krampfanfälle auftreten oder die Muskelfunktion spastisch gelähmt ist. Dabei sind z.B. koordinierte und ausgeglichene Bewegungen der Extremitäten nicht mehr möglich. Durch chronische Einpflanzung von Elektroden und geeignete, elektrische Reizung der entsprechenden Formationen des Zentralnervensystems ist es häufig gelungen, eine Linderung der Leiden zu ermöglichen. Es wird angenommen, daß dabei überwiegend hemmende Fasern in ihrer Aktivität verstärkt werden. Solche Methoden befinden sich jedoch noch in der Entwicklung und können bisher nicht generell – wie das z.B. bei Herzschrittmachern der Fall ist – eingesetzt werden.

9.4.2.4 Elektrostimulation zur Beeinflussung der Regulation des Herz-Kreislaufsystems

Während die in den vorangehenden Abschnitten angesprochenen Methoden mehr empirisch entwickelt wurden oder letzte, gemeinsame Endstrecken (Muskelstimulation/ motorische Efferenzen) zur Atemunterstützung elektrisch reizen, sind gezielte Eingriffe in komplexe Regelsysteme noch relativ selten angewendet worden.

Seit Beginn der 60er Jahre wird versucht, durch chronische, elektrische Stimulation rezeptorischer Afferenzen eine Therapie des Bluthochdruckes und der koronaren Herzkrankheit zu erreichen. Diese Prinzipien beruhen auf den folgenden, physiologischen Grundlagen:

(1) Dehnungssensitive Mechanorezeptoren (Pressorezeptoren) in den Wandungen großer Arterien (Aorta, Halsschlagadern) werden durch Längenveränderungen der Arterien-Wandelemente bei steigendem Blutdruck erregt. Druckpulssynchron werden Aktionspotentialsalven zum Hirnstamm fortgeleitet.

(2) Neuronennetze in bestimmten Hirnstammbereichen (vor allem im Nucleus tractus solitarii) wirken als „Regler“ insofern, als die pressorezeptorischen Afferenzen dort die Eigenaktivität vegetativer Neuronenpools beeinflussen: Steigender Blutdruck erhöht die Aktivität pressorezeptorischer Afferenzen. Diese erhöhte Rate von Aktionspotentialen wirkt: (a) hemmend auf die Aktivität der Neurone sympathischer Nervennetze, (b) aktivierend auf die Neurone parasympathischer Nervennetze.

(3) Die unter dem Einfluß der Pressorezeptoren modulierten, vegetativen Areale im Bereich des N.tractus solitarii wirken sich über eine Vielzahl von Schaltneuronen auf die „Stellglieder“ des Blutkreislaufsystems, des Salz-Wasserhaushaltes, der Volumenregulation etc. aus. Der Nettoeffekt dieser Modulation ist, daß im Rahmen der Kurzzeitregulation des Blutdruckes bei erhöhter, pressorezeptorischer Wirkung die Herzschlagfrequenz vermindert und der periphere Widerstand im Arteriensystem gesenkt wird. Im Rahmen der Langzeitregulation wird eine erhöhte Natrium- und Wasserausscheidung über die sympathische Innervation der Niere und über die Hemmung der Freisetzung antidiuretisch wirksamer Hormone des Hypophysen-Hinterlappensystems erreicht.

(4) Bei zu niedrigen Blutdruckwerten bewirkt die verminderte Aktivität der Pressorezeptoren gegengerichtete Verstellungen der unter (3) summarisch betrachteten Glieder der Kreislaufregulation.

Unter Berücksichtigung dieser – in der Realität wesentlich komplexeren – physiologischen Prozesse wurden rückgekoppelte Nervenschrittmachersysteme zur elektrischen Reizung der pressorezeptorischen Afferenzen (Carotissinus-Nerven) entwickelt.

Zu Beginn dieser Untersuchungen zur bionischen Konstruktion eines künstlichen, neuronalen Rezeptorsystems wurde davon ausgegangen, daß die Nachahmung der natürlichen Impulssalven der Carotissinus-Rezeptoren bei den verschiedenen Amplituden der Reizgrößen „ mittlerer Blutdruck", „Druckpulsform", „Anstiegsteilheit und Flächenintegral der einzelnen Druckpulse" für eine effektive Wirkung der Nervenschrittmachersysteme eine wesentliche Bedeutung hat. Deshalb wurden in ersten Voruntersuchungen an Patienten mit Bluthochdruck Rezeptormodelle eingesetzt, die den obengenannten Forderungen entsprachen. Das Grundprinzip der dabei verwendeten Ersatzschaltungen hatte eine aus der Thermodynamik irreversibler Prozesse entwickelte Hypothese zur Erregungsbildung an Rezeptoren zur Basis. Dieses Prinzip wurde bereits in Abschn. 3.3.1 und 3.3.1.4 erläutert. Solche elektrischen Netzwerke zeigen praktisch alle Reiz-Reaktionsbeziehungen der PD-Meßfühler des Pressorezeptorensystems. Technisch wird dabei so verfahren, daß über technische Druckmeßfühler im arteriellen System die Blutdruckdynamik aufgenommen wird und daß druckproportional der Leitwert g_2 des Schaltkreises in Abb. 3.10 verändert wird. Durch geeignete, elektronische Wandler wird das „Ausgangssignal" (Generatorpotential) des Rezeptormodelles, d.h. das Potential u_B in der obengenannten Schaltung, in künstliche Aktionspotentialfolgen umgesetzt, die dann auf die Carotissinus-Nerven zur Stimulation geleitet werden. Sie verstärken dadurch die natürliche Aktivität dieser Afferenzen und führen zur Blutdrucksenkung.

Weil eine kontinuierliche Messung des Blutdruckes über intraarterielle Sonden beim Menschen z.Zt. noch nicht möglich ist, wurde diese Anordnung so verändert, daß ausschließlich die – zumeist mit Blutdruckveränderungen korrelierte – Herzfrequenz als Eingangsgröße benutzt wird. Das läßt sich über das permanent aufgenommene Elektrokardiogramm oder über Pulssensoren am Patienten ermitteln.

Diese Einzelereignisse der Herzaktion werden im technischen Nervenschrittmacher im Hinblick auf die Intervall-Dauer verrechnet. Jeder Intervalldauer ist in einem programmierbaren, elektronischen Speicher eine Reiz-Impuls-Salve zugeordnet. Diese Salven entsprechen im Hinblick auf ihre Impulszahl, Anstiegssteilheit und Momentanfrequenzen den natürlichen Aktionspotentialsalven der Pressorezeptoren bei den verschiedenen Herzraten und den damit korrelierten arteriellen Druckpulsformen.

Im Prinzip funktioniert dieses Gerät so, daß mit steigender Herzfrequenz des Patienten aus dem Speichersystem des Schrittmachers stärker wirksame Reizimpulsmuster abgerufen werden, die dann über eine außen am Körper zu tragende Antenne auf einen Empfänger wirken, der dem Patienten unter der Haut im Brustbereich implantiert ist. Der Empfänger ist wiederum mit zwei Elektroden verbunden, die chronisch-operativ eingepflanzt zu den Carotissinus-Nerven in der Aufgabelung der Halsschlagadern ziehen. Dort erfolgt dann die herzfrequenz-rückgekoppelte Stimulation: Je höher die Herzfrequenz des Patienten, um so stärker wird stimuliert. Fällt die Herzfrequenz unter dem Einfluß dieser Stimulation, dann sinkt auch die aus dem Speicher des Schrittmachers abgerufene Reizintensität der Impulssalven (vgl. hierzu Abb. 9.3).

Mit der Herzfrequenz sinkt bei dieser rückgekoppelten Stimulation auch der Blutdruck, und die weiteren Parameter der Herz-Kreislaufregulation werden bei chronischer Anwendung des Systems im Sinne der oben angesprochenen Langzeit-Regulation beeinflußt.

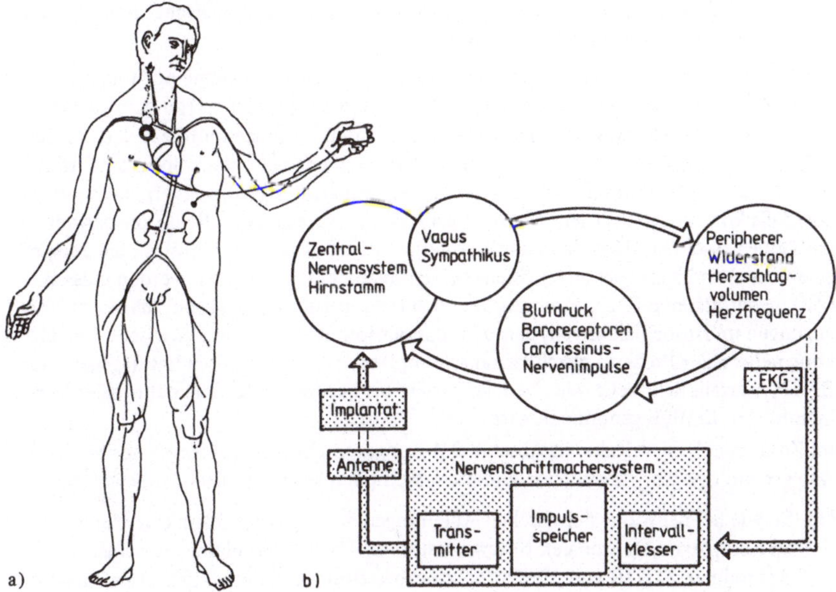

Abb. 9.3 Schematische Abbildung eines Carotissinus-Nervenstimulators

Die Programmierung des Reizmuster-Speichers im Schrittmacher wird patientenspezifisch in einer gesonderten Untersuchung durchgeführt. Der Patient wird mit anfangs willkürlich gewählten Reizen stimuliert. Diese setzen sich aus den elektrischen Parametern: (a) mittlere Impulsfrequenz, (b) mittlere Impulsdauer und (c) mittlere Impulsamplitude zusammen. Die Reaktionen des Herz-Kreislaufsystems des Patienten werden gemessen. Herzfrequenzabnahme und Blutdrucksenkung unter der Stimulation werden zu einem numerischen Wert verrechnet. Diese Zahl charakterisiert die Qualität des Reizerfolges, sie gibt den „Qualitätswert" für die nun folgende Anwendung der Evolutionsstrategie (vgl. Abschn. 3.4.2 und 4.3.4) einer Reizparameter-Optimierung. Der Algorithmus dieser Optimierungsmethode wird zur Programmierung einer Rechenanlage benützt, die dann fortlaufend die am Patienten gemessenen Stimulationserfolge (Qualitätswerte) miteinander vergleicht und die Reizparameterkombinationen so lange „mutiert", bis nach einer Folge von Mutations- und Selektionsschritten (etwa 30 Mutationen) die patientenspezifisch optimal wirksamen Reizparameter-Kombinationen ermittelt sind.

Diese elektrischen Parameter werden – nach zusätzlicher Ermittlung der therapeutisch günstigsten Kennlinie zwischen Herzfrequenz und Reizintensität – zur Programmierung des Impulsmusterspeichers im Nervenschrittmacher verwendet. Jeder Patient erhält damit ein elektronisch abgespeichertes, persönliches „Rezept" der Reizstärken-Dosierung.

9.4.2.5 Methodenkritische Anmerkungen zur Beeinflussung organischer Regelsysteme durch elektrische Stimulation

Die Versuche der Pharmakotherapie, biologische Regulationssysteme mit therapeutischen Zielen zu beeinflussen, gehören heute zur Routine ärztlichen Handelns. Hier zählt allein der mehr oder weniger ausgeprägte Erfolg. Dennoch muß realisiert werden, daß Pharmaka, sobald sie in die Blutbahn gelangen, nicht nur am erwünschten Ort angreifen (z.B. β-Rezeptorenblocker in der Herz-Kreislauftherapie), sondern überall dort ebenfalls Wirkungen auslösen, wo im Organismus entsprechende „Reaktionspartner" vorhanden sind. Das führt dann häufig zu erheblichen „Nebenwirkungen", die entsprechend einer therapeutischen „Kosten-Nutzen-Bilanz" hingenommen werden müssen. (Z.B. beeinflussen β-Rezeptorenblocker auch die Blutzuckerregulation, führen zu Verengungen im Bronchialbereich, dämpfen das Sensorium etc.) Eine elektrische Verstärkung neuronaler Prozesse durch chronisch implantierte Stimulatoren hat dagegen häufig den Vorteil, daß mehr oder weniger gezielt auf bestimmte Anteile neuronaler Verknüpfungen Einfluß genommen wird.

Im Zusammenhang mit den in Abschn. 9.4.1 angesprochenen Problemen der bionischen Analyse biologischer Regelkreise sind diese Methoden jedoch kritisch zu bewerten:

(1) So wie bei neurophysiologischen Ableitungen der Aktivität distinkter Elemente im komplexen, neuronalen Netzwerk stets analytische Probleme hinsichtlich der Reproduzierbarkeit von „Reiz-Reaktionsbeziehungen", der statistischen Auswertung offenbaren „Rauschens" etc. auftreten, so ist auch die elektrische Reizung distinkter Bahnen oder neuronaler Kerngebiete hinsichtlich der Reproduzierbarkeit der dadurch ausgelösten „Reaktionen" problematisch.

(2) Eine neuronale Bahn (seien es rezeptorische Afferenzen oder Bahnen von Schaltneuronen) zieht nie ausschließlich zu einer Umschaltstelle. Divergenz- und Konvergenzverschaltungen sorgen nicht nur für überlappende Innervation größerer Umschalt- oder Empfangsglieder eines Funktionsbereiches. Sie aktivieren oder hemmen oder „tonisieren" stets auch andere Funktionsbereiche. Solche „multimodalen Aufschaltungen" vegetativer Reaktionszentren sind z.B. neurophysiologisch bei den vermaschten Regulationen des Atem- und Herzkreislaufsystems nachgewiesen.

(3) Nerven, die elektrisch gereizt werden, bestehen aus einer Parallelführung von Fasern unterschiedlicher, morphologischer und funktionaler Qualität. So ziehen z.B. in den Carotissinus-Nerven (vgl. Abschn. 8.4.2.4) sowohl afferente Fasern aus dem Pressorezeptorenbereich als auch solche aus dem Chemorezeptorenbereich der Atemregulation. Außerdem führen sie efferente Fasern, welche u.a. der „Meßbereichsverstellung" peripherer Rezeptorenfelder dienen. (Sympathische Fasern im Carotissinus-Nerv aktivieren z.B. den Tonus der glatten Gefäßmuskulatur und verändern dabei die Dehnbarkeit der Arterienwand und somit die „Reizschwelle" der Pressorezeptoren indirekt über eine Elastizitätsminderung des „Filtersystems" der Wandabschnitte.)

Diese Gesichtspunkte mögen genügen, um die Schwierigkeiten eines gezielten, bionisch-biomedizinisch-technischen Eingriffes in biologische Regelsysteme zu illustrieren. Es können also in Analogie zur Wirkung der Pharmako-Therapie auch hier „Nebenwirkungen" auftreten. Allerdings lassen sie sich durch gezielte, bionische Optimierungsmethoden besser beherrschen. So wurde in Abschn. 8.4.2.4 die Anwendung der Evolutionsstrategie (Abschn. 3.4.3) angesprochen. Sie stellt eine empirische Methode hoher Effizienz dar: Unter Berücksichtigung eng definierter Reaktionsziele der Stimulation (zusammengefaßt im Qualitätswert) werden durch optimale Kombination von Reizfrequenz, Reizimpulsdauer und -amplitude offenbar solche Fasern in ihrer Aktivität verstärkt, die sich durch bestimmte Reizschwellen und Rekrutierungseigenschaften auszeichnen und für die erwünschte Reaktion spezifisch sind.

Eine eventuelle Adaptation zentraler Neurone an die zusätzliche Aktivitätsverstärkung durch Elektrostimulation kann durch Wiederholung der Optimierung des gespeicherten Reizprogrammes kompensiert werden.

Schließlich ist als Vorteil der beschriebenen, rückgekoppelten Methode zur Carotissinus-Nervenstimulation die Abrufbarkeit ganzer Impulsmuster aus einem Speichersystem zu betrachten. Hier wird bionisch jenes Prinzip verwertet, das z.B. in der biologischen Realität bei der Steuerung der Motorik nachweisbar ist: Wenige Eingangssignale lösen graduiert komplexe Impulsmuster oder -salven aus. Damit wird eine Signalminderung höherer Zentren und indirekt eine Redundanzeinschränkung erreicht (vgl. Abschn. 7.2.2.2, 7.3.3.3 und 8.4.3.2).

Spekulativ möge die Frage gestellt werden, ob natürliche Neuronensysteme durch die parallelschaltungsbedingten, konvergenz-divergenzverursachten Aufschaltungen an den einzelnen Knotenpunkten eine Wahrscheinlichkeitslogik zur Informationsverarbeitung benützen, d.h. ähnliche, statistische Prinzipien, die von der Neurophysiologie häufig zur Analyse deterministischer Eigenschaften irregulärer Signalfolgen benützt werden.

Vielleicht wird ein dem experimentierenden Beobachter als „Rauschen" erscheinendes Signalmuster innerhalb des Neuronennetzes mit ähnlichen Prinzipien wie solchen der theoretischen „Evolutions-Strategie" ausgewertet. So könnten verschiedene „Speicher" in einer lokalisierten Region eines Netzwerkes realisiert sein. Greift man experimentell die Aktivität an einzelnen Knotenpunkten ab, dann mag das Resultat eine Ambiguität (Zweideutigkeit) oder Unschärfe aufweisen. Ähnliche Effekte würde man sicher erhalten, wenn man mit großflächigen „Elektroden" Summensignale in hochkomplexen, elektronischen Rechenanlagen und dort an distinkten Schaltzentren ableitet. Auch hier würde „Rauschen" auftreten, das aber realiter nicht vorhanden ist.

Möglicherweise stellt sich die Frage nach probalistischen Signalen im biologischen Neuronennetzwerk unter Berücksichtigung dieser Fakten als falsch gestellt heraus. Ein experimenteller Nachweis dafür ist mit den heutigen Methoden sicherlich sehr schwer zu führen. Interessant wären aber bionische Netzwerkmodelle oder Rechenanlagen, an denen die Informationsauswertung oder -bewertung mit der Evolutionsstrategie nach Rechenberg getestet werden könnte. Eine solche (hypothetische) Strategie natürlicher oder Modellneuronen-Netze müßte dann aber nicht sequentiell (wie auf einfacheren Computern), sondern in parallelen Rechenoperationen abgewickelt werden (vgl. hierzu auch Abschn. 9.4.4.4). Schon aus strukturellen Gründen scheint das biologische Nervensystem zu solchen Paralleloperationen in der Lage zu sein.

Weiterführende Literatur

Brajnes, S.N.; Svezinkij, V.B.: Probleme der Neurokybernetik und Neurobionik. Jena: VEB G. Fischer 1970

Hambrecht, F.T.; Reswick, J.B.: Functional Electrical Stimulation. Applications in Neural Prostheses. New York–Basel: Marcel Dekker 1977

Meinhof, A.H.: Mikroprozessorgesteuerte Reizmustererzeugung für die Programmierung und Speicherung in einem rückgekoppelten Nervenschrittmachersystem. Dipl.-Arbeit Tech. Univ. Berlin (Institut für Bionik und Evolutionsstrategie) 1980

Mesarović, M.D.: The Control of Multivariable Systems. New York: Wiley Interscience 1960

Noak, D.: Die regelungstheoretische und molekularbiologische Basis für die Existenz mehrerer stationärer Zustände in geregelten biologischen Systemen. Studia biophysica **14** (1969) 43–62

Röhler, R.: Biologische Kybernetik. Stuttgart: Teubner 1973

Schwarz, H.: Mehrfachregelungen. (2 Bde) Berlin–Heidelberg–New York: Springer 1967/1971

Stark, L.: Neurological Control Systems – Studies in Bioengineering. New York: Plenum Press 1968

Weber, W.: Adaptive Regelungssysteme. (2 Bde) München–Wien: R. Oldenbourg 1971

Zerbst, E.: Stimulus Response Characteristics of Carotid Sinus Baroreceptors. In: Umbach, W.; Koepchen, H.P. (eds.): Central Rhythmic and Regulation. Stuttgart: Hyppokrates Verlag 1974

Zerbst, E.; Dittberner, K.H.; William, E.: Analysis of PD-Receptor performance. In: Iberall, A.S.; Reswick, J.B. (eds.): Technical and Biological Problems of Control – A Cybernetic View. Pittsburgh 1970, 284–294

Zerbst, E.: Dynamics of Membrane Currents in Generator / Receptor Potentials. Biophys. Struct. Mech. **6** (Suppl.) (1980) 42

Zerbst, E.: Nervenschrittmacher – Wirkungsprinzipien, Methoden, Anwendungen. Schwerpunktmedizin **8** (1985) 28–36

Zerbst, E.: Biomedical Steps in the Development of Closed Loop Nerve Pacemakersystems. Artificial Organs **5** (Suppl.) (1981) 451

9.4.3 Bionik sensorischer Systeme

Die technische Nachahmung der sensorischen Funktionen hat in verschiedenen Anwendungsbereichen Bedeutung:

(1) Die Entwicklung sensorischer Prothesen soll Ersatzsysteme für den Ausfall der natürlichen Sinnesorgane (z.B. Gesichtssinn, Gehör) liefern, mit deren Hilfe behinderten Patienten eine Orientierung mit weitgehend eigener Aktivität möglich wird.

(2) Prinzipien sensorischer, natürlicher Systeme, zusammen mit Einrichtungen zur Informationsauswertung, sind für die bionisch-technische Entwicklung von Mustererkennungs- und Lesegeräten wichtig.

(3) Optische und akustische Detektoren der tierischen Orientierungsfunktionen werden für die technische Verbesserung von Navigations- und Ortungseinrichtungen der Raum-, Luft- und Seefahrt als bionische Vorlagen benötigt.

Auch in diesen Bereichen werden täglich neue Modellsysteme entworfen und analysiert. Daher ist es an dieser Stelle nicht möglich, den modernen Stand der Entwicklung auch nur im Ansatz am Beispiel einzelner Systeme repräsentativ darzustellen. Aus diesem Grunde können hier nur allgemeine Übersichten mit dem Verweis auf die Spezialliteratur gegeben werden.

9.4.3.1 Bionik der sensorischen Prothesen

Sensorische Prothesen sollen bei Ausfall der Sinnesorgane Leistungen ersetzen, die darin bestehen, Reize der Umwelt in geeigneter Weise an die Rezeptoren zu leiten. Diese codieren sie in geeigneter Weise, so daß sie für das Zentralnervensystem „erkennbar" werden. Im einfachsten Falle verstärkt eine sensorische Prothese die adäquaten Reize. (Hörverlust wird mit Hörgeräten ausgeglichen, Sehschwäche mit optischen Linsensystemen oder Bildwandlern.) Bei vollständigem Ausfall natürlicher Sinnesorgane kann versucht werden, die zu übertragende Information für einen nicht gestörten Sinneskanal umzukodieren. So signalisieren Ampelanlagen dem Blinden die Ampelschaltungen mit verschieden hohen Tönen. Blindenstöcke können mit Ultraschallsendern ausgerüstet werden. Die von der Umwelt reflektierten Ultraschallwellen werden in Frequenzen des Hörbereiches transformiert und erleichtern dem Ohr des Blinden die Ortung.

Für Blinde wurden ferner Lesegeräte entwickelt, bei denen ein Photozellensystem die Schrift abtastet, über elektronische Umsetzer in abtastbare, mechanische (vibratorische) Figuren einer Matrix bringt, die der Blinde mit der Fingerspitze lesen kann. Komplizierte Geräte dieser Art machen es möglich, über großflächige Matrizen dem Blinden eine dynamische „Übersicht" zu seinem Arbeitsplatz zu geben, die er durch ständigen Gebrauch des Tastsinnes bei einigem Training rasch auswerten kann. Denkbar ist dabei auch eine zusätzliche, akustische Ankopplung: Sensoren auf den Fingerendgliedern übertragen helligkeitsproportionale Frequenzen in den Hörbereich. Der Blinde vermag so sein Umfeld polymodal, d.h. über den Tastsinn und das Gehör zu erkunden. Das Umfeld ist wiederum auf eine Matrix projiziert, die über die Verarbeitung der Signale einer Videokamera kontrolliert wird.

Vorbilder für die Schaltung solcher Umsetzer in Koordinatenfiguren einer Matrix sind Systeme der lateralen Erregung und Hemmung, wie wir sie aus der Neurophysiologie der „on-off"-Zentren, z.B. des Auges, kennen. Damit können Kontraste des realen Bildes verstärkt in abtastbare, mechanische und/oder vibratorische Muster der Matrix umgesetzt werden. Mit der raschen Entwicklung der Mikroprozessortechnologie ergeben sich hier noch wesentliche Verbesserungen.

9.4.3.2 Sensorische elektrostimulatorische Prothesen

Bereits im Jahre 1800 entdeckte Volta, daß bei Einschaltung eines elektrischen Stromstoßes Metallstäbe im äußeren Gehörgang ein „kochendes Geräusch" der Hörempfindung auslösen.

Heute werden spezielle, chronisch implantierbare Elektrodensysteme entwickelt, die bei völlig gehörlosen Patienten einen Teil der noch funktionsfähigen Hörnervenfasern stimulieren. Normalerweise werden die durch die Haarzellen des Innenohrs codierten Reize der Schallschwingungen über etwa 30 000 Fasern des Hörnerven an das Gehirn vermittelt. Diese Fasern lassen sich hoch-, mittel- und niederfrequenten (je nach Ursprung aus dem 1., 2. oder 3. Gang der Schnecke) Aufnahmebereichen zuordnen. Bei dem geringen Durchmesser der Fasern ist es nicht möglich, Elektrodenverteilungen zu entwickeln, die gezielt diese Bereiche stimulieren. Dennoch ist es möglich, mit einem Satz von 8 Elektroden, angeschlossen an ein Mikrofon- und Umsetzersystem, ein Sprachverständnis des Tauben zu erreichen. Hierbei handelt es sich natürlich nur um grob abstrahierte Sprachsignale, die aber bei einigem Training gut aufgelöst werden können. Bei solchen Stimulatoren versucht man die Stromausbreitung der Einzelelektroden unter Berücksichtigung der Impedanzen, der optimalen Stromstärken und Stimulationsfrequenzen zu bestimmen. Eine Anwendung der Evolutionsstrategie hat in diesem Bereich noch nicht stattgefunden, obwohl es sicherlich sehr lohnend wäre (vgl. Abschn. 8.4.2.4).

Ein weiteres Problem ist die Ausschöpfung des dynamischen Bereiches der Schallstärke. Das normale Ohr vermag Schallstärkenveränderungen vom Schwellenwert bis zur Schmerzgrenze über einen Bereich von Zehnerpotenzen bzw. 130 dB aufzunehmen. Bei der elektrischen Hörnervenstimulation sind das nur wenige Dezibel. Die Materialanforderungen an Elektroden und Empfängersysteme sind ähnlich jenen, die bei Herzschrittmachern und Nervenschrittmachern gestellt werden (vgl. Abschn. 8.1.3). Die elektronischen Teile solcher Geräte bestehen aus: (a) einem Schallaufnahme-(Mikrofon), Vorverarbeitungs- und Codierungsgerät, das in ein kleines Gehäuse gekapselt, äußerlich getragen wird; (b) einer Sendeantenne zur drahtlosen Übertragung der Signale durch die Haut; (c) einem Empfängersystem, das (wie beim Nervenschrittmacher) mit den Reizelektroden verbunden und chronisch operativ eingepflanzt ist.

Im Vorverarbeitungsgerät wird der Schall mit geeigneter Störschallunterdrückung durch ein Mikrofon aufgenommen, seine Amplituden werden auf den dynamischen Bereich der Elektrostimulation komprimiert und einer Filteranordnung zugeführt, die sie in ihre Frequenzanteile auftrennt. Der Verteilung entsprechend werden die Reizimpulse für die einzelnen Elektroden erzeugt. Weil vom Gehirn eine Erhöhung der Reizimpulsfrequenz als Intensitätserhöhung und teilweise gleichzeitig als Frequenzerhöhung wahrgenommen wird, werden zur Zeit verschiedene Codierungsstrategien getestet. Die Weiterentwicklung dieser sensorischen Prothese wird betrieben.

Noch in sehr frühen Anfangsstadien befinden sich Entwicklungen, die darauf zielen, visuelle Stimulationsprothesen für Blinde zu schaffen. Hier wird durch eine an der Blindenbrille befestigte und miniaturisierte Videokamera ein grobgerastertes Bild aufgenommen. Die Bildpunkte werden, je nach Helligkeit, in elektrische Reizmuster umgewandelt. Diese Muster werden als Stimulationsimpulse über chronisch im Bereich der Sehhirnrinde implantierte Elektroden den dort gelegenen Neuronenschichten appliziert. Die bisherigen Erfolge der Arbeitsgruppe (Dobelle) sind jedoch sehr gering. Bestenfalls können Blinde mit Hilfe dieser Stimulationsmatrix auf der Sehhirnrinde einige, wenige Lichtpunkte gegeneinander abgrenzen, in einer Anzahl, die etwa der

Punktzahl der Blindenschrift entspricht. Die für die Farbwahrnehmung und die Kontrastbildung eingerichteten Neuronensysteme (Retina, Corpus geniculatum etc.) der normalen Stadien der Informationsverarbeitung des Gesichtssinnes werden dabei quasi übersprungen. Die Sehhirnrinde wird großflächig und direkt stimuliert. Ob eine weitere Entwicklung dieser Methode zu Erfolgen führt, muß sehr kritisch gesehen werden.

Weiterführende Literatur

Baumgartl, D.: Über die biologischen Prinzipien einiger Rezeptortypen und ihre Eignung als Vorbilder technischer Systeme. Messen, Steuern, Regeln **14** (1971) 135–137

Brunner, G.: Grenzleistungen biologischer Sinnesorgane im Vergleich zu technischen Meßgeräten (Chemorezeption u. Photorezeption). Dipl.-Arbeit, Techn. Univ. Berlin (Institut für Bionik und Evolutionsstrategie) 1974/75

Gamow, R.J.; Harris, J.F.: The Infrared Receptors of Snakes. Scientific American **228** (1973) 94–100

Kinney, S.E.: Current Status of Implantable Cochlear Prostheses. Artificial Organs **3** (1979) 379–382

Klinke, R.; Hartmann, R.: Physiologische Grundlagen einer Hörprothese. Arch. Otorhinolaryngol. **223** (1979) 77–137

Mundie, J.R.: Neurophysiological Principles of Auditory Information Processing. Proc. 44th. AGARD Conference Brüssel 1968, 173–196

Schneider, D.: Die Arbeitsweise tierischer Sinnesorgane im Vergleich zu technischen Meßgeräten. Köln–Opladen: Westdeutscher Verlag 1967

Stieve, H.: Mechanismen der Erregung von Lichtsinneszellen. Naturwiss. Rundschau **27** (1974) 45–54

Stieve, H.: Photorezeption und ihre molekularen Grundlagen. In: Hoppe, W. et al. (Hrsg.): Biophysik. Berlin–Heidelberg–New York: Springer 1977

Stieve, H.: Signal Processing and the Role of Membranes in Vision. In: Colbow, K. (ed.): On the Physics of Biological Membranes. Burnaby: Simon Fraser University 1975, 447–598

Uttal, W.R.: Computers and Sensory Neurophysiology. J. Steel (ed.) Proc. Nat. Aeronaut. Electronics Conference, Dayton/Ohio, May 2.–4. 1960

Warzel, H.: Ein elektronisches Funktionsmodell biologischer Rezeptoren. Acta biol. med. germanica. **21** (1968) 131–133

Weiss, Th.F.: A Model of the Peripheral Auditory System. Kybernetik **3** (1966) 153–175

Zerbst, E.: Modell der Informationsaufnahme und -verarbeitung durch biologische Rezeptoren. In: Schneider, B.; Ranft, U.: Simulationsmethoden in der Medizin und Biologie, Workshop Hannover 1977. Berlin: Springer 1978. = Med. Inform. u. Statistik 8

9.4.4 Mustererkennung und Speicherung durch das Zentralnervensystem

Die auf ein komplexes, biologisches System, also einen Organismus einströmende, sensorische Information muß selektiert und reduziert werden, damit sie verwertet, bewertet und gespeichert werden kann. Die Mustererkennung leistet dieses offenbar und bildet Merkmale. Damit wird die Voraussetzung für alle mit der Orientierung verbundenen Prozesse geschaffen.

Dieser und auch die folgenden Abschnitte werden deutlich machen, daß besonders im Bereich der Informationsaufnahme und -verarbeitung die Ambition der Bionik noch weit von ihren Zielsetzungen entfernt ist. Ein Grund dafür ist die immer noch bestehende Schwierigkeit, eine gemeinsame „Sprache für Technik und Biologie" zu finden. Die technischen Informationswissenschaften besitzen ein weit ausgearbeitetes Rüstzeug in den Begriffen und Algorithmen der Informationstheorie. Diese Begriffe wurden auch in den Bereich der analytischen Neurophysiologie übernommen und hatten zweifellos in verschiedenen Problemkreisen auch einen heuristischen Wert. Dennoch muß hier noch einmal die Frage gestellt werden, ob die Sprache der technischen Kybernetik tatsächlich zur Analyse biologischer Probleme geeignet ist. Es wäre verdienstvoll, wenn man in kritischer Gegenüberstellung der Elemente und Verbundsysteme technischer und biologischer Rechen-„Anlagen" die Validität der bisherigen Informationstheorie mit ihren Begriffen unbefangen überprüfen würde. Dieses wäre besonders deshalb wichtig, weil häufig festgestellt wird, daß die Suche nach technisch nützlichen Prinzipien – unter Anwendung bionischer Gesichtspunkte – in biologischen Vorlagen nicht so erfolgreich ist, wie man im Bereich der „bionischen Bewegung" hoffte. Denn viele, nützliche Techniken wurden von Physikern und Ingenieuren entdeckt, lange, bevor die biologische Forschung sie in der belebten Natur fand. Daraus wird von Technikern häufig der Schluß gezogen, daß eher die Technik Anregungen für die biologische Forschung geben könnte, so zum Beispiel die technische Informationstheorie. Es ist aber zu fragen, ob nicht die Befangenheit des Denkens biowissenschaftlicher Forschung in technischer Methodenanwendung im weitesten Sinne eine „Unschärfe" oder „Röhrenblindheit" verursacht, die zu Fehlinterpretationen führen kann. In Variation der Feststellungen von H. Mohr (Biologische Erkenntnis, S. 71) möge man bedenken: Der Wissenschaftler transformiert oft nicht nur Sinneseindrücke in „Grunderfahrungen", die man als „Muster" beschreiben kann. Diese Muster bestehen aus Konstrukten und den Beziehungen zwischen den Konstrukten. Der Forschungsprozeß verwandelt häufig auch „einleuchtende", theoretische Methoden anderer Forschungsgebiete (mit völlig anderen Randbedingungen) zu „intellektuellen Grunderfahrungen" und kommt unter Umständen zu unbewußten Klassifikationsprozessen, die solche intellektuellen Grunderfahrungen vereinfacht und derart zurechtstutzt, daß sie für das wissenschaftliche Tun brauchbar werden. In der Tat gehen in solche Klassifikationsprozesse auch die jeweiligen Motive des Wissenschaftlers („die sonst schlecht beschreibbaren, biologischen, neuronalen Prozesse informationstheoretisch voranzubringen"), seine Gefühle und Wertvorstellungen („kluge" und elegante Mathematisierung befriedigt intellektuell-ästhetisch und gibt den Befunden eine „akademische Würde") maßgebend ein. Die Festellung von H. Mohr: „Irrtümer bei der klassifikatorischen Aufarbeitung der Grunderfahrungen zu wissenschaftlichen Daten sind die Hauptursache für Fehlschläge in der weiteren Forschung" erhält meiner Ansicht nach auch unter den oben besprochenen Gesichtspunkten einer mehr oder weniger unbedachten Übernahme technisch-informationstheoretischer Methoden in die Neurobiologie ihre besondere Bedeutung. Eine Beweisführung hierzu durch exemplarische Darstellungen ist – schon aus thematischen und Raumgründen – schwer möglich. Es sei nur festgestellt: Technische und biologische Systeme der Informationsverarbeitung funktionieren unter grundverschiedenen Randbedingungen. Die technische Informationstheorie wurde u.a. durch die Einsparmöglichkeiten von Strukturen und Energie und durch das Bedürfnis von Redundanzverminderung bei der Nachrichtenübertragung motiviert. Solche Motive bestanden für die Evolution offensichtlich nicht.

Die Übersichten der folgenden Abschnitte werden nicht auf die soeben kritisierten Methoden verzichten. Die Gewichtung wird darauf gelegt, Unterschiede in der Funktion des biologischen Nervensystems zu den heutigen Rechenmaschinen aufzuzeigen. Solche Unterschiede können bionisch „anregend" wirken.

9.4.4.1 Mustererkennung und Information

Die Untersuchung des Zentralnervensystems ist wegen der außerordentlichen Komplexität mit unüberschaubaren Problemen verbunden.

Eine Nervenzelle hat im Mittel bis zu 1000 synaptische Kontakte und kann mit mehreren hundert anderen Neuronen verbunden sein. Allein die Hirnrinde des Menschen besitzt 100 000 Nervenzellen pro mm^3. Die Erregungsübertragung erfolgt im Bereich von einigen, wenigen bis zu 250 Impulsen/s. Neurone haben einen Informationsfluß von 6 bis 100 bit/s. (Ein „bit" entspricht der Entscheidung zwischen zwei gleichwertigen Möglichkeiten.) Theoretisch können alle Neurone des ZNS insgesamt 180 Milliarden bit/s übertragen. Der tatsächliche Informationsfluß ist wesentlich geringer, da viele Neurone parallel geschaltet sind oder etwa gleiche Signale übertragen.

Man hat abgeschätzt, wie groß der Informationsfluß durch die Sinnesorgane in das Nervensystem ist. Diese Schätzungen differieren häufig. Marko gibt folgende Werte an: Auge = 50 Millionen bit/s, Ohr = 40 000 bit/s. Die Kanalkapazitäten des Fernseh- und Telefonkanals sind diesen Werten gut angepaßt.

Alle bewußten Aktivitäten des Menschen ergeben jedoch Informationsflüsse unter 50 bit/s. (Lesen oder Hören sinnvoller Sätze = 40 bit/s, Klavierspielen = 20 bit/s, Zählen = 3 bit/s etc.) Im Mittel reduziert das Zentralnervensystem in seinem sensorischen Teil die Information von 10 Millionen auf etwa 10 bit/s. Diese Reduktion kennzeichnet die Leistung der Mustererkennung, d.h. die Auswertung der Signale mit dem Ergebnis der Musterbildung oder Zeichenbildung mit Bedeutungsinhalt. Diese Mustererkennung ist eine Abstraktionsleistung für die weitere Verarbeitung oder Speicherung sinnvoller Informationen.

Für die Erkennung einer beliebig geschriebenen Ziffer ist z.B. das Bildfeld des Auges mit ca. 100 000 Bildpunkten (= 100 000 bit) auszuwerten. Weil das Ergebnis nur eine von 10 möglichen Ziffern ist, entspricht dies einer Information von nur 3.3 bit. Dabei sind jedoch überflüssige Informationen: Größe, Schreibweise, Strichdicke, Lage etc. zu eliminieren. Das Nervensystem des Menschen löst diese Aufgabe besser und anpassungsfähiger als die bisherigen, technischen Mustererkennungsautomaten.

9.4.4.2 Informationsspeicherung im Zentralnervensystem

Für ein sinnvolles Verhalten der Organismen, d.h. für das Überleben in kritischen Situationen, müssen vergangene Erfahrungen, die zu erfolgreichen Handlungen führten, verwertet werden. Diese Erfahrungen müssen gespeichert werden, um aufgrund vergangener Ereignisse die zukünftigen möglichst richtig vorauszusagen. (Organismen bewegen sich quasi „rückwärts" durch ihr Leben, sie „sehen" nur die Merkmale der Vergangenheit und müssen sich an ihnen zur Zukunft „vorantasten".) Diese Leistungen erfordern ein Gedächtnis.

Beim Menschen ist das Kurzzeit- (oder Gegenwarts) Gedächtnis vom Langzeitgedächtnis zu unterscheiden. Die Speicherkapazität des Kurzzeitgedächtnisses wird mit etwa 100 bit geschätzt. Vermutlich wird sie durch kurzzeitige Speicherung (z.B. kreisförmig iterativ laufende Erregungsmuster) neuronaler Muster im ZNS realisiert.

Die Speicherkapazität des Langzeitgedächtnisses muß relativiert betrachtet werden. Würde die gesamte, von Sinnesorganen gelieferte Information lebenslang gespeichert, so wäre dazu eine Speicherkapazität von ca. 10 Billiarden bit notwendig. Dies vermögen die 18 Milliarden Neurone des ZNS sicherlich nicht zu leisten. Werden aber nur die reduzierten Informationsflüsse berücksichtigt, die im Bewußtsein verarbeitet werden, dann ergibt sich für diese (10 bit/s) eine Speicherkapazität von ca. 10 Milliarden bit. Man nimmt an, daß die tatsächlich gespeicherten Informationen eher unter 1 Milliarde bit liegen.

Vergleicht man diese Größenordnungen mit technischen Speichern, dann erhält man folgende Kapazitäten (Mittelwerte): Buch = 1 Million bit, Schallplatte = 1 Milliarde bit, magnetische oder optische Plattenspeicher der Rechenanlagen = mehrere Billionen bit. Somit kann die Speicherkapazität des Langzeitgedächtnisses von modernen, technischen Speichern erreicht und übertroffen werden.

Die Organisation biologischer und technischer Speicher ist jedoch grundsätzlich verschieden:

(1) Technische Speicher sind nach „Adressen" organisiert. Das bedeutet, Nachrichten werden nur durch Angabe des „Platzes" im Speicher abrufbar. Ihr Inhalt spielt dabei keine Rolle.

(2) Die Speicher des menschlichen Gedächtnisses arbeiten als „Assoziativ"-Speicher. Nachrichten werden aufgrund bestimmter Merkmale und Analogien zu vorgegebenen Mustern abgerufen.

(3) Technische Speicher sind zumeist örtlich organisiert. Jeder Nachricht kommt ein bestimmter Speicherplatz zu. Beim Gedächtnis sind die gespeicherten Engramme über große Areale verteilt und räumlich überlagert.

(4) Technische Speicher behalten eingegebene Informationen unverändert und über beliebig lange Zeit. Dagegen zeigt das Gedächtnis die Eigenschaft des (allmählichen?) Vergessens bzw. der laufenden Korrektur und der Löschung falscher oder nutzloser Daten.

Der letzte Punkt ist eine besondere „Leistung", auch wenn dies nicht auf den ersten Blick deutlich wird. Man denke z.B. an die Einrichtung von wissenschaftlichen Datenbanken, die an die Stelle von Lehrbüchern treten sollen. Lehrbücher werden ständig neu aufgelegt. Dabei werden neue Daten berücksichtigt und falsche Lehrmeinungen eliminiert. Wie groß und wie sicher wäre aber die Korrektur von adressengespeicherten Daten in der Datenbank? Welche Fehlinformationen könnten evtl. perpetuiert werden, wenn die Aufmerksamkeit der Datenautoren oder der „Datenlektoren" nicht präzise gleich bleibt?!

Im Zentralnervensystem wird das Vergessen alter Nachrichten durch Erleben oder Erlernen neuer Nachrichten begünstigt und verursacht. Diese Tatsache weist wiederum auf „Überlagerungen" der Gedächtnis-Engramme hin. Durch das sogenannte „Memorieren" werden dagegen alte Gedächtnisinhalte wieder aufgerufen und dabei verstärkt gespeichert. Das wirkt dem Vergessen entgegen. (Analoge Prozesse spielen sich offenbar auch beim Einüben motorischer Leistungen ab. Hier werden Innervationsmuster und ihre Reihung für die Betätigung der Muskulatur gespeichert. Vgl. Abschn. 9.4.2.5.)

Bis heute sind durch die biokybernetische Forschung die folgenden Probleme noch nicht befriedigend gelöst:

(1) Organisation des Gedächtnisses
(2) Lokalisation des Gedächtnisses
(3) Produktion oder Reproduktion der Informationen in Speichern.

Im Rahmen der Kybernetik wurde von Marko eine „Systemtheorie homogener Schichten" entwickelt, die z.B. auf Modelle der Signalverarbeitung im visuellen System angewendet wird. Diese Theorie geht von der Tatsache einer „retinotopen" Organisation des visuellen Systems aus. (Die relative Zuordnung der Bildelemente auf der Retina bleibt auch in höheren Schichten erhalten.) Ferner wird das Prinzip der lateralen Inhibition, welches im Auge der Kontrastverschärfung dient, als Mechanismus der Mustererkennung und der Klassifikation in den Schichten der Sehhirnrinde hypothetisch betrachtet. In diesen Schichten, oberhalb und unterhalb der 4. Schicht, findet eine Richtungsfilterung der Signale aus dem Auge statt. Solche Klassifikationen sind Basis der Speicherfunktion.

9.4.4.3 Richtungsfilterung und Klassifikatorbildung im visuellen System

Eine Richtungsfilterung in den corticalen Schichten des visuellen Systems erfolgt im Prinzip auf folgende Weise:

Bestimmte Neurone sprechen z.B. nur auf senkrechte, andere wiederum nur auf waagerechte und weitere Neurone ausschließlich auf schräge Linien definierter Neigung an. Diese für bestimmte Richtungen empfindlichen Neurone wiederholen sich längs der Cortexoberfläche in kurzen Abständen. Dazwischen liegen Neurone verschachtelt, die für andere Richtungen spezifisch sind. Damit werden Bilder in Richtungsauszüge zerlegt. Richtungszerlegungen sind damit Merkmalsbildungen für die Musterkennung. Der Buchstabe A könnte z.B. so beschrieben werden: Links: diagonale Richtung mit positiver Steigung; Mitte: horizontale Richtung, Rechts: diagonale Richtung mit negativer Steigung.

Andere Buchstaben und Zeichen können in ähnlicher Weise zerlegt und damit beschrieben werden. Diese erste Stufe der Abstraktionsleistung hat die erregten und nichterregten Bildpunkte der Retina im Cortexbereich zu zweckmäßigen Informationen umgewandelt. Eine Merkmalskombination führt zur Klassifikation und zur Erkennung der Zeichen, wenn diese Klassifikationen mit gespeicherten Phänotypen ihrer Art korreliert werden. Bei positiven Korrelationen wird durch weitere, unbekannte Erregungsprozesse höherer Merkmalsbildungen das „Erkennen“ eingeleitet. Die Phänotypen müssen vorher durch „Lernen“ oder „Einüben“ gespeichert worden sein.

Solche Netzwerke des neuronalen Systems sind auf Elektronenrechnern technisch zu simulieren. Dabei können sehr gute Übereinstimmungen mit vergleichenden Messungen am Menschen erzielt werden. Weiterhin können über entsprechende Programme große Toleranzen bezüglich der Variationen der Größe, der Lageverschiebung oder Verdrehung erzielt werden.

Das Primärgedächtnis solcher Systeme steckt also im Klassifikator, dort, wo zur Charakterisierung eines Zeichens die entsprechende Kombination der Merkmale oder Richtungen zu bilden ist. Die Einstellung des Klassifikators ist der „Lernvorgang“. Für das Neuronennetz bedeutet dies, daß durch Veränderung synaptischer Übertragungsfaktoren die Verkopplungen entsprechend zu ändern sind. Diese Verkopplungen könnten z.B. dadurch geändert werden, daß synaptische Übertragungsfaktoren immer dann leicht verstärkt werden, wenn das Neuron überschwellig erregt wird.

Bei einem solchen System mit Klassifikatoren müßte jedem Zeichen ein distinktes Neuron zugeordnet sein. Es wird stets dann maximal erregt, wenn das Zeichen „präsentiert“ wird. Neurophysiologisch sind distinkte Neuronen dieser Art bisher nicht gefunden worden. Nun könnte das Prinzip der lateralen Inhibition den Schlüssel für den Gedächtnisprozeß geben: Im Cortex bestehen im Nahbereich starke Inhibitionen, im Fernbereich (bezogen auf die Neuronendistanzen) bestehen ferne Exzitationen.
Marko nennt diese Eigenschaft Nife-Struktur (near inhibition, far excitation). Seine Hypothese ist wie folgt formuliert:

Bei einer angenommenen Neuronenverteilung nach dem Bienenwabenmuster hemmt jedes Neuron eine Umgebung benachbarter Neurone, so daß diese nicht erregt werden können, sobald das betrachtete Neuron feuert. Das Muster dieser zur gleichzeitigen Aktivität fähigen Neurone ist gleichfalls bienenwabenartig aufgebaut. Es besteht jedoch ein größerer „Zeilenabstand“. Viele Unterklassen solcher Neurone können gleichzeitig erregt und miteinander vermascht sein. Wird eine Unterklasse erregt, dann sind die anderen gehemmt. Strukturen dieser Art nehmen daher viele funktionelle Zustände ein, je nachdem welche Unterklasse feuert. Solche Zustände sind zunächst gleichberechtigt und bei gleichmäßiger Erregung aller Neurone einer Schicht ist es eine Zufallsentscheidung, welche der Unterklassen zur Erregung kommt. Jedoch führt bereits eine geringfügige Veränderung der exzitatorischen Verkopplung über große Bereiche hinweg zu einer Bevorzugung e i n e r dieser Klassen. Ein Richtungsfilter bildet sich aus, wenn die exzitatorische (erregende) Verkopplung der betreffenden Neurone in der gewünschten Richtung nur ganz geringfügig verstärkt ist. Wird ein Muster dieser Richtung angeboten, so wird nur diese bevorzugte Neuronenklasse aktiviert, die übrigen bleiben gehemmt. Andere Neuronenklassen werden durch ebenso geringfügige Veränderungen der erregenden Verkopplung auf andere Richtungen abgestimmt.

Mit dieser Hypothese wurde das Modell der retinotopen Struktur der Richtungsfilterung in der optischen Hirnrinde realisiert. Ein „Lernen" in dieser Struktur wird mit nur geringfügigen Veränderungen der exzitatorischen Kopplung bewirkt. Dabei sind die Neuronen-Unterklassen auf die zu bildenden Merkmale abgestimmt und ihnen zugeordnet. Solche Schichten können auch „höhere Merkmale" aus Kombinationen niederer Merkmale herstellen. Dieses wird ebenfalls mit nur geringfügigen Veränderungen der Verkopplungsintensität geleistet. (Aus Kombinationen von „Buchstaben" werden „Worte" gebildet.) So könnte in den geringen Kopplungsänderungen das Gedächtnis repräsentiert sein. Dabei sind die Engramme der Gedächtnisinhalte nicht einer einzelnen Zelle, sondern größeren Netzwerken zugeordnet (Flächen oder Räumen). Somit speichert ein und dieselbe Schicht viele Engramme (vgl. auch Abschn. 8.4.4.2).

Die Frage nach den Mechanismen der Aktivierung des Gedächtnisses ist noch weitgehend ungeklärt: Wie wird die im Neuronennetz verteilt gespeicherte Information in eine zeitliche Folge verwandelt? Es wird vermutet, daß hier Rückkopplungsprinzipien maßgebend sind, bei denen das System zu einer „Selbsterregung" kommt, so daß die gespeicherten Merkmale oder Signalabläufe zeitlich nacheinander erregt werden. Eine unspezifische, vom Mittelhirn ausgehende Erregung könnte dabei eine Rolle spielen.

Auch wenn diese Fragen neurophysiologisch experimentell noch nicht geklärt sind, so ist für die bionische Entwicklung neuer Mustererkennungsmaschinen eine solche Hypothese sehr interessant. Die Miniaturisierungstechnologie integrierter Schaltkreise wird in Zukunft auch wirtschaftlich tragbare Modellkonstruktionen ermöglichen, bei denen die oben diskutierten Prinzipien mit Hilfe einer sehr großen Anzahl elektronischer Neuronenmodelle zu verwirklichen wären. Solche Modelle hätten sicherlich Vorteile gegenüber einer Abbildung der Hypothese auf digitalen Rechenanlagen. Miniaturisierte Neuronenmodelle müßten so ausgelegt sein, daß nicht nur feste Schwellenwerte, binäre „entweder-oder"-Schaltungen und lineare Übertragungsfaktoren, sondern in Analogie zur biologischen Realität auch „plastische" d.h. graduierte und nichtlineare (d.h. Erregung bis zu Sättigungsbereichen) Veränderungen der synaptischen Kopplungsempfindlichkeit möglich sind. Modellnetzwerke dieser Art sollten darüber hinaus – im Gegensatz zu den auf Redundanzminderung kalkulierten technischen Anlagen – sehr viele Parallelkanäle mit hemmender und fördernder Kopplung erhalten.

Wie mit kleineren Netzwerkmodellen, so kann man auch mit größeren und sehr komplexen Netzwerken Modellversuche durchführen, d.h. mit Netzwerken, deren komplexe Verschaltung das menschliche Vorstellungsvermögen versagen läßt. Es wäre möglich, ihre funktionale „Evolution" unter verschiedenen Randbedingungen der Informationsdynamik zu untersuchen (mittels Anwendung der Evolutionsstrategie wäre hier auch eine „Gewichtung" von Qualitätswerten, d.h. funktionaler Zielvorgaben möglich).

Einige Einschränkungen müßten jedoch berücksichtigt werden:

(1) Weil das Wesen der „Subjektivität" nicht objektivierbar ist, wird eine Beschränkung der Modellierung auf die objektivierbaren Funktionen der Erkennungsprozesse im Nervensystem notwendig.

(2) Eine „intelligente Funktion" bei technischen und biologischen Systemen muß die Dynamik der Randbedingungen der Außenwelt tolerieren.

(3) Das Zentralnervensystem des Menschen besitzt in den „Gedächtnis"-Speichern, den Assoziations- und Komparatorprinzipien funktionelle Grundlagen für die Ausbildung eines inneren Modelles der Außenwelt.

Es kann damit „Modellversuche" zu Entscheidungsmöglichkeiten durchspielen. Es werden mögliche oder erwartete Situationen simuliert. Das setzt jedoch voraus, daß Erfahrungen (Lernprozesse) in die „Speicher" geladen werden.

Das Wesen der „Subjektivität" wäre in diesem Zusammenhange und im weitesten Sinne darin zu sehen, daß die aktuelle Verarbeitung und Bewertung äußerer Informationen durch die spezifischen, über die bisherige Lebenszeit gespeicherten Fakten, Merkmale und Programme „gewichtet" wird (vgl. hierzu „Gefährliches Vorwissen" im Wissenschaftsprozeß bei Mohr, H.: Biologische Erkenntnis). Wollte man Modelle der Subjektivität entwickeln, dann müßten ihre Speicher mit „Schicksals-Erfahrungen" geladen werden. Dabei wäre der Faktor „Zeit" mit der Abfolge, Überlagerung und Korrektur der zu speichernden Informationen ein außerordentlich wichtiger Parameter. – Die Soziobiologie befaßt sich auf methodisch anderer Ebene mit solchen Prinzipien. Sie untersucht z.B. die Kodierungsformen interindividueller Kommunikation, d.h. die Kodierung der „Intimität".

Während der Mensch häufig dazu neigt, bestimmte Erfahrungen als endgültige Wahrheiten zu dogmatisieren (Konstrukte der Ideologien), ist es für moderne, lernende Automaten kennzeichnend, daß ihr inneres Modell nicht starr, sondern veränderbar ist.

9.4.4.4 Adaptive und lernende technische Systeme

Das „innere Modell" der Realität früherer Erfolge und Mißerfolge wird durch lernende Automaten solange verändert, bis sein Verhalten auch bei variierenden Aufträgen dem Verhalten der Außenwelt entspricht. Dieses Funktionsprinzip entspricht dem „kritischen Rationalismus", der mit Hilfe der Falsifikationsversuche Aussagen immer wieder an der Realität prüft und nie als endgültige Wahrheiten dogmatisiert. Adaptive Automaten werden nicht von einem starren Programm gesteuert. So können moderne Prozeßrechner Rohstoffe mit ständig variierenden Parametern zu ein und demselben Endprodukt verarbeiten. Sie optimieren ihre Betriebsweise. Eine sehr hohe Adaptationsfähigkeit erreichen selbstorganisierende und rekonfigurierende Systeme. Sie sind in der Lage, trotz wesentlicher Veränderungen, nicht nur der Umwelt, sondern auch der eigenen inneren Struktur, sich sinnvoll anzupassen und ihre Aufgabe auszuführen. Beispiele dazu finden sich überall in der belebten Natur. Die Technik sucht solche Systeme im Bereich zuverlässiger Recheneinrichtungen und moderner Fernsprech- und Rechner-Verbund-Netze zu konstruieren.

Verhaltensänderungen führen zu einer Verbesserung der Adaptation aufgrund von „Lernprozessen". Lernen ist an Übertragung, Aufnahme und Verarbeitung von Information gebunden. Technisch muß das aber nicht notwendigerweise durch Prozesse erfolgen, die dem „Bewußtsein“ analog zu setzen sind. – Beim Lernen werden folgende Vorstufen unterschieden:

Klassifizieren und festes Zuordnen (vgl. Abschn. 8.4.4.3)
Lernen durch Speicherung
Lernen durch bedingte Zuordnung
Lernen durch Erfolgsrückmeldung
Lernen durch Optimierung
Lernen durch Nachahmung
Lernen durch „Belehrung“ (Programmierung)
Lernen durch „Erfassen“ (vgl. geistige Prozesse im Gehirn)

Für alle Stufen können technische Modelle und Systeme zitiert werden. Dieses bedeutet jedoch nicht, daß dabei auch nur eine Prinzip-Analogie zwischen biologischem und technischem System vorhanden ist. Viele technische Rechenanlagen arbeiten heute so schnell, daß mehrere „externe“ Aufgaben praktisch gleichzeitig erledigt werden. Dabei werden die Prozesse, in Anpassung an die Einzelaufträge und die Kapazität des Rechners, in einzelnen Zeitabschnitten durchgeführt. Der Rechner bearbeitet in einem Zeitabschnitt ausschließlich den einen, im zweiten Zeitabschnitt den anderen Auftrag usw.

So wird weiter fortgeschritten, bis nach Erledigung des letzten Auftrags der erste weiterbearbeitet wird. – Diese „Anpassung an die Einzelaufträge und die Rechnerkapazität“ erfolgt über einfache Algorithmen, die eine Parameteroptimierung darstellen. Es gibt Rechnerprinzipien, die auch durch „Belehrung“ und durch „Erfassen“ ausgerichtet werden können, ihre Aufgabenteilung vorzunehmen. Aber auch große Einzelrechenanlagen können bestimmte Leistungen noch nicht erbringen, so z.B. aerodynamische Berechnungen von Flugkörpern, zuverlässige Wettervorhersagen oder optimale Spracherkennung. Hier ist es in Zukunft möglich, eine Großzahl von Großrechenanlagen zu einem hierarchisch geordneten Gesamtverbund zusammenzusetzen und sie gemeinsam an einer oder mehreren Aufgaben arbeiten zu lassen (theoretische Vorarbeiten sind geleistet worden, vgl. z.B. Herzog). Dabei müssen spezielle Einrichtungen zu Problemlösungen und ihre Strategie für folgende Fehlerquellen geschaffen werden: Software-Fehler, Komponentenausfälle und Schwankungen im Informationsverkehr, d.h. in der Dichte der Kanalbesetzungen. Eine Methode zur Lösung dieser Probleme ist die sogenannte „adaptive Leitweglenkung“. Dabei steht in jedem Knoten des Netzes ein Steuerrechner, der den aktuell günstigsten Kanal aussucht. Dazu erhält er Informationen über den Zustand der Nachbarknoten und ihrer Übertragungswege, über Engpässe an entfernteren Stellen des Netzes und über den jeweiligen Zustand aller anderen Steuerrechner. Diese Daten werden zwischengespeichert und ausgewertet. Bemerkenswert ist, daß es hierfür zwei unterschiedliche Möglichkeiten gibt: (a) die zentrale Lösung und (b) die dezentrale Lösung. Es hat sich herausgestellt, daß sich die zentrale Kontrolle in Rechnernetzen nicht bewährte; hier besteht – wenn auch im weitesten Sinne – eine Analogie zu Kontrollmechanismen im Zentralnervensystem (vgl. auch Anmerkungen in Abschn. 9.4.1).

Weiterführende Literatur

Eckmiller, R.: Maschinen zur optischen Zeichenerkennung. Studium Generale **22** (1969) 1026–1045

Fukushima, K.: Recognition – A Self-Organizing Neural Network Model for a Mechanism of Pattern Recognition Unaffected by Shift in Position. Biol. Cybernetics **36** (1980) 193–202

Grüsser, O.; Klinke, R. (Hrsg.): Zeichenerkennung durch biologische und technische Systeme. Berlin: Springer 1971

Koralewski, H.E.: Elektronische Nachbildung der Verschaltung zweier Sehelemente (Ommatidien) beim Komplexauge von Insekten. Studienarbeit, Tech. Univ. Berlin (Fachgebiet Bionik und Evolutionstechnik) 1974

Mohr, U.: Mikrocomputerunterstützte Bildmustererkennung mit Hilfe der Kompaktheitsmessung. Dipl.-Arbeit, Tech. Univ. Berlin (Fachgebiet Bionik und Evolutionstechnik) 1979

Oestreicher, H.L.: Pattern Recognition. In: Proc. 44th. AGARD Conference: Principles and Practice of Bionics. Gierke, H.E.v. (ed.) Brüssel 1968. Solvay Inst. of Physiol. of Free Univ. of Brüssel.

Steinbuch, K.: Maschinelle Intelligenz und Zeichenerkennung. Naturwiss. **58** (1971) 210–217

Theek, D.: Entwurf und Bau eines Maximalwertreglers zur Bildschärfeneinstellung eines Diaprojektors. Studienarbeit, Tech. Univ. Berlin (Fachgebiet Bionik und Evolutionstechnik) 1979

Winckel, F.: Elektronische Sprachverarbeitung. VDI–Nachrichten **2** (1966) 9

9.4.5 Haltungs- und Bewegungsregulation – Korrektur und Programmspeicherung des Nervensystems

Die Initiierung und Kontrolle von Körperbewegungen durch periphere und zentralnervöse Prozesse sind im letzten Jahrzehnt mit Hilfe neurophysiologischer Methoden aufgeklärt worden. Alte und wenig differenzierte Vorstellungen mußten revidiert werden. Auch in diesem Funktionsbereich gibt es eine außerordentlich große Flexibilität der vernetzten Wirkungsbeziehungen, die sich nicht länger mehr mit Verbundschaltungen klassischer Regelkreise beschreiben lassen.

9.4.5.1 Teilbereiche der Koordination motorischer Funktionen

Die Motorik läßt sich verallgemeinernd in zwei Bereiche gliedern:

(1) Halte- oder Stützmotorik: Gegenüber Störkräften aus der Umwelt ist die jeweilige Körperhaltung zu stabilisieren.

(2) Bewegungs- und Zielmotorik: Gerichtete Ortsveränderungen sind für den Körper und/oder einzelne seiner Teile zu gewährleisten.

Beide Aufgaben müssen offensichtlich im Hinblick auf ihre Programmierung und Regulation in Konkurrenz zueinander stehen. In wiederum verallgemeinerter Betrachtungsweise können die verschiedenen Abschnitte der neuronalen Netzwerke unterschiedlichen Organisationsstufen des Zentralnervensystems zugeordnet werden. Der sogenannte

„Eigenreflexbogen" des Rückenmarks ist Grundeinheit der Stützmotorik. Er besteht aus folgenden Elementen:

(1) Parallel zu den Muskelfasern geschaltete Sensoren (Rezeptoren) werden durch Zug in der Längsrichtung des Muskels aktiviert. Ihre Signale (Aktionspotentialfolgen) werden im Rückenmark solchen Nervenzellen aufgeschaltet, die mittels ihrer Endigungen an den Muskelfasern die Kontraktion auslösen (Motoneurone).

(2) Bei Dehnung eines Muskels wird durch die sensorkontrollierte Aktivierung des Motoneurons eine Muskelkontraktion ausgelöst. Diese Muskelverkürzung erfolgt soweit und solange bis die durch Zug ausgelöste passive Längenänderung des Muskels aktiv wieder aufgehoben ist.

Bei der Haltemotorik haben solche Eigenreflexe eine korrigierende Funktion. Sie unterstützen die aufrechte Haltung des Körpers und die jeweilige Stellung seiner Gliedmaßen. Bionisch-technisch kann man sie mit „Haltereglern" vergleichen, die z.B. Drücke, Temperaturen oder elektrische Größen konstant halten sollen. Dabei sind als „Meßfühler" die Rezeptoren, als „Regler" die Rückenmarksverschaltungen, als „Stellglieder" die Motoneurone mit der zugeordneten Muskulatur und als „Regelgröße" die Muskellänge zu betrachten. Diese regelkreisähnlichen Reflexe sind allerdings auch funktionell in die Koordination der gezielten Willkürmotorik einbezogen. Sie dämpfen dabei überschießende Bewegungen und gewährleisten die „Stetigkeit" der Bewegungsabläufe.

Man kann diese Vorgänge mit entsprechenden technischen Funktionen bei der Kontrolle von Statik und Bewegung z.B. von Industrierobotern vergleichen. Dabei wird die Problematik solcher Aufgabenstellungen für die Meß- und Regelungstechnik bereits auf dieser organismisch noch sehr „primitiven Stufe" der Eigenreflexe deutlich. Wie haben biologische Systeme dieses Schaltungsproblem gelöst? Wie wird die Konkurrenz zwischen den Abläufen der Haltungsregelung und denen der zielmotorischen Bewegung bewältigt?

(1) Die Haltefunktion der Reflexbögen kann immer dann unterdrückt werden, wenn die komplexen, zielmotorischen Impulsprogramme der Hirnabschnitte im Rückenmark einlaufen.

(2) Die Grundfunktion der Haltereflexe kann bestehen bleiben, jedoch werden immer dann die „Meßbereiche" der Sensoren im Sinne einer damit verbundenen Empfindlichkeitsverstellung (scaling) verändert, wenn zielmotorische Programme einlaufen.

Diese Lösung wurde im organismischen Bereich vorgezogen. Neben den Eigenreflexen spielen auch Fremdreflexe (die Rezeptoren liegen außerhalb des kontrollierten Muskels) eine wesentliche Rolle bei der Motorik. Sie dienen besonders der Auslösung von Schutz- und Fluchtbewegungen. Bionisch betrachtet könnten sie z.B. einen Industrieroboter zu Ausweichbewegungen veranlassen, wenn Werkstücke in falscher Lage angeliefert werden und damit eine Beschädigung der Anlage verursachen könnten.

Übergeordnete Hirnstrukturen beeinflussen die regulatorischen Abläufe in den Regelkreisen der Eigenreflexe. Sie liegen oberhalb des Rückenmarks als „supraspinal-motorische Systeme" und erfüllen folgende Aufgaben:

(1) Die motorische Muskelfunktion wird mit anderen Informationen, die z.B. aus dem Auge, dem Ohr und dem Gleichgewichtsorgan einlaufen, abgestimmt. Dabei lösen sie Reflexe aus, die funktionell jene Bedeutung haben, die den peripheren Fremdreflexen zukommt.

(2) Die supraspinal-motorischen Systeme sind eine Koordinations- und Relaisstation für die Zielmotorik. Dabei wird ein Bewegungsplan des Zentralnervensystems zunächst in einen Antrieb der motorischen Aktion und dann in ein zeitlich und räumlich koordinierendes Aktivierungsmuster für die Muskeln umgesetzt.

Ein technisch ähnliches System würde z.B. sowohl den Verbindungskanal zu einem Stellglied einschalten, als auch anschließend aus einem Programmspeicher das Steuerprogramm abrufen und zum Stellglied senden. Wir haben eine solche Einrichtung bei der Konstruktion eines Nervenschrittmachersystems (vgl. Abschn. 9.4.2.4) geschaffen.

Bei den zentralen motorischen Hirnstrukturen sind das pyramidale und das extrapyramidale System zu unterscheiden. Das pyramidale System entspringt in der motorischen Hirnrinde. Die Körpermuskulatur ist hier jeweils in bestimmten Arealen repräsentiert. Seine Leitungen ziehen ohne Unterbrechung zum Rückenmark, geben dabei Abzweigungen zu anderen motorischen Neuronennetzen weiter und stellen damit den Kontakt zu den Substraten des extrapyramidalen Systems her.

Das extrapyramidale System ist in zahlreichen Kerngebieten über das gesamte Hirn verteilt. Von ihnen ziehen einerseits etappenweise Verbindungen zum Rückenmark, andererseits Verbindungen aufsteigend zur Hirnrinde. Letztere werden in Zwischenhirnkernen (Thalamus) umgeschaltet. Hier laufen gleichzeitig Informationen von allen Sinnesorganen ein. Damit sind koordinative und/oder integrierende Verknüpfungen zwischen motorischen und sensorischen Prozessen der Informationsverarbeitung hergestellt. Die vom Thalamus aufsteigenden Bahnen nehmen schließlich wieder Verbindung mit den Nervenzellen des primär motorischen Cortex auf.

Somit bestehen zwischen dem pyramidalen und dem extrapyramidalen System mehrere Rückkoppelungsschleifen. Sie stimmen Informationen ab, die für die Vorgänge insbesondere der Feinmotorik (z.B. Hand- und Fingerbewegung) von großer Bedeutung sind. Dies ist wichtig, obwohl die cortikalen Ursprungszellen der Feinmotorik gleichzeitig und unverzüglich auch Rückmeldungen von Rezeptoren aus den von ihnen innervierten Muskeln und Gelenken erhalten und damit eine direkte Servoschleife besteht.

Die Willkürbewegung wird in den entwicklungsgeschichtlich älteren Hirnstrukturen, den Basalganglien und im Thalamus mit ersten Signalen aktiviert (nicht im motorischen Cortex). Der als „primär-motorisch" bezeichnete Cortex erhält also erst sekundär den Anstoß, in die Willkürbewegung einzugreifen. Es wird angenommen, daß nach dem allgemeinen Entwurf eines Bewegungsplanes aus den Speichern verschiedener Hirnstrukturen Impulsmuster als Teilprogramme des Bewegungsablaufs abgerufen werden. Die zeitliche Abfolge ist dabei koordiniert. Diese Impulsmuster laufen zur Relaisstation des pyramidalen Systems und werden von dort aus auf die an der Gesamtbewegung jeweils beteiligten Muskeln verteilt.

Hierbei lassen sich zwei Funktionscharakteristika unterscheiden:

(1) Für feinmotorische Bewegungsabläufe liegen fertige Impulsprogramme vor, die durch zugeschaltete Rückmeldungen von den peripheren Rezeptoren zusätzlich moduliert werden.

(2) Schnell verlaufende Bewegungen sind offensichtlich relativ fest programmiert.

(3) Die Bildung und Speicherung fester Innervationsprogramme ist von Lerneffekten abhängig. Je häufiger eine bestimmte Bewegungskombination durchgeführt wird, um so stärker werden ihre neuronalen Steuermuster in den Kernen des extrapyramidal-motorischen Systems gespeichert. Sie können dann schließlich unter Abschaltung von Kontrollmechanismen als Blöcke wieder abgerufen werden.

Das motorische Nervensystem besitzt eine außerordentlich hohe Speicherkapazität. Es wird angenommen, daß z.B. Musiker die Griffolgen ganzer Konzerte diesem motorischen Gedächtnisspeicher entnehmen können.

Die Aufklärung der Einzelfunktionen und Integrationsmechanismen organismischer Motorik ist für die bionische Verwertung überaus interessant. Bereits heute lassen sich gewisse Analogien zu Verschaltungen und Programmiermethoden bei Industrierobotern ziehen. Hier werden die komplexen und fein abgestuften Bewegungen der technischen Arbeitselemente durch Steuerprogramme aus elektronischen Speicherschaltungen geführt. Diese Programme werden wie bei biologischen Systemen nach einer „Aktivierung" durch Sensorsignale – zeitlich und räumlich koordiniert – abgerufen. Hier gilt ebenfalls das Prinzip der Programmierung durch „Lernen": die Werkezugelemente werden (beim Lernprozeß) von einem Facharbeiter manuell durch alle Bewegungen geführt und die Bewegungssensoren ermitteln dabei jene Programmierungsparameter, die zur eigentlichen elektronischen Programmierung benötigt werden (vgl. auch Abschn. 7.2.3.4).

Diese technischen Entwicklungen erfolgten bisher sicherlich nicht bionisch, d.h. aufgrund von Anregungen der modernen Neurophysiologie. Dennoch werden solche Anregungen in Zukunft nützlich sein, wenn das Ziel der Robotik erreicht werden soll: komplizierte Fertigungsbewegungen der Arbeitsmaschinen durch empfindliche und spezielle Sensoren zusätzlich zu kontrollieren und anschließend nach Bedarf zu modulieren wie das von der neuronalen Kontrolle der Feinmotorik bei Tieren geleistet wird.

Anregungen im Sinne der Bionik gibt die neurophysiologische Forschung motorischer Steuerung für ein weiteres technisches Gebiet: die biomedizinische Technik der Orthosen. Hierbei handelt es sich speziell um den Entwurf und die Konstruktion orthopädischer Einrichtungen zur funktionellen Elektrostimulation von Muskelgruppen solcher Patienten, die unter zentralen Lähmungen der Willkürmotorik zu leiden haben. Dies wird im nachfolgenden Abschnitt ausgeführt.

9.4.5.2 Orthose der funktionellen Elektrostimulation gestörter Muskelinnervationen

„Orthosen" können die medizinisch-therapeutische Reaktivierung der Funktion eines normalen noch erhaltenen Organes (z.B. Muskulatur, Nervensystem) bewirken. Bereits Herz- oder Nervenschrittmacher sind eine Orthose. Solche Einrichtungen können nur dort eingesetzt werden, wo die in der Peripherie liegenden Organe zwar in dem zentralnervös kontrollierten oder initiierten Funktionsablauf gestört, jedoch hinsichtlich ihrer

Eigenfunktion (Herzmuskelkontraktion, Skelettmuskelkontraktion) noch unter künstlicher Stimulation leistungsfähig sind. Bei der Skelettmuskulatur ist das immer dann der Fall, wenn die motorische Innervation vom jeweiligen Rückenmarkssegment her noch intakt ist, obwohl die Versorgung vom pyramidalen und extrapyramidalen System (z.B. bei Querschnittslähmung) unterbrochen ist.

Für die Bionik stellt sich dabei die Frage, ob für die komplexen Steuerungen der Haltungs- und Bewegungsregulation des ZNS (vgl. Abschn. 9.4.5) analoge technische Ersatzeinrichtungen geschaffen werden können.

Ganz allgemein sind zwei Gesichtspunkte der funktionellen Elektrostimulation der Motorik zu berücksichtigen: die speziellen Grundlagen der Stimulation und die spezifischen Konzepte der funktionellen Stimulation.

(1) Spezielle Grundlagen: Nach dem heutigen Stand des physiologischen und pathophysiologischen Wissens dürfte es nicht schwer sein, bionisch-technische Einrichtungen zu entwickeln, die durch gezielte und programmierte Reizung der Muskulatur gelähmten Behinderten helfen. Es reicht jedoch nicht aus, den Schwerpunkt auf die theoretische Klärung der neuronalen Regel- und Steuerungsmechanismen zu legen. Seit Beginn erster Ansätze dieser technischen Orthosenentwicklung vergingen zwei Jahrzehnte bis alle für die Praxis erforderlichen reizphysiologischen und regulatorischen Daten erarbeitet worden waren. Heute ist hier gesichertes Wissen vorhanden. Das Vorgehen bei der Auslösung von Muskelkontraktionen auf künstlichem Wege kann wie folgt systematisiert werden: entweder wird der Muskel direkt, oder es wird sein motorischer Nerv gereizt. Reizt man den Nerven, werden viele Fasern gleichzeitig aktiviert und eine Abstufung der Kraft ist schwierig. Wird der Muskel direkt gereizt, werden zugleich auch viele feine Nervenfasern aktiviert, die eine geringere Reizschwelle als der Muskel besitzen. Ihre Anzahl ist jedoch nicht so groß wie im Nervenbündel. Deshalb ist bei dieser Stimulation eine bessere Abstufung der Kontraktionsstärke möglich. An größeren Muskeln können mehrere Reizelektroden angebracht werden; sie liefern Impulse sehr kurzer Dauer. Weil der Widerstand zwischen Elektrode und Gewebe schwanken kann, ist es günstig, mit konstantem Strom zu reizen (nicht mit konstanter Spannung). Reizstärkenvariationen benötigen weniger Energie, wenn sie durch Modulation der Pulsdauer bewirkt werden. Die Modulation der Pulsamplitude ist nur sinnvoll, wenn nicht supramaximal gereizt wird. Hier können dann mit zunehmender Amplitude mehr Fasern „rekrutiert" werden. Weil die Muskulatur bei Dauerreizungen schnell ermüdet, ist die Anwendung relativ niedriger Frequenzen (12 bis 20 Hz) sinnvoll. Reizelektroden können entweder extern auf der Haut oder über dem Muskel oder intern an Nerv und Muskel selbst angebracht werden. Interne Elektroden lassen sich in größerer Anzahl und an umschriebenen Orten positionieren. Die Elektroden dürfen dabei aber nicht zu klein sein, weil eine damit verbundene relativ große Stromdichte Gewebeschäden verursachen würde. Bei Bewegungen werden die Elektroden dauernd beansprucht und müssen daher eine hohe Festigkeit aufweisen. Außerdem dürfen sie sich nicht elektrochemisch zersetzen. Die Anforderungen sind also vielfältig, und das ideale Material ist noch nicht gefunden. Neuer-

dings wurden Kunststoffpolymere entwickelt, die elektrisch leitend sind. Ihre Impedanz ist z.Zt. jedoch noch relativ hoch, so daß man sie noch nicht an Stelle metallischer Elektroden einsetzen kann.

Für jahrelangen Einsatz sind vollständig implantierbare Stimulatorsysteme besonders geeignet. Die Energie muß dabei allerdings drahtlos von außen durch induktive Kopplung übertragen werden (vgl. auch Abschn. 9.4.2.4). Im allgemeinen werden für die Reizung mehrerer Muskeln die schon für die Steuerung einfacher Bewegungen nötig sind, Mehrkanalstimulatoren eingesetzt. Die moderne Technologie integrierter Schaltungen macht es möglich, solche Stimulatoren mit ausreichender Kompaktheit herzustellen.

(2) Spezifische Konzepte der funktionellen Muskelstimulation: Die spezifischen Konzepte richten sich nach den jeweiligen Ausfällen der Motorik. Nach hoher Querschnittslähmung des Rückenmarks z.B. sind die Patienten von den Armen an abwärts gelähmt. Sie können deshalb auch nicht mehr selbständig essen und trinken. Deshalb ist es Aufgabe der Orthosenentwicklung, Arme und Hände durch funktionelle Stimulation so zu aktivieren, daß die Patienten diese Verrichtungen wieder selbst durchführen können. Zur Kontrolle der Greifbewegungen der Hand werden mindestens drei Reizkanäle benötigt: (a) Ein Kanal zur Öffnung der Hand, (b) ein Kanal zum Schließen der Finger und (c) ein Kanal zum Griffschluß des Daumens. Dem Behinderten muß dabei so viel wie möglich von der Bewegungskontrolle abgenommen werden. Analysen der technisch zu ersetzenden Funktionen für die komplizierten Bewegungen von Hand und Arm ergeben Folgendes: die Bewegungsbahn, entlang der die Hand geführt werden soll, ist zu bestimmen. Es müssen die Muskelkräfte und die Verteilung dieser Kräfte über den gereizten Muskel berechnet werden, die den Arm und die Hand bewegen sollen. Die Freiheitsgrade von Arm und Hand sind so zu beschränken, daß die Bewegungen noch mit vernünftigen technischem Aufwand geführt und kontrolliert werden können. Allein die Hand besitzt ca. dreißig Freiheitsgrade, die über fünfundvierzig verschiedene Muskelbewegungen kombiniert eingesetzt werden können. Eine solche Vielfalt ist durch funktionelle Muskelstimulation heute noch nicht zu gewährleisten. Es muß jedoch ein Regelsystem integriert werden, das in grober Analogie zur neuronalen Regulation in den Rückenmarkssegmenten die Einhaltung vorgegebener Bewegungen kontrolliert und Abweichungen korrigiert. Da körpereigene Rezeptoren hierfür nicht zur Verfügung stehen, müssen an den Gliedmaßen künstliche Meßfühler angebracht werden, die die momentane Lage im Raum und die angreifenden Kräfte ausreichend bestimmen können. Die Probleme, die hier zur Lösung anstehen, sind komplexer als solche der technischen Robotik. Es ist aber damit zu rechnen, daß sich die in der Robotik entwickelnde Sensortechnologie auch für den biomedizinischen Bereich anregend auswirken wird.

Auch die Entwicklung von Sprachprozessoren in anderen Bereichen der Technik (z.B. Einrichtungen für Behinderte im Kraftfahrzeugbau) kann Rückwirkungen haben. Solche Einrichtungen erleichtern die Kontrolle und Variabilität der Bewegungsprogramme. Das in Abschn. 9.4.5.1 beschriebene System von Speichern für fertige Programme der Bewegungsabläufe findet bei Orthosen bislang kaum Entsprechungen. Allerdings gibt es erste Ansätze dazu. So versucht man, einfache Greifbewegungen bei Lähmung der oberen Extremitäten ohne Regelung durch Programmspeicherung ablaufen zu lassen. Der Behinderte führt z.B. bestimmte Kopfbewegungen durch und ruft auf diese Weise selektiv Programme ab. Oder er benutzt zum gleichen Zweck Sprachprozessoren.

Insgesamt ist dieser Bereich der Bionik in der biomedizinischen Technik noch im Anfangsstadium seiner Entwicklung. Bei wechselseitiger Befruchtung der Mikroprozessortechnologie der Robotik und der Orthose sind jedoch noch wesentliche Fortschritte zu erwarten. Erste Ausblicke geben Systeme, bei denen mit über fünfzig implantierten Elektroden Querschnittsgelähmte auf Krücken gestützt Gangbewegungen selbständig durchführen können.

Weiterführende Literatur

Albus, J.S.: A Robot Conditional Reflex System Modelled after the Cerebellum. Fall Joint Computer Conference 1972, 1095–1104

Marko, H.: Methoden der Kybernetik (Kommunikationstheorie, Systemtheorie homogener Schichten und Mustererkennung). In: Hoppe, W. et al. (Hrsg.): Biophysik. Berlin–Heidelberg–New York: Springer 1977, 620–629

Marko, H.: Bionik oder die Nutzung biologischer Kenntnisse für den technischen Fortschritt. ETZ–A **93** (1972) 697–702

Marko, H.: Ein Funktionsmodell für die Aufnahme, Speicherung und Erzeugung von Information im Nervensystem. In: Klement, H.W. (Hrsg.): Bewußtsein. Baden–Baden: agis–Verlag 1975

Marko, H.: Die Systemtheorie homogener Schichten. I. Mathem. Grundlagen. Kybernetik **5** (1969) 221 – 240

Morecki, A.; Fidelus, K.: Über die Analyse der Bewegungsantriebe in den Extremitäten. Wiss. Z. **24** (1975) 17–24. Leipzig: Karl Marx Univ., Math. Nat. Reihe 1975

9.5 Orientierung und Ortung

Tiere gelangen durch ihre Bewegungsmechanismen zielgerichtet zu solchen Orten, die für die Nahrungsaufnahme, für ein optimales Klima, für die Paarung und für den Schutz vor Feinden wichtig sind. Für die Neurobionik sind die dazu entwickelten Orientierungs- und Ortungsmechanismen besonders interessant.

Die Orientierungsfähigkeit erlaubt allgemein die Fortbewegung, die Körperachse oder die Achse eines Körperteiles im Raum auszurichten und nach Veränderung durch äußere Einflüsse die Ausrichtung wieder aktiv herzustellen. Orientierung und Ortung als Wirkelemente von „Lebensgewohnheiten" werden von der Verhaltensforschung untersucht. Ihre Leistungsprinzipien gehören zum Funktionskreis der Sinnesorgane und des zentralen Nervensystems. Sie werden von der Verhaltensneurobiologie erforscht.

Die Technik ist an der Bionik der Orientierung und Ortung besonders deshalb interessiert, weil hier Prinzipvorlagen benutzt werden könnten, die für Hilfseinrichtungen immer dort notwendig sind, wo Orientierungsprobleme nicht mehr mit Hilfe unmittelbarer Sinneseindrücke und Erinnerung gelöst werden können. Das ist z.B. bei der Navigation und Ortung in der See-, Luft- und Raumfahrt sowie bei Orientierungshilfsmitteln für Blinde der Fall. Wie an anderer Stelle wiederholt betont, hat die Technik jedoch auch ohne Hilfe der Bionik viele Probleme gelöst und Prinzipien benutzt, die sich im nachhinein auch beim Studium organismischer Orientierung finden ließen.

9.5.1 Bionik der Ortung

Als „Ortung" ist die Herstellung einer Verbindung zwischen Standort und Ziel zu verstehen. Diese Verbindung kann nach zwei Prinzipien erfolgen:

(1) Passive Ortung: Signale gehen vom Ziel aus (z.B. als elektromagnetische, Radio- oder Lichtwellen, aber auch als Wärmestrahlung, Schall oder Erschütterungen der Erdoberfläche).

(2) Aktive Ortung: Signale werden vom Standort aus gesendet, vom Ziel reflektiert und am Standort wieder aufgenommen.

Bei der Verarbeitung dieser Signale muß ihre Art und Richtung aber auch ihre Entfernung und Relativgeschwindigkeit ermittelt werden.

Bei tagaktiven Tieren ist das Licht das häufigste Orientierungssignal. Wärmestrahlung wird von vielen Schlangenarten über ein spezielles Organ aufgenommen und ermöglicht die Ortung der Beute. Auch Insekten verfügen zum Teil über entsprechende Sensoren.

Nachtaktive Tiere und einige Insekten benutzen akustische Signale zur Ortung. Diese Ortungsart wird auch von im Wasser lebenden Säugern (Wale und Delphine) benutzt. Schallsignale dienen hier außerdem zur Kommunikation.

Über aktive Ortungssinne verfügen die Fledermäuse. Sie stellen bekanntlich das bestuntersuchte Beispiel der Biologie zu diesem Orientierungsprinzip dar: hochfrequente Ultraschallsignale werden von den Tieren abgegeben und von der Umgebung und den Beutetieren mit entsprechender Laufzeit reflektiert. Dieses „Echo" befähigt die Tiere, auch sehr kleine Objekte und Hindernisse (z.B. Nylonfäden mit einem Durchmesser unter 0.5 mm) zu erkennen. Dabei werden selbst die unterschiedlichen Beuteinsekten an ihren charakteristischen Flügelschlagmustern differenziert.

Mit Wärmestrahlen arbeiten auch Nachtsichtgeräte der Technik in Kombination mit entsprechenden Bildwandlern. Ultraschalldetektoren sind technisch ebenfalls entwikkelt worden. Bekannt sind die Sonarprinzipien zur Entdeckung und Lokalisierung von Unterwasserkörpern. Sonareinrichtungen mit dem Auflösungsvermögen der Fledermausortung sind sicherlich noch nicht konstruierbar.

Den Vibrationssinn benutzen Tiere, die auf der Wasseroberfläche leben, z.B. Wasserläufer, aber auch Fischarten, die oberflächennah schwimmen und landlebende Tiere (Fliegen und Spinnen) zur Ortung der Beute.

In der Technik werden die Oberflächenwellen ebenfalls zu Ortungszwecken benutzt (Anwendung geeigneter Detektoren in der Seismologie und Geologie). Auch hier ist das Auflösungsvermögen gegenüber jenem der Tiere noch außerordentlich gering. Sicherlich werden rechnerunterstützte Systeme mit einer Vielzahl von Sensoren hier in naher Zukunft größere Fortschritte bringen. Die Entwicklung verläuft dabei derart rapide, daß auch nur beispielhafte Erwähnungen bei Erscheinen dieses Bandes bereits überholt sind.

Über die von der modernen Technik benutzten Signalqualitäten hinaus gibt es weitere physikalische Größen, die den Tieren zur Orientierung dienen: Die chemischen Sinnesorgane – dazu gehören auch spezielle molekulare Rezeptoren auf Membranoberflächen von Einzellern und Bakterien – ermöglichen die „Witterung" von Beute und Feind, aber auch die Ortung von Sexualpartnern über entsprechende Lockstoffe.

Viele Tiere benutzen Elektrorezeptoren. Im Sinne der passiven Ortung kann z.B. der Katzenhai selbst solche Tiere lokalisieren, die im Meeresboden verborgen sind. Er nimmt das elektrische Feld auf, das die Tiere bei Bewegungen als Summenaktionspotential ihrer Muskulatur abgeben. Die Auflösungsempfindlichkeit übertrifft dabei alle technischen Meßinstrumente.

Elektrische Organe der Fische (spezielle Arten der Aale, der Rochen etc.) erzeugen Felder zur aktiven Ortung. Eine Störung dieser Feldlinien durch Objekte der Umgebung wird durch Elektrorezeptoren an der Tieroberfläche wahrgenommen und erlaubt eine genaue Unterscheidung zwischen unbelebten und belebten Objekten der Umgebung.

9.5.1.1 Prinzipien der Richtungswahrnehmung

Höhere Organismen sind zumeist mit paarigen Sinnesorganen ausgerüstet. Im einfachsten Fall zweier gegeneinander nicht beweglicher Sensoren werden die dort einlaufenden Signale (beim Hörorgan, z.B. Schallwellen) bei der Verarbeitung im Nervensystem voneinander subtrahiert. Ist die Differenz der Signalstärke gleich Null, dann liegt das Ziel auf der Winkelhalbierenden. Um diese „Null-Methode" verwenden zu können, müssen die Sensoren in fester Kopplung miteinander gedreht werden, bis der „Nullwert" erreicht ist.

Auch wenn nicht die Differenz sondern das Verhältnis der Signale zueinander bestimmt wird, können Tiere bei unbewegten Sensoren die Signalrichtung ermitteln. Dies geschieht z.B. durch Unterscheidung der Phasen. Wenn mehrere Sensoren eingesetzt werden, die alle eine Richtcharakteristik aufweisen und in speziellen Organen wie z.B. den Komplexaugen der Gliederfüßler in fester räumlicher Beziehung zueinander angeordnet sind, kann eine weitere Perfektionierung der Richtungswahrnehmung erreicht werden. Hierzu sind entsprechend komplexe neuronale Verschaltungen im Zentralnervensystem notwendig. Ein Beispiel für die technische Nutzung solcher Prinzipien sind die Infrarot-Zieldetektoren.

Einfachere technische Systeme arbeiten mit Sensoren, die eine Richtcharakteristik haben, d.h. sie absorbieren je nach eigener Raumlage relativ zur Einfallsrichtung des Signals mehr oder weniger Signalenergie. Durch Drehen der Geräte (z.B. Radarantennen) wird die Position des optimalen Empfanges ermittelt.

Im Gegensatz zur Technik benötigen die meisten Tiere keine genaue Unterscheidung des Einfallswinkels der Signale. Das Nervensystem erzeugt hier keine neurale Erregungsgröße, die der Größe des Winkels proportional ist. Vielmehr wird bei der Abweichung von der Zielrichtung ein gekoppeltes motorisches Kommando derart erzeugt, daß im Sinne einer Komparatorschaltung der Abweichwinkel automatisch reduziert wird. Die verschiedenen motorischen Impulsmuster liegen dabei zumeist fertig programmiert in entsprechenden neuronalen Speichern vor. Solche Prinzipien wurden z.B. bei höheren Säugern für die Ausrichtung der Augen auf ein Ziel und damit für die Innervation der Augenmuskulatur gefunden. In der Technik werden ähnliche Schaltungen zur Positionsregelung oder zur Stabilisierung eines Objektes im Raum benutzt (vgl. Abschn. 9.4.5).

Wenn die Verbindung zwischen Aufenthaltsort und Ziel nicht durch Signale gegeben ist, die sich wellenförmig ausbreiten, müssen von den Organismen andere Probleme gelöst werden. Das ist z.B. bei der Chemotaxis der Fall. Hier gibt das Zielobjekt chemische Substanzen ab, die sich durch Diffusion ausbreiten. In diesem Fall müssen zur Richtungswahrnehmung die Konzentrationsdifferenzen der Substanz ermittelt werden. Dazu legen die Organismen (z.B. Einzeller oder Insekten) größere Strecken zurück, verrechnen eine Konzentrationszu- oder -abnahme und ändern dementsprechend ihre Bewegungsrichtung. Durch wiederholtes Probieren wird das Ziel schließlich erreicht. Das gilt jedoch nur für ein ruhiges Umgebungsmedium. Wird die chemische Substanz bei Luft- oder Wasserströmungen „vertragen", dann muß gleichzeitig durch geeignete Sensoren die Strömungsrichtung ermittelt und mit dem Konzentrationsgradienten verrechnet werden. Von solchen Navigationseinrichtungen machen z.B. Schmetterlinge Gebrauch, wenn sie dem Sexuallockstoff der Partner folgen. Mit ähnlichen Sensoren arbeiten auch im Wasser lebende Wirbeltiere.

9.5.1.2 Bestimmung von Entfernung und Relativgeschwindigkeit

Sowohl in der Technik als auch in der Biologie treten Begleitprobleme der Orientierung auf, bei denen die Bestimmung von Entfernung und Relativgeschwindigkeit notwendig wird (z.B. Übergrund-Geschwindigkeitsmeßeinrichtungen der Luft- und Raumfahrt). Landende Flugkörper, Vögel und fliegende Insekten müssen nicht nur das Ziel ihres Anfluges orten, sondern auch die Geschwindigkeit vor dem Aufsetzen rechtzeitig reduzieren. Hierzu gibt es vielfältige Möglichkeiten. Ein Prinzip besteht darin, daß sich das durch optische oder andere Sensoren aufgenommene „Bild" des Zieles bei Annäherung ständig vergrößert und dabei z.B. einen größeren Rezeptorenbereich auf dem Komplexauge oder dem Augenhintergrund überdeckt. Es gibt Hinweise, daß dieses Prinzip von Tieren genutzt wird, um die Relativgeschwindigkeit – gemessen als Rate der Bildgrößenzunahmegeschwindigkeit – und die jeweilige Entfernung – gemessen als Bildgröße – abzuschätzen. Dazu müssen im Nervensystem die „Vergleichswerte" bereits gespeichert sein, damit ein Komparatorprinzip angewendet werden kann. Bei bionisch-technischer Realisation müßte die Landebahn für ein Flugzeug in ihrer Breite bekannt und elektronisch gespeichert sein. Das optische oder Radarbild steuert dann nach dem Komparatorprinzip die Anflugwinkel- und Geschwindigkeitsregulation.

9.5.1.3 Ortung und Verfolgung beweglicher Ziele

Bei jagenden Tieren und in der Technik bei Einrichtungen der Flugüberwachung ist eine kontinuierliche und rasche Ermittlung des Abstandes von Ziel und Standort notwendig. Fledermäuse nutzen offensichtlich den sog. „Doppler-Effekt“ zur Abstands- und Richtungsbestimmung aus, d.h. sie nehmen wahr, ob sich die Tonhöhe eines Schallsignals erhöht oder erniedrigt, wenn die Schallquelle sich nähert oder entfernt. Nach dem gleichen Prinzip arbeiten Radargeräte und Einrichtungen zur Messung der Relativgeschwindigkeit zwischen Erde und Sternen.

9.5.1.4 Orientierung unter Benutzung von Hilfszielen

Besteht zwischen Ziel und Standort keinerlei Verbindung durch physikalische Signale, dann muß die Orientierung von Punkt zu Punkt erfolgen. Voraussetzung dafür ist, daß solche Orientierungsmarken, die nacheinander angesteuert werden, als Abbilder einer Reihenfolge im Nervensystem oder technischen Einrichtungen gespeichert sind. Die Nutzung solcher Prinzipien wurde für Bienen nachgewiesen. Sie legen oft lange Strecken zwischen Stock und Nahrungsquelle zurück. In der Technik wird die Information über Landmarken in Computern gespeichert. Dabei können solche „Marken“ als Videobilder, radarermittelte Höhenprofile, Infrarot- bzw. Spezialfilteraufnahmen (Video) etc. bestehen. Diese gespeicherten Informationen werden mit den während des Überflugs aktuell aufgenommenen Informationen durch den Rechner miteinander verglichen und Kursabweichungen laufend korrigiert. Hierbei spielt das Prinzip einer „Nullmethode“ (vgl. Abschn. 9.5.1.1) in entsprechend abgewandelter Form eine Rolle.

Ein anderes Prinzip der Ausnutzung der durch Speichern von Orientierungsmarken kontrollierten Navigation benutzt die Fledermaus: oft wiederholte Bewegungsabläufe werden im Nervensystem mit festen motorischen Programmen angelegt (vgl. Abschn. 9.4.5.1). Sie laufen automatisch ab und werden durch augenblickliche Sinneseindrücke nicht mehr kontrolliert. Man hat dies durch folgende Beobachtungen verifiziert:

(1) Fledermäuse mußten, um zu ihren Quartieren zu gelangen, ein fest lokalisiertes Hindernis (z.B. Baum) umfliegen.

(2) Nach Entfernung der Hindernisses flogen die Fledermäuse noch tagelang einen gleichen Bogen um das nun nicht mehr vorhandene Hindernis.

(3) Daraus ergab sich, daß das Hindernis nicht bei jedem Anflug neu geortet und vermieden wurde. Die Flugbahn war offensichtlich fest gespeichert.

Nach einigen Tagen ändert sich dann die Kursführung, folglich muß in gewisser Weise das Festprogramm durch einige Kontrollfunktionen immer neu erhalten werden. Solche Speicher mit „Leck“ werden in der Technik auch bei adaptierenden Rechnersystemen verwendet.

9.5.1.5 Orientierung und Bahnintegration

Bei Gliederfüßlern und auch bei Säugern ist zu beobachten, daß nestbewohnende Tiere ohne Benutzung äußerer Orientierungsmerkmale immer auf geradem Wege in das Nest zurückkehren, auch wenn sie es zuvor mit wechselnden Kursen verlassen haben. Es wird vermutet, daß diese Tiere (z.B. Trichterspinne, Wüstenspringmaus) hierzu eine sogenannte „Bahnintegration“ vornehmen: das Ausmaß aller Drehungen und zurückgelegten Strecken des Hinweges wird vom Nervensystem offensichtlich gespeichert. Durch entsprechende Verrechnung (über noch unbekannte neuronale Prinzipien) wird am Zielort die Wendung bestimmt, die das Tier vornehmen muß, um auf geradem Wege das Nest wieder zu erreichen.

Solche Bahnintegrationen lassen sich auch mit modernen Datenverarbeitungsanlagen (z.B. für Industrieroboterbewegungen) durchführen.

Die Bahnintegration ziehender Tiere, z.B. der Zugvögel, der Schmetterlinge etc. stellte lange Zeit ein besonderes Problem dar. Ihr Kurs bewegt sich häufig über Strecken, die weder Landmarken noch (bei Bewölkung) Sonne- oder Sternmarken haben. Die Orientierungsforschung ist weiterhin auf diese Problematik konzentriert. Immerhin weiß man heute, daß sich die Tiere derjenigen Hilfsziele und -mittel bedienen, die jeweils zur Verfügung stehen: es erfolgt eine multimodale Orientierung mit Präferenz für die jeweils zur Verfügung stehende sicherste Methode. Bei unbedecktem Himmel wird nach Sonnen- oder Sternenkompaß navigiert, bei bedecktem Himmel nach Magnetkompaß.

Bei Zugvögeln gibt es offenbar ein bereits genetisch fixiertes Programm für die Längen der Zugstrecken (auch Schnecken benutzen den Sonnenstand zur Navigation, desgl. Ameisen und Bienen; Tauben benutzen zur Richtungsbestimmung unter anderem auch ihren Geruchssinn).

Die moderne Technik hat viele Probleme der Ortung und Orientierung mit ihren spezifischen Mitteln und Denkmethoden gelöst. Insbesondere die rasche Entwicklung der Mikroprozessortechnologie und der elektronischen Datenverarbeitung führt zu schnellen Fortschritten, die nicht nach bionischen Gesichtspunkten erfolgen müssen. Es stellt sich dabei häufig heraus, daß die Logik der modernen Technik in vielen Bereichen der „Logik" jener Mechanismen entspricht, die auch in der Evolution des Tierreiches entwickelt wurde. Es würde eine reizvolle Aufgabe sein, die jeweiligen „Evolutionsgesetze" der Technik und der Biologie, besonders auf dem Gebiet der Neurobionik, miteinander zu vergleichen. Immerhin bieten sich andererseits heute vermehrt Möglichkeiten, die technischen Fortschritte der Mikroelektronik zur Modellierung komplexer Neuronennetze zu nutzen und auf neuem Niveau die Bionik wieder aufzunehmen.

Weiterführende Literatur

Bennett, M.V.L.: Comparative Physiology: Electric Organs. Ann. Rev. Physiol. **32** (1970) 471–528

Glaser, W.: Zur Hypothese des Optimalempfangs bei der Fledermausortung. J. Comp. Physiol. **94** (1974) 227–248

Neuweiler, G.: Echoortung. In: Hoppe, W. et al. (Hrsg.): Biophysik. Berlin–Heidelberg–New York: Springer 1977

Schief, A.: Bionik: Technisches Peilgerät nach dem Vorbild der Stechmücken. Umschau **72** (1972) 721–724

Schmidt-König, K.; Kiepenheuer, J.: Was bringt die Brieftaube nach Hause? Heimkehrvermögen der Vögel. Bild der Wissenschaft **6** (1978) 76–93

Szabo, TH.: Elektrorezeption und Ortung im elektrischen Feld. In: Hoppe, W. et al. (Hrsg.): Biophysik. Berlin–Heidelberg–New York: Springer 1977

Varju, D.: Orientierung und Ortung. Manuskript des Vortrags in der Reihe "Bionik" (RIAS–Funkuniversität) Berlin: RIAS 1984

Varju, D.; Schnitzler, H.U.: Localization and Orientation in Biology and Engineering. Berlin–Heidelberg–New York–Tokyo: Springer 1984

10 Bionik und Biotechnologie

Die Eigenschaften, Nahrungsketten, Vernetzungen, Reproduktionsleistungen von Zellkulturen, Pflanzen, Algen und Mikroorganismen geben Ansätze zur bionischen Verwertung natürlicher Vorbilder.

Moderne Zucht- und Kulturmethoden sowie molekularbiologische Methoden der genetischen Eigenschaftveränderungen machen technische Verfahren zur Produkt- und Energiegewinnung unter dem Einsatz von Mikroorganismen möglich. Der Wissenschaftsbereich „Biotechnik" unterscheidet sich von den bislang besprochenen bionischen Verfahren dadurch, daß diese Leistungsprinzipien als Teile der Wirkungsmechanismen selbst in großtechnischen Anlagen einbezogen werden. Man kann in der Biotechnik daher nicht mehr explizit von der hier gegebenen Definition der Bionik ausgehen.

Bei der Vorbereitung dieses Buches im Jahre 1972 schien es noch möglich, wenigstens allgemein die wichtigsten Aspekte der Biotechnik darzustellen. Unterdessen hat jedoch – insbesondere auf dem Wissenschaftssektor der molekularbiologischen Genetik – ein solcher Fortschritt stattgefunden, daß es nicht mehr möglich ist, auch nur in sehr kurzer Fassung die Biotechnik hier wiederzugeben. Es muß daher auf die weiterführende Literatur verwiesen werden.

Ganz allgemein liegt das bionische Prinzip der Biotechnik in der *Ausnutzung* bestimmter Eigenschaften biologischer Nahrungsketten und der genetischen Veränderung von Organismen.

Technisch-organismische Großkulturen werden mit unterschiedlichen Zielen eingesetzt. So dienen sie der Biotechnik menschlicher Nahrungsproduktion sowie der Viehfuttergewinnung. Bei solchen Intensivzüchtungen läßt sich unter Umständen eine vollständige Nutzung der dabei entstehenden Abfälle erreichen (recycling).

Bei der Rohstoffgewinnung werden heute Bakterienkulturen zum Zweck der Anreicherung z.B. von Kupfer, Nickel, Chrom oder Zinn eingesetzt. Theoretisch soll man sogar Uran mit Hilfe von Algen dem Meerwasser entziehen können.

Im Bereich der Umweltschutzmaßnahmen spielen heute bereits Algen- und Bakterienkulturen bei der Abwasser- und Abfallaufbereitung eine große Rolle. In Verbindung hiermit sind auch die Biogasanlagen zu erwähnen, bei denen Bakterien zur Wasserstoffgewinnung oder Methangasproduktion zum Teil mit organischen Abwässern gespeist werden.

Es ist zu erwarten, daß solche Anlagen durch die Züchtung spezieller Bakterienstämme in naher Zukunft wesentlich rentabler werden. Dabei spielt die moderne Gentechnik eine ausschlaggebende Rolle. Es gibt heute Großrechenanlagen, die bei der Zusammenstellung der interessierenden Genmuster behilflich sind. Mit Hilfe bestimmter Synthesegeräte können innerhalb von wenigen Stunden Mikroorganismen gezüchtet werden, welche spezifische Eigenschaften aufweisen und ganz gezielt zum Einsatz kommen können. Nur beispielhaft ist zu erwähnen, daß Bakterien auch zur Herstellung von Grundstoffen für Kunststoffe benutzt werden. So gelang es, die Poly-ß-Hydroxybuttersäure durch Bakterien in größeren Mengen herstellen zu lassen.

Bekannt ist schließlich, daß Bakterienkulturen nach entsprechender genetischer Manipulation von der pharmazeutischen Industrie für die Produktion von Pharmaka (z.B. Antibiotika) und die Herstellung von Hormonen (z.B. Insulin) benutzt werden.

Der großtechnologische Einsatz der Mikrobiologie im Bereich der Biotechnik verspricht einen auch heute noch nicht ganz vollständig abschätzbaren Erfolg. Es ist durchaus möglich, daß sich hier eine technische Revolution vollziehen wird, die jener gleichzusetzen ist, die unterdessen durch die Einführung der Mikroprozessortechnologie stattgefunden hat.

Auch über die Risiken der Genmanipulation und ihre nichtabschätzbaren Konsequenzen finden heute permanent Diskussionen statt, die zum Teil zu widersprüchlichen Ergebnissen führen.

Dem Leser ist es anheimgestellt, sich vertiefende Einsichten zu Methoden und Prinzipien der Biotechnik aus den jetzt verfügbaren Sach- und Fachbüchern zu erarbeiten.

Sachverzeichnis

Teubner Studienbücher Fortsetzung

Physik/Chemie Fortsetzung

Heinloth: **Energie.** DM 39,80

Kamke/Krämer: **Physikalische Grundlagen der Maßeinheiten.** DM 21,80

Kleinknecht: **Detektoren für Teilchenstrahlung.** DM 26,80

Kneubühl: **Repetitorium der Physik. 2. Aufl.** DM 44,–

Kopitzki: **Einführung in die Festkörperphysik.** DM 34,–

Kunze: **Physikalische Meßmethoden.** DM 24,80

Lautz: **Elektromagnetische Felder.** 3. Aufl. DM 29,80

Lindner: **Drehimpulse in der Quantenmechanik.** DM 26,80

Lohrmann: **Einführung in die Elementarteilchenphysik.** DM 24,80

Lohrmann: **Hochenergiephysik.** 3. Aufl. DM 34,–

Mayer-Kuckuk: **Atomphysik.** 3. Aufl. DM 34,–

Mayer-Kuckuk: **Kernphysik.** 4. Aufl. DM 36,–

Mommsen: **Archäometrie.** DM 38,–

Neuert: **Atomare Stoßprozesse.** DM 26,80

Nolting: **Quantentheorie des Magnetismus**
Teil 1: Grundlagen. DM 34,–
Teil 2: Modelle. DM 34,–

Primas/Müller-Herold: **Elementare Quantenchemie.** DM 39,–

Raeder u. a.: **Kontrollierte Kernfusion.** DM 38,–

Rohe: **Elektronik für Physiker.** 2. Aufl. DM 27,80

Rohe/Kamke: **Digitalelektronik.** DM 26,80

Schatz/Weidinger: **Nukleare Festkörperphysik.** DM 29,80

Schmidt: **Meßelektronik in der Kernphysik.** DM 24,80

Theis: **Grundzüge der Quantentheorie.** DM 34,–

Walcher: **Praktikum der Physik.** 5. Aufl. DM 32,–

Wegener: **Physik für Hochschulanfänger**
Teil 1: DM 24,80
Teil 2: DM 24,80

Wiesemann: **Einführung in die Gaselektronik.** DM 29,80

Preisänderungen vorbehalten